Anleitung zur organischen qualitativen Analyse

Hermann Staudinger

Anleitung zur organischen qualitativen Analyse

Siebente, neu bearbeitete und erweiterte Auflage von

Werner Kern und Hermann Kämmerer

Springer-Verlag Berlin Heidelberg GmbH
1968

Dr. Werner Kern
o. Professor für organische Chemie und Direktor des Organisch-Chemischen
Instituts der Universität Mainz

Dr. Hermann Kämmerer
Abteilungsleiter und Professor am Organisch-Chemischen Institut
der Universität Mainz

Additional material to this book can be downloaded from http://extras.springer.com

ISBN 978-3-540-04346-1   ISBN 978-3-642-85609-9 (eBook)
DOI 10.1007/978-3-642-85609-9

Aus dem Vorwort zur sechsten Auflage

Im Vorwort zur ersten Auflage wurde auf die Notwendigkeit hingewiesen, die qualitative organische Analyse in den praktischen Unterricht der organischen Chemie einzuführen, da der Studierende bei der Durchführung derartiger Analysen einen besseren Überblick über die wichtigsten Reaktionen der organischen Chemie erhält als bei der früher ausschließlich üblichen Ausbildung durch präparative Arbeiten.

Auf diese Gedankengänge braucht heute nicht mehr eingegangen zu werden, nachdem die organische Analyse, wie das Erscheinen einer sechsten Auflage zeigt, in zahlreichen Laboratorien eingeführt ist und nachdem auch im Ausland dieser Analysengang Eingang gefunden hat, wie aus den Übersetzungen des vorliegenden Buches ins Englische, Französische, Japanische und Spanische hervorgeht.

Nachdem die zweite Auflage gegenüber der ersten vor allem durch Einführung der Tabellen am Schluß des Buches durch Herrn Dr. W. FROST eine wesentliche Erweiterung erfahren hat, wurden in den weiteren Auflagen keine prinzipiellen Änderungen mehr vorgenommen. Es wurden aber an zahlreichen Stellen Verbesserungen eingeführt und neue Methoden berücksichtigt, so in der vorliegenden Auflage die chromatographischen Methoden.

Freiburg i. Br. und Mainz   H. STAUDINGER
                                                  W. KERN

Vorwort zur siebenten Auflage

Vor 45 Jahren, im Jahre 1923, erschien die erste Auflage der „Anleitung zur organischen qualitativen Analyse" von H. STAUDINGER. 6 Auflagen hat er selbst herausgegeben, die letzte gemeinsam mit dem einen von uns (W. K.). Vorbereitende Besprechungen zur siebenten Auflage wurden von ihm noch geführt; es war sein Wunsch, daß die Unterzeichneten die notwendige Neuauflage besorgen.

Im Vorwort zur ersten Auflage stellte H. STAUDINGER fest, daß die organische qualitative Analyse, welche die Trennung eines Gemisches von bekannten organischen Stoffen und die Identifizierung der einzelnen Bestandteile zum Ziele hat, im Unterricht nicht ausgeführt werde und daß doch diese Aufgabe ebenso wichtig wie die Synthese sei. Inzwischen wurde die „Staudinger-Analyse" in vielen Unterrichtslaboratorien eingeführt, und das Erscheinen so vieler Auflagen zeigt die Richtigkeit seines Gedankens.

Die „Anleitung zur organischen qualitativen Analyse" erfüllt mehrere Aufgaben; sie leitet den Studierenden dazu an, ein Gemisch organischer Verbindungen zu trennen und die einzelnen Verbindungen zu isolieren. Diese Aufgabe hat nicht nur der analysierende sondern auch der präparativ und der über Naturstoffe arbeitende Chemiker zu bewältigen.

In den früheren Auflagen wurden jeweils nach Besprechung der Trennmethoden Literaturhinweise auf Derivate, die sich zur Identifizierung eignen, gegeben, aber auch in einigen Fällen Darstellungsmethoden eingefügt. Wir haben nunmehr diese Vorschriften zur Herstellung von Derivaten aus der Behandlung der Trennungen herausgenommen und zusammen mit anderen wichtigen Präparationsvorschriften in einem eigenen Abschnitt vereinigt. Dieser neue Abschnitt „Methoden und Reaktionen zur Identifizierung isolierter organischer Verbindungen" soll dazu beitragen, den Weg zur Charakterisierung und Identifizierung zu erleichtern; selbstverständlich kann er keinerlei Anspruch auf

Vollständigkeit erheben. Daneben werden noch zahlreiche Hinweise sowohl zur Charakterisierung durch Derivate wie auch durch physikalische Methoden gegeben.

Wir haben weiterhin den Abschnitt über „Arbeitsmethoden" und insbesondere die chromatographischen und spektroskopischen Methoden ergänzt. Da es aber unmöglich ist, diese Methoden im notwendigen Umfange aufzunehmen, haben wir weiterführende Monographien angeführt und an den entsprechenden Stellen zitiert. So findet der Leser bei den einzelnen Verbindungsklassen z. B. bei den Phenolen, den Aminosäuren, den Aldehydderivaten, welche chromatographische Methoden zur Trennung in einzelne Verbindungen geeignet und wo sie beschrieben sind. Es sei noch vermerkt, daß bei der Überarbeitung einige Substanzen, die inzwischen leicht zugänglich sind, berücksichtigt wurden.

Unser Dank gilt den Kollegen, die uns durch wertvolle Hinweise unterstützt haben, so besonders Herrn Prof. Dr. R. BOCK, Mainz. Herrn Prof. Dr. H.-J. EICHHOFF, Mainz, danken wir für die Hilfe bei der Abfassung des Abschnittes über spektroskopische Methoden, und hier besonders für den Teil über kernmagnetische Resonanz, und mehreren Unterrichtsassistenten für die Übermittlung ihrer praktischen Erfahrungen. Die Herren Dr. G. K. SCHEUERMANN, Dipl. Chem. V. BÖHMER und Dipl. Ing. Z. CSÜRÖS halfen bei der Klärung vieler Einzelfragen. Ganz besonderen Dank schulden wir Fräulein RITA WEIS für das verständnisvolle und sorgsame Lesen der Korrekturen.

Der Verlag ist in dankenswerter Weise auf unsere Wünsche mit großem Verständnis eingegangen. So hoffen wir, daß auch die siebente Auflage eine gute Aufnahme finden möge.

Mainz a. Rh., Februar 1968   W. KERN   H. KÄMMERER

Inhaltsverzeichnis[1]

---

[1] Das Inhaltsverzeichnis ist neben den Tabellen am Schluß des Buches als Richtlinie des Analysengangs zu benutzen.

Übersichtstafel am Ende des Buches

I. Allgemeines

Der Unterschied zwischen anorganischer und organischer Analyse

Die analytische Chemie beschäftigt sich damit, Stoffgemische zu zerlegen und die Bestandteile derselben oder einzelne Stoffe, die zur Untersuchung vorliegen, zu identifizieren. Dieses Ziel wird aber bei der anorganischen und bei der organischen Analyse auf verschiedenen Wegen erreicht, die durch tiefgreifende Unterschiede im Bau der Verbindungen bedingt sind.

Unterschiede im Bau der anorganischen und organischen Verbindungen

Viele anorganische Stoffe haben salzartigen Charakter. Es sind feste Verbindungen von hohem Schmelzpunkt, die schwer flüchtig und meist in organischen Lösungsmitteln unlöslich sind. Sie lösen sich zum Teil in Wasser. In der wäßrigen Lösung sind nicht Moleküle, sondern Ionen vorhanden. Diese Ionen sind auch die Bausteine der Kristalle. Mit der Ladung der Ionen hängen der hohe Schmelzpunkt und die Schwerflüchtigkeit dieser polaren Verbindungen zusammen.

Daneben gibt es, vor allem bei den Nichtmetallen, Stoffe mit kovalenter Bindung. Sie sind bei niederen Molekulargewichten gasförmig, z. B. Stickstoff, Chlor, Sauerstoff; mit steigendem Molekulargewicht nimmt aber die Flüchtigkeit ab, und die Stoffe werden flüssig, z. B. Br_2, oder fest, z. B. J_2, P_4 und S_8. Diese homöopolaren anorganischen Verbindungen sind in organischen Lösungsmitteln löslich. Durch Polymerisation können auch unlösliche, hochmolekulare Stoffe entstehen, deren Molekulargewicht nicht bestimmt werden kann, z. B. amorpher Schwefel oder amorpher Phosphor[1]; sie sind nicht unzersetzt löslich oder flüchtig.

---

[1] Man vgl. z. B. KREBS, H.: Anorganische Hochpolymere mit verzerrter Kochsalzstruktur. Makromol. Chem. **34**, 216 (1959); STONE, F. G. A., and W. A. G. GRAHAM (Ed.): Inorganic polymers. New York-London: Academic Press 1962.

Bei organischen Verbindungen überwiegt weitaus die homöopolare Bindung. Hier sind die Atome nicht durch Elektrovalenzen, sondern durch Kovalenzen verknüpft, und zwar ist die kovalente Bindung der Kohlenstoffatome unter sich besonders fest, ebenso die des Kohlenstoffs mit Wasserstoff, Sauerstoff, Stickstoff, Halogen und einigen anderen Atomarten. Hierauf beruht die Mannigfaltigkeit der organischen Verbindungen.

Die typisch organischen Verbindungen zeigen meist andere Löslichkeitsverhältnisse als die anorganischen Salze; sie sind in der Regel in Wasser praktisch unlöslich, lösen sich dagegen wie die genannten Nichtmetallverbindungen in organischen Lösungsmitteln wie Äther, Benzol, Chloroform. Mit steigendem Molekulargewicht nimmt die Löslichkeit häufig ab; doch ist sie auch von Struktur und Gestalt der Moleküle abhängig. Die normalen Paraffine werden mit wachsendem Molekulargewicht immer schwerer löslich, während entsprechende Paraffine mit Seitenketten noch flüssig oder leicht löslich sind[1].

Es gibt aber auch organische Stoffe mit polarem Charakter. Es sind dies die Salze der organischen Säuren und ebensolcher Basen. Jedoch sind auch hier die Anionen und die Kationen jeweils für sich kovalent aufgebaut. Bei den organischen Säuren und Basen selbst ist der polare Charakter meist nicht sehr ausgeprägt.

Rein homöopolar gebaute Stoffe haben im Gaszustand, in Lösung und im Kristall Moleküle derselben Größe. Hier läßt sich das Molekül als die Summe der durch Kovalenzen verbundenen Atome definieren. Das Molekulargewicht läßt sich vielfach durch Bestimmung der Dampfdichte oder der Gefrierpunktserniedrigung einer Lösung feststellen, im Gegensatz zu ionogenen Stoffen. Bei diesen ist die Molekülgröße nicht direkt bestimmbar; als Molekulargewicht wird hier die Summe der Gewichte von Kation und Anion bezeichnet, aus denen der ionogene Stoff besteht.

Während polare Verbindungen, also die typisch anorganischen Verbindungen, meist fest sind, sind die typisch organischen homöopolaren Verbindungen flüchtig, wenn die Moleküle nicht zu groß sind. Mit wachsendem Molekulargewicht werden die Stoffe immer

---

[1] Man vergleiche das schwer lösliche n-Tetrakosan $C_{24}H_{50}$ mit dem flüssigen, leicht löslichen Hydrosqualen $C_{30}H_{62}$, das dieselbe Kettenlänge besitzt, aber Methylseitengruppen enthält.

schwerer flüchtig; Makromoleküle zersetzen sich, bevor sie in den Gaszustand übergehen könnten.

Viele organische Substanzen sind fest und kristallisiert. Sie bilden ein Molekülgitter, während heteropolar gebaute Stoffe in einem Ionengitter kristallisieren, das durch viel stärkere elektrostatische Kräfte zusammengehalten wird. Homöopolare Stoffe haben aber meist zum Unterschied von anorganischen Salzen einen relativ tiefen Schmelzpunkt, weil die Molekülgitterkräfte, welche die Moleküle im Kristall binden, schon durch verhältnismäßig geringe Temperaturerhöhung aufgehoben werden.

Die physikalischen Eigenschaften einer homöopolaren Verbindung sind also ganz anders als die einer heteropolaren, auch wenn beide die gleiche Molekülgröße haben. Äthan mit dem Molekulargewicht 30, Äthylen mit 28 sind wie der Stickstoff (Molekulargewicht 28) Gase, die sich erst bei sehr tiefen Temperaturen verflüssigen lassen und in Wasser wenig löslich sind. Lithiumfluorid mit dem Molekulargewicht 26 ist dagegen ein Salz, das bei 842° C schmilzt, sehr schwer flüchtig ist und sich in Wasser leicht löst. Dieses Beispiel zeigt deutlich den Unterschied zwischen homöopolaren und heteropolaren Verbindungen, aus dem sich der Unterschied zwischen organischer und anorganischer Analyse erklärt.

Charakteristikum der anorganischen Analyse

Bei der anorganischen Analyse handelt es sich meistens um die Untersuchung von Verbindungen, die ionogenen Charakter haben. Diese Verbindungen sind infolge ihres polaren Charakters schwer flüchtig und bei Raumtemperatur fest. Ein Teil derselben ist in Wasser löslich, und die unlöslichen, z. B. die Oxide von Schwermetallen, können durch geeignete Umwandlung, wie durch Behandeln mit Säuren oder durch Schmelzaufschlüsse, in wasserlösliche, ionogene Stoffe übergeführt werden. In wäßriger Lösung werden dann die Ionenarten getrennt und identifiziert, wobei man vor allem Fällungsreaktionen benutzt.

Die Trennung eines Flüssigkeitsgemisches durch Destillation spielt in der anorganischen Analyse keine große Rolle. Viele flüssige anorganische Verbindungen, z. B. Säuren, können in wäßriger Lösung durch Ionenreaktionen charakterisiert werden.

1*

Für die Untersuchung eines Gasgemisches sind besondere Apparaturen und Trennungsmethoden notwendig, die bei der Gasanalyse behandelt werden.

Die analytische Chemie anorganischer Stoffe beschäftigt sich also größtenteils mit dem Nachweis verschiedener Ionenarten. Deren Identifizierung ist nach den bekannten Analysengängen leicht durchführbar. Besondere Schwierigkeiten treten selten auf, da die meisten Ionen beträchtliche Unterschiede in ihrem Verhalten zeigen. Nur bei den seltenen Erden und bei einer Reihe anderer nahe verwandter Elemente sind die Ionenreaktionen so ähnlich, daß die sichere Identifizierung eines Stoffes und vor allem die Trennung eines Gemisches erhebliche Schwierigkeiten machen. Dies ist auch bei Komplexverbindungen der Fall, wenn es sich darum handelt, nicht nur die Elemente kennenzulernen, sondern auch den Komplex selbst zu charakterisieren.

Bestandteile eines Gemisches fester anorganischer Verbindungen können wasserlöslich oder wasserunlöslich sein. Man benutzt daher häufig Wasser als Trennungsmittel. Die wäßrige Lösung wird auf Kationen und Anionen geprüft; oft genügt eine solche Analyse, da man aus den Ionen, die sich in wäßriger Lösung befinden, auf die Zusammensetzung des ungelösten Anteils Rückschlüsse ziehen kann. Die Kenntnis der Ionen und damit der Elemente und ihrer Oxydationsstufen, die im Gemisch vorhanden sind, ist meistens zur Beurteilung eines Stoffgemisches ausreichend. Die Frage, welche Verbindungen in dem ursprünglichen Gemisch vorlagen, ist damit nicht beantwortet und ist in den meisten Fällen unwesentlich. Will man aber feststellen, welche Mineralien in Gesteinen und Erzen anwesend sind, dann müssen die Einzelbestandteile im festen Zustand durch physikalische Untersuchungen identifiziert werden, wenn es nicht gelingt, aus dem Gemisch durch Behandeln mit Wasser oder Säuren einzelne Anteile herauszulösen, ohne sie vor dem Nachweis in ihrer chemischen Struktur zu verändern. Die Trennung eines solchen Stoffgemisches durch Anwendung anderer Lösungsmittel als Wasser, z. B. organischer Lösungsmittel, kommt selten in Betracht, da fast alle polaren Stoffe sich in organischen Lösungsmitteln nicht auflösen.

Charakteristikum der organischen Analyse

Besteht das Ziel der anorganischen Analyse also meist nur darin, die in einem Gemisch enthaltenen Elemente bzw. Ionenarten zu erkennen, so genügt diese Kenntnis in der organischen Analyse nicht. Selbst für die Identifizierung eines einheitlichen Stoffes sagt die qualitative Elementaranalyse sehr wenig aus, da die meisten organischen Verbindungen sowieso nur aus wenigen Elementen wie Kohlenstoff, Wasserstoff, Sauerstoff und Stickstoff aufgebaut sind. Hier muß also ganz anders verfahren werden.

1. Analyse eines einheitlichen Stoffes

Zur Identifizierung eines Stoffes spielen Ionenreaktionen in der organischen Chemie nur eine untergeordnete Rolle. Allerdings kennen wir auch dort Säuren, Basen und Salze; aber ihre wesentlichen Bestandteile, die organischen Anionen oder Kationen, sind in der Regel kompliziert gebaut. Außerdem existiert eine große Zahl sehr ähnlicher Ionenarten, so daß durch Fällungsreaktionen, wie sie in der anorganischen Chemie üblich sind, die Charakterisierung organischer Ionen kaum möglich ist. Meist aber liegen nichtionogene Substanzen vor. Bei diesen können wir von den Reaktionen eines bestimmten Stoffes nicht ohne weiteres auf die eines ähnlich gebauten schließen. Zum Beispiel verhält sich ein Halogenatom ganz verschieden, je nachdem, ob es in Bindung mit einem aliphatischen oder einem aromatischen Rest auftritt; Chlorbenzol zeigt wesentlich andere Reaktionen als Äthylchlorid. Weiter kann sein Verhalten durch Veränderungen des aliphatischen oder aromatischen Restes modifiziert werden; es sei nur an die größere Reaktionsfähigkeit des Chlors in den Nitrochlorbenzolen und die geringe im Vinylchlorid erinnert. Wir verfügen also über keine einheitlichen Reaktionen, um an Kohlenstoff gebundenes Chlor zu charakterisieren, während das Chlor als Chlorion, trotz des verschiedenen Verhaltens der chlorwasserstoffsauren Salze im festen Zustand, durch ein und dieselbe Ionenreaktion nachweisbar ist.

Natürlich kann nach Zerstörung des organischen Restes, z. B. durch Erhitzen mit konz. Salpetersäure, mit Alkalimetallen oder mit Calciumoxid das Chlor in Chlorionen übergeführt und so in jeder chlorhaltigen organischen Verbindung nachgewiesen werden. Die Identifizierung des organischen Restes ist aber dann nicht mehr möglich, während bei einer anorganischen ionogenen Verbindung infolge der Unabhängigkeit der Ionenreaktionen und der Beständigkeit der Ionen neben dem Chlorion auch das betreffende Kation nachgewiesen werden kann. Um aber in einer chlorhaltigen organischen Verbindung auch den an Chlor gebundenen organischen Rest kennenzulernen, muß das Molekül als Ganzes untersucht werden.

Der wesentliche Unterschied zwischen anorganischer und organischer Analyse besteht also darin, daß jede organische Verbindung durch ihr physikalisches Verhalten und durch chemische Reaktionen für sich charakterisiert werden muß, während die anorganischen Verbindungen durch Ionenreaktionen identifiziert werden können, die im allgemeinen unabhängig voneinander und von anderen Ionen sind.

Beherrscht man in der anorganischen Analyse z. B. die Reaktionen von 50 Kationen und 50 Anionen in wäßriger Lösung, so kann man 2500 verschiedene Stoffe damit identifizieren. Um die gleiche Zahl von organischen Substanzen identifizieren zu können, müssen die Reaktionen und Eigenschaften jeder einzelnen Substanz bekannt sein.

So erscheint die organische qualitative Analyse als eine Aufgabe, die kaum zu bewältigen ist, wenn man bedenkt, daß heute mehr als 1 Million niedermolekularer Verbindungen des Kohlenstoffs bekannt sind, während von allen anderen Elementen bisher wesentlich weniger Verbindungen hergestellt wurden. Dazu kommt noch, daß durch die Entwicklung der makromolekularen Chemie die Zahl der organischen Stoffe eine große Ausweitung erfahren hat, so daß sie gar nicht mehr abgeschätzt werden kann. Trotz der großen Zahl der organischen Verbindungen ist aber die Identifizierung eines einzelnen einheitlichen Stoffes mit einem bekannten ohne besondere Schwierigkeit durchführbar, worauf später eingegangen wird.

2. Analyse eines Stoffgemisches

Liegt ein Gemisch von organischen Verbindungen vor, so ist es zum Unterschied von einem Gemisch anorganischer Substanzen unbedingt nötig, die einzelnen Verbindungen zu isolieren; denn erst diese können mit bekannten Stoffen identifiziert werden.

In bezug auf Trennungsmethoden zeigen die anorganische und organische Analyse weitgehende Unterschiede. In der anorganischen Analyse trennt man die Bestandteile fast immer durch Fällungsreaktionen; es wird meist eine praktisch vollständige Abscheidung einer bestimmten Ionenart erreicht. Deshalb können viele Reaktionen der qualitativen Analyse auch für quantitative Bestimmungen nutzbar gemacht werden.

Bei der Trennung eines Gemisches organischer Stoffe werden dagegen viel mannigfaltigere Trennungsmethoden benutzt. Während bei der anorganischen Analyse es sich in der Regel um die Untersuchung fester, hochschmelzender und schwerflüchtiger Metalle oder Salze handelt, liegen hier vielfach Flüssigkeiten oder heterogene Gemische von flüssigen und festen Stoffen vor. Man kann solche Gemische durch Destillation und mit Hilfe von Lösungsmitteln trennen, die in viel größerer Zahl als in der anorganischen Analyse angewandt werden.

Eine quantitative Trennung mit der Genauigkeit einer anorganischen Analyse ist in den meisten Fällen dabei nicht zu erreichen, weil die Unterschiede organischer Verbindungen in Löslichkeit und Flüchtigkeit häufig nicht genügend groß sind.

In den Fällen, in denen eine Trennung auf physikalischem Wege nicht möglich ist, kann man durch chemische Reaktionen das Gemisch der organischen Substanzen zerlegen, indem man durch chemische Eingriffe die physikalischen Eigenschaften einzelner Bestandteile so verändert, daß danach eine Trennung z. B. durch Destillation oder auf Grund verschiedener Löslichkeit möglich ist. Hierbei handelt es sich aber um Reaktionen zwischen Molekülen, die außerdem sehr häufig nicht ausschließlich in einer Richtung verlaufen, so daß sie schon deshalb nicht zu einer quantitativen Trennung führen können. Daher muß sich die organische Analyse in vielen Fällen mit ungenaueren Resultaten als die anorganische begnügen. Dazu kommt, daß die getrennten Anteile eines Gemisches organischer Stoffe schwerer zu einer exakten Wägung zu bringen sind, da beim Reinigen und Trocknen infolge der größeren Flüchtigkeit der organischen Verbindungen Verluste eintreten können, die beim Arbeiten mit nichtflüchtigen Salzen leicht vermieden werden.

Für die Trennung eines Gemisches organischer Verbindungen ist es oft auch sehr wesentlich, daß außer den typisch homöopolaren organischen Verbindungen auch organische Substanzen mit polarem Charakter existieren; es sind dies die Salze der organischen Säuren und Basen. Diese Salze haben ganz andere physikalische Eigenschaften als die typisch organischen Verbindungen. Sie sind nicht flüchtig und in organischen Lösungsmitteln wie Äther, von wenigen Ausnahmen abgesehen, unlöslich; viele dieser Salze lösen sich dagegen in Wasser. Ein Gemisch von homöopolaren und polaren organischen Verbindungen ist daher leicht durch Lösungsmittel oder durch Destillation trennbar. Da es oft in einfacher Weise gelingt, homöopolare Verbindungen in polare umzuwandeln und umgekehrt, ergibt sich daraus eine ganze Reihe von Trennungsmethoden. Wichtig ist dabei, daß die freien organischen Säuren und Basen zum Unterschied von den Salzen meist keinen polaren Charakter besitzen, sondern mehr homöopolaren; sie sind flüchtig und in organischen Lösungsmitteln löslich. Durch die Salzbildung werden die physikalischen Eigenschaften der Säuren und Basen völlig verändert, wie es auch vielfach bei anorganischen Säuren und bei einigen anorganischen Basen der Fall ist; dies wird in der organischen Analyse zur Abtrennung von Säuren und Basen weitgehend benutzt. Eine besondere Komplikation tritt bei der Salzbildung von höhermolekularen Verbindungen mit großem organischem Rest durch die kolloide Löslichkeit dieser Salze in Wasser ein (Seifen); hierauf wird noch später eingegangen.

Ein allgemein gültiger Trennungsgang zur Analyse organischer Verbindungen existiert nicht, zum Unterschied von der anorganischen Analyse. Ein solcher Trennungsgang kann auch bei der großen Mannigfaltigkeit organischer Verbindungen kaum erwartet werden. Im folgenden wird aber gezeigt, daß insbesondere durch Destillation und unter Verwendung von Wasser und Äther als Lösungsmittel ein Gemisch von organischen Substanzen weitgehend getrennt werden kann, wenn sich die physikalischen Eigenschaften der Bestandteile genügend unterscheiden.

Da jedoch die organischen Substanzen sehr häufig in ihren physikalischen wie in ihren chemischen Eigenschaften nur sehr geringe Unterschiede aufweisen, liegen oft Mischungen vor, die nicht oder nur mit großen Schwierigkeiten zu trennen sind. Hier helfen heute die multiplikativ wirksamen chromatographischen Methoden auch dann, wenn chemisch nahe verwandte Stoffe vorliegen. Die Untersuchung von Naturprodukten stellt fortwährend derartige Aufgaben; man denke z. B. an ein Gemisch natürlicher α-Aminocarbonsäuren.

3. Bedeutung der organischen Analyse, ihre Grundlage und Abgrenzung

In der belebten Natur finden sich stets Gemische zahlreicher organischer Verbindungen. Die Kenntnis ihrer Zusammensetzung ist wesentlich für das Verständnis der chemischen Vorgänge in Organismen.

Auch in der Technik fallen schwer trennbare Stoffgemische an; es sei an Erdöl- oder Steinkohlenteerfraktionen erinnert.

Die Bedeutung der qualitativen organischen Analyse liegt aber nicht nur in der Untersuchung von Gemischen, wie sie uns die Natur oder die Technik liefert; sie ist besonders wichtig für den präparativ arbeitenden Chemiker. Bei der Ausführung einer Synthese entsteht vielfach nicht ein Reaktionsprodukt, sondern ein Gemisch verschiedener Reaktionsprodukte, denen noch unveränderte Ausgangsmaterialien beigemengt sein können. Zur Beherrschung einer solchen Reaktion gehört die Trennung der Reaktionsprodukte, ihre quantitative Bestimmung und diejenige der unveränderten Ausgangsstoffe, ferner die Identifizierung der Haupt- und Nebenprodukte. Die Aufarbeitung eines Reaktionsgemisches und die Identifizierung der Reaktionsprodukte stellen also Aufgaben, wie sie in der organischen qualitativen Analyse behandelt werden.

Wir haben gesehen, daß im allgemeinen die kovalente Bindung für organische Verbindungen, die ionogene Bindung für anorganische Stoffe typisch ist. Im folgenden werden daher die homöopolaren organischen Verbindungen als typisch organische Verbindungen bezeichnet, die polaren als organische Verbindungen mit anorganischem Charakter. Diese beiden Grundtypen sind durch Übergänge verbunden; dabei handelt es sich um solche Verbindungen, die in bezug auf Löslichkeit und Flüchtigkeit eine Mittelstellung einnehmen, wie viele Säuren und Basen. So besitzen z. B. viele Monocarbonsäuren weder rein polaren noch rein homöopolaren Charakter; sie sind zwar flüchtig und in Äther löslich, aber auch in Wasser. Stoffe wie die Zucker und andere Polyhydroxyverbindungen sind nicht polar gebaut; sie sind aber nicht flüchtig und in Äther unlöslich, zeigen also gewissermaßen „anorganisches Verhalten".

Die vorliegenden allgemeinen Betrachtungen haben nur Gültigkeit für relativ einfache, niedermolekulare organische Verbindungen mit einem Molekulargewicht bis etwa 1000. Deshalb werden hier nur einheitliche Substanzen behandelt und keine Gemische z. B. von Polymerhomologen[1], wie sie für die Chemie der makromoleku-

---

[1] Vgl. S. 31.

laren Stoffe charakteristisch sind. Höhermolekulare Stoffe mit einem Molekulargewicht zwischen 1000 und etwa 5000 und makromolekulare Produkte, die ein Molekulargewicht von über 5000 aufweisen und kolloide Lösungen geben, werden nicht oder nur andeutungsweise berücksichtigt[1]. Es handelt sich hier also darum, einen Trennungsgang für molekulareinheitliche, niedermolekulare organische Verbindungen zu geben.

Um die Grundlagen beurteilen zu können, auf denen die organische Analyse basiert, wird im folgenden geschildert werden, wie die physikalischen Eigenschaften, also wie vor allem Flüchtigkeit und Löslichkeit der verschiedenen Stoffe, von der Größe und dem Bau der Moleküle abhängen.

Physikalische Eigenschaften der Kohlenwasserstoffe[2]
1. Flüchtigkeit

In der homologen Reihe der normalen Kohlenwasserstoffe nehmen die zwischenmolekularen Kräfte mit wachsender Molekülgröße zu. Diese Kräfte (Molkohäsionen) müssen bei der Überführung in den Dampfzustand überwunden werden; mit zunehmender Molekülgröße steigt daher auch der Siedepunkt an.

Ist die Molkohäsion größer als die Energie der kovalenten Bindung, so tritt vor der Verdampfung Zersetzung des Moleküls ein. Hochmolekulare Kohlenwasserstoffe sind also nicht unzersetzt destillierbar; sie kracken beim Destillieren.

Der Unterschied zwischen den Siedepunkten zweier benachbarter Glieder einer homologen Reihe ist bei niedermolekularen Verbindungen viel größer als bei höhermolekularen, wie Tab. 1 zeigt. Der Siedepunktsunterschied nimmt bei höhermolekularen normalen Paraffinen, die durch Molekulardestillation noch etwa bis zum Heptakontan im Hochvakuum (10^{-5} Torr) übergetrieben werden können, bis auf etwa 4—5° C ab. Ähnliche Verhältnisse liegen bei der Löslichkeit vor. Nun beruht aber die Trennungsmöglichkeit in homologen Reihen auf Unterschieden in der Flüchtigkeit oder Löslichkeit. Ein Maß für diesen Unterschied ist bei den normalen Paraffinen der prozentuale Anteil einer CH_2-Gruppe im Ver-

---

[1] Zur Analyse makromolekularer Stoffe siehe S. 33.

[2] Über zwischenmolekulare Kräfte und physikalische Eigenschaften von niedermolekularen und makromolekularen Stoffen: FUCHS, O.: Kolloid-Z., Z. Polymere **216/7**, 224 (1967).

hältnis zum Gesamtmolekül; das ist gleichbedeutend mit dem prozentualen Zuwachs, den ein Molekül durch die Zunahme um eine CH_2-Gruppe, also durch Übergang zum nächsthöheren Homologen, erfährt (Tab. 1). Beim Heptakontan (Molekulargewicht 982) beträgt dieser prozentuale Anteil nur noch 1,4%; die Trennungsmöglichkeit vom nächsthöheren oder nächstniederen normalen Paraffin ist also sehr gering.

Tabelle 1. *Siedepunkte der normalen Kohlenwasserstoffe*

Formel	Molekular-gewicht	Anteil einer CH_2-Gruppe[1]	Siedepunkt in °C	Differenz in °C
CH_4	16	87,5	—164	
C_2H_6	30	46,7	— 89	75
C_3H_8	44	31,8	— 42	47
n-C_4H_{10}	58	24,1	— 1	41
n-C_5H_{12}	72	19,5	+ 36	37
n-C_6H_{14}	86	16,3	+ 69	33
n-C_7H_{16}	100	14,0	+ 98	29
n-C_8H_{18}	114	12,3	+126	28
n-C_9H_{20}	128	10,9	+151	25
n-$C_{10}H_{22}$	142	9,8	+174	23
n-$C_{16}H_{34}$	226	6,2	+287	
n-$C_{17}H_{36}$	240	5,8	+303	16
n-$C_{18}H_{38}$	254	5,5	+317	14
n-$C_{19}H_{40}$	268	5,2	+330	13

[1] Im Verhältnis zum Gesamtmolekül: $14 \cdot 100/M$.

Ein Gemisch homologer niedermolekularer Verbindungen ist also viel leichter zu trennen als ein Gemisch höhermolekularer; dies gilt auch für alle Derivate der Kohlenwasserstoffe. Dazu kommt noch, daß mit steigendem Molekulargewicht der Kohlenwasserstoffe die Zahl der Isomeren wächst; diese haben ähnliche Siedepunkte, so daß die Trennung eines solchen Gemisches durch Destillation ausgeschlossen ist. Solche Gemische liegen z. B. in den höheren Fraktionen des Erdöls oder des Steinkohlenteers vor; sie enthalten zahlreiche, durch Destillation nicht trennbare Kohlenwasserstoffe ähnlichen Baues und ähnlicher Molekülgröße.

Kohlenwasserstoffe von niederem und von mittlerem Molekulargewicht mit annähernd *gleicher* Molekülgröße, die ganz verschiedenen Reihen angehören und deshalb sehr verschiedenes chemisches Verhalten aufweisen, besitzen ungefähr den gleichen Siedepunkt, wie Tab. 2 zeigt. Je komplizierter die Kohlenwasserstoffe gebaut sind, desto mehr kann der Siedepunkt aber auch von der Struktur der Moleküle abhängig sein, z. B. von einer Verzweigung, jedoch nicht in so hohem Maße wie der Schmelzpunkt (vgl. den nächsten Abschnitt). Man vergleiche in Tab. 3 (S. 13) Naphthalin und seine Hydrierungsprodukte mit den übrigen Kohlenwasserstoffen (vgl. ferner Tab. 4, S. 14).

Bei den niederen und mittleren Kohlenwasserstoffen wird also die Flüchtigkeit besonders durch die Molekülgröße und weniger durch den Bau bedingt. Gemische derselben mit ungefähr gleichem Molekulargewicht lassen sich daher durch Destillation nicht oder

Tabelle 2. *Siedepunkte von Kohlenwasserstoffen ähnlicher Molekülgröße*

Verbindung	Formel	Molekular-gewicht	Siedepunkt in °C
Äthan	C_2H_6	30	− 89
Äthylen	C_2H_4	28	−104
Acetylen	C_2H_2	26	− 84
Hexan	C_6H_{14}	86	+ 69
Hexen-(1)	C_6H_{12}	84	+ 63
Hexin-(1)	C_6H_{10}	82	+ 71
Cyclohexan	C_6H_{12}	84	+ 81
Cyclohexen	C_6H_{10}	82	+ 83
Cyclohexadien	C_6H_8	80	+ 81
Benzol (Cyclohexatrien)	C_6H_6	78	+ 80

nur schwer trennen, auch wenn sie verschiedenen Reihen angehören. Dagegen können durch chemische Umwandlungen Kohlenwasserstoffe mit reaktionsfähigen Gruppen in Stoffe übergeführt werden, die ganz andere Eigenschaften zeigen, wodurch dann eine chemische Trennung ermöglicht wird (z. B. Trennung von Benzol und Cyclohexan durch Sulfurierung des ersteren).

2. Schmelzpunkt

Der Schmelzpunkt von Kohlenwasserstoffen steigt in der Regel innerhalb homologer Reihen mit dem Molekulargewicht; doch hängt er wesentlich von der Gestalt der Moleküle und ihrer Anordnung im Kristall ab. Die normalen Paraffine zeigen einen höheren Schmelzpunkt als solche mit Seitenketten. Höhermolekulare Kohlenwasserstoffe mit mehreren Verzweigungen sind bei Raumtemperatur sogar häufig flüssig. So schmilzt das normale Tetrakosan bei +54° C, dagegen hat das Perhydrosqualen mit der gleichen Kettenlänge wegen der seitenständigen Methylgruppen einen Erstarrungspunkt erst bei $-80°$ C. Der Schmelzpunkt von Verbindungen mit gleichem oder annähernd gleichem Molekulargewicht kann sehr verschieden sein, wie die Tab. 3 und 4 zeigen.

Höher kondensierte Benzolderivate wie Anthracen haben einen hohen Schmelzpunkt, da die blättchenförmigen Moleküle im Kristall sehr dicht gelagert sind[1].

Aus der Höhe des Siedepunktes kann man also bei Kohlenwasserstoffen Rückschlüsse auf das ungefähre Molekulargewicht ziehen, nicht aber aus der Höhe des Schmelzpunktes; denn auch flüssige oder tiefschmelzende Verbindungen können bei unsymmetrischem Bau der Moleküle ein hohes Molekulargewicht haben, während relativ niedermolekulare Verbindungen bei Raumtemperatur kristallisiert sein können.

Tabelle 3. *Schmelzpunkte und Siedepunkte von Kohlenwasserstoffen ähnlicher Molekülgröße*

Verbindung	Formel	Molekular-gewicht	Schmelz-punkt in °C	Siedepunkt in °C
n-Decan	$C_{10}H_{22}$	142	-30	174
2.7-Dimethyloctan	$C_{10}H_{22}$	142	-49	160
p-Menthan	$C_{10}H_{20}$	140	flüssig	170
p-Menthen	$C_{10}H_{18}$	138	flüssig	169
Camphan	$C_{10}H_{18}$	138	$+153$	160
Limonen	$C_{10}H_{16}$	136	flüssig	176
Pinen	$C_{10}H_{16}$	136	-55	156
Camphen	$C_{10}H_{16}$	136	$+50$	159
Tetralin	$C_{10}H_{12}$	132	-31	207
1.2-Dihydronaphthalin	$C_{10}H_{10}$	130	-9	207
Naphthalin	$C_{10}H_8$	128	$+80$	218

Solche Unterschiede in den Schmelzpunkten bei Stoffen von annähernd gleichem Molekulargewicht werden zur Trennung hochschmelzender, gut kristallisierender Kohlenwasserstoffe von schlecht kristallisierenden Anteilen angewandt, z. B. zur Abtrennung des Naphthalins aus dem Mittelöl und des Anthracens aus dem Anthracenöl.

---

[1] Die Kohlenwasserstoffe mit kondensierten Ringsystemen haben auch ein höheres spezifisches Gewicht als diejenigen gleicher Molekülgröße mit offenen Ketten oder einfachen Ringen. CLAR, E.: Polycyclic hydrocarbons, Vol. 1 and 2. London-New York: Academic Press; Berlin-Göttingen-Heidelberg: Springer 1964.

3. Löslichkeit

Die Kohlenwasserstoffe sind als typisch organische Verbindungen in Wasser praktisch unlöslich[1] und nur in organischen Lösungsmitteln löslich. Ihre Löslichkeit in organischen Lösungsmitteln nimmt in homologen Reihen mit steigendem Molekulargewicht ab.

Kohlenwasserstoffe von gleichem Molekulargewicht, aber verschiedenem Bau können ganz verschiedene Löslichkeit haben, und zwar ist meistens die höher schmelzende Verbindung die schwerer lösliche: in den Kristallen der höher schmelzenden Verbindung sind die Molekülgitterkräfte größer als bei der tiefer schmelzenden; die Moleküle sind dichter gepackt.

Gemische von Kohlenwasserstoffen von annähernd gleichem Molekulargewicht lassen sich häufig mit Hilfe von Lösungsmitteln trennen, während eine Trennung durch fraktionierte Destillation nicht oder nur schwer durchführbar ist (vgl. die Trennung von Anthracen und Phenanthren, Tab. 4).

Tabelle 4. *Löslichkeit, Schmelz- und Siedepunkte von Kohlenwasserstoffen ähnlicher Molekülgröße*

Verbindung	Formel	Löslichkeit in Äther	Schmelzpunkt in °C	Siedepunkt in °C
Tetradecan	$C_{14}H_{30}$	mischbar	$+ 6$	253
n-Octylbenzol	$C_{14}H_{22}$	löslich	$- 7$	257
$\alpha.\beta$-Diphenyläthan	$C_{14}H_{14}$	löslich	$+ 52$	284
Stilben	$C_{14}H_{12}$	löslich	$+124$	306
Phenanthren	$C_{14}H_{10}$	löslich	$+101$	340
Anthracen	$C_{14}H_{10}$	schwer löslich	$+217$	340

Ableitung der organischen Verbindungen von den Kohlenwasserstoffen

Die organischen Verbindungen lassen sich von den Kohlenwasserstoffen dadurch ableiten, daß Wasserstoffatome derselben durch andere Atome oder Gruppen ersetzt werden. So erhält man die homologen Reihen, z. B. der Alkohole, Aldehyde, Säuren, Amine. Durch diese Einführung „anorganischer" Gruppen werden die chemischen Eigenschaften der Kohlenwasserstoffe wesentlich verändert. Der anorganische Rest stellt in der Regel die reaktionsfähige Gruppe des Moleküls dar. Deshalb zeigen die Glieder ein und der-

---

[1] Die Löslichkeit von Acetylen in Wasser bildet eine Ausnahme.

selben homologen Reihe ähnliche Reaktionen, die sich von denen anderer homologer Reihen unterscheiden.

Auch die physikalischen Eigenschaften der Kohlenwasserstoffe können durch anorganische Substituenten wesentlich beeinflußt werden, so daß Siedepunkt, Löslichkeit und Schmelzpunkt stark verändert werden. Dabei lassen sich drei Arten von Substituenten unterscheiden (Tab. 5):

1. Substituenten, die den homöopolaren Charakter, also das typisch organische Verhalten wie Ätherlöslichkeit und Wasserunlöslichkeit, nicht wesentlich verändern, wie z. B. die Einführung von Halogen, ferner von ester- oder ätherartig gebundenem Sauerstoff.

2. Substituenten, die homöopolare Verbindungen in heteropolare verwandeln, wodurch sie wie die anorganischen Salze nicht flüchtig, in Äther unlöslich, in Wasser dagegen in der Regel löslich werden. Dies ist z. B. bei der Einführung von NR_3Cl-, SO_3H-, SO_3Me[1]- oder $COOMe$[1]-Gruppen der Fall.

3. Substituenten, die zwar den homöopolaren Charakter nicht in den heteropolaren umwandeln, die aber in bezug auf das physikalische Verhalten eine Mittelstellung zwischen organischen und anorganischen Verbindungen verursachen, wie die OH-, die COOH- und die NH_2-Gruppe. Diese Substituenten bewirken Wasserlöslichkeit und eine beträchtliche Erhöhung des Siedepunktes, wobei die Löslichkeit in Äther aber erhalten bleiben kann. Durch den Eintritt mehrerer solcher Gruppen wird der Siedepunkt organischer Verbindungen stark erhöht; Flüchtigkeit und Ätherlöslichkeit gehen zurück und sogar verloren. Solche Stoffe zeigen also gewissermaßen anorganisches Verhalten.

Organische Verbindungen von annähernd gleichem Molekulargewicht besitzen, je nach ihren Substituenten, ganz verschiedene Flüchtigkeit und Löslichkeit, wie Tab. 5 zeigt.

Dieser starke Einfluß „anorganischer" Substituenten macht sich bei kleinen Molekülen viel stärker bemerkbar als bei Molekülen mit größeren organischen Resten. Im folgenden soll der Einfluß verschiedener anorganischer Substituenten auf den Charakter einer Verbindung geschildert werden, und zwar bei relativ niedermolekularen Substanzen, bei denen dieser Einfluß besonders charakteristisch ist.

---

[1] Me = Metall.

Tabelle 5. *Eigenschaften von Verbindungen ähnlicher Molekülgröße mit typisch organischem, typisch anorganischem und gemischt organisch-anorganischem Verhalten*

	Typisch organische Verbindungen (homöopolar)		Organische Verbindungen mit organischem und anorganischem Verhalten			Organische Verbindungen mit typisch anorganischem Verhalten (mit Elektrovalenzen)	
Formel	C_5H_{12}	$C_2H_5OC_2H_5$	$C_2H_5C{<}^O_{OH}$	C_4H_9OH	$C_4H_9NH_2$	$CH_3C{<}^O_{ONa}$	CH_3NH_3Cl
Molekulargewicht	72	74	74	74	73	82	68
Siedepunkt in ° C	36	35	141	118	78	nicht unzersetzt flüchtig	225—230 (bei 15 mm)
Schmelzpunkt in ° C	—131	—116	—21	—90	—51	+319	+226
Löslichkeit in Äther und Benzol	mischbar	mischbar	mischbar	mischbar	mischbar	unlöslich	unlöslich
in Wasser	unlöslich	wenig löslich	mischbar	löslich	mischbar	leicht löslich	leicht löslich

Physikalische Eigenschaften von organischen Verbindungen mit anorganischen Substituenten und von höhermolekularen Substanzen

1. Organische Verbindungen mit typisch organischem Charakter

Bei einer großen Reihe von organischen Verbindungen ist trotz Einführung eines anorganischen Substituenten der homöopolare Charakter der zugrundeliegenden Kohlenwasserstoffe nicht wesentlich verändert. In solchen Verbindungen sind die anorganischen Substituenten durch normale Kovalenzen gebunden, also durch Valenzkräfte der gleichen Art wie in einer Kohlenstoff-Wasserstoff-Bindung. Am Aufbau sind aber keine Gruppierungen beteiligt, die untereinander Wasserstoffbrücken zu bilden vermögen, wie OH- und NH-Gruppen. Die typisch organischen Stoffe besitzen Moleküle, die im Gaszustand, in Lösung und im Kristall die gleiche Größe haben. Außer den Kohlenwasserstoffen handelt es sich insbesondere um die Halogenderivate, die Äther, die Ester, die Aldehyde und die Ketone, die freien Thioalkohole und die Thioäther.

Für alle diese Verbindungen gilt in bezug auf ihre physikalischen Eigenschaften das gleiche, was bei den Kohlenwasserstoffen gesagt wurde. Die Flüchtigkeit nimmt mit steigendem Molekulargewicht ab. Liegen also schwerflüchtige, typisch organische Verbindungen vor, so kann es sich nur um solche mit hohem Molekulargewicht handeln.

Alle diese Stoffe sind, wenn man von den niedersten Gliedern der homologen Reihen absieht, wie die Kohlenwasserstoffe in Wasser unlöslich oder schwer löslich, in organischen Lösungsmitteln wie Äther, Benzol, Chloroform löslich oder mit ihnen mischbar. Mit steigendem Molekulargewicht nimmt die Löslichkeit in organischen Lösungsmitteln ab. Äthylalkohol nimmt als Lösungsmittel eine Mittelstellung zwischen Wasser und Äther ein; sauerstoffhaltige Verbindungen wie Äther und Ester sind in Äthanol leichter löslich als Kohlenwasserstoffe.

2. Organische Verbindungen mit anorganischem Verhalten

Hierher gehören die Salze von Carbonsäuren, Sulfonsäuren, Phenolen, Thioalkoholen, Aminen und quartären Basen. In diesen Verbindungen sind neben dem organischen Rest, der die Atome in kovalenter Bindung enthält, noch Atome vorhanden, die durch Elektrovalenzen gebunden sind. Die Ladung des organischen Kations oder Anions gibt den Ausschlag für das physikalische Verhalten dieser Stoffe. Es liegen feste Stoffe von salzartigem Charakter vor, die einen relativ hohen Schmelzpunkt haben, sehr schwer flüchtig sind und sich in der Regel dabei zersetzen (vgl. Tab. 5).

Die Salze sind in organischen Lösungsmitteln, wie Äther, Benzol, unlöslich. In Wasser lösen sich die Alkalisalze der Säuren sowie die meisten essigsauren und chlorwasserstoffsauren Salze von Aminen und quartären Basen auf. Manche Erdalkalisalze von Säuren und Sulfate von Aminen sind in Wasser unlöslich.

Äthanol nimmt als Lösungsmittel eine Mittelstellung zwischen Wasser und den organischen Lösungsmitteln ein. Viele organische Salze lösen sich in Alkohol leicht auf, hauptsächlich höhermolekulare. Dagegen sind Salze von Polycarbonsäuren in Äthanol meistens unlöslich.

Ein ähnliches Verhalten wie Salze organischer Säuren und Basen mit anorganischen Ionen zeigen die Salze, die nur aus organischen Ionen aufgebaut sind, und ebenso die inneren Komplexsalze. Hierher gehören vor allem auch die aliphatischen Aminosäuren, die typisch anorganisches Verhalten zeigen; sie sind also in Wasser löslich, haben einen hohen Schmelzpunkt und sind nicht unzersetzt flüchtig. Durch Veresterung entstehen aus ihnen flüchtige basische Verbindungen.

Anorganischen Charakter haben auch die Sulfonsäuren, ferner Polycarbonsäuren und Hydroxypolycarbonsäuren, wenn der organische Rest klein ist. Weinsäure und Citronensäure sind in Wasser löslich, in Äther unlöslich, haben einen hohen Schmelzpunkt und sind nicht unzersetzt destillierbar. Die Ester solcher Verbindungen sind dagegen in Äther löslich, in Wasser unlöslich und unzersetzt flüchtig.

Den organischen Salzen und den Poly- und Hydroxypolycarbonsäuren schließen sich die Polyhydroxyverbindungen und die Kohlenhydrate an, die ein ähnliches physikalisches Verhalten zeigen, wenn sie auch keine ionogenen Gruppen enthalten. Infolge ihrer zahlreichen Hydroxylgruppen lösen sich die Mono- und Disaccharide in Wasser. Hexite und Zucker sind unter üblichen Bedingungen nicht mehr unzersetzt destillierbar; ihr Siedepunkt würde über dem Zersetzungspunkt liegen. Nach Tab. 6 müßte ein

Hexit bei etwa 420—450° C sieden; Inosit siedet bei 319° C bei 15 Torr, unter den Bedingungen der Molekulardestillation noch wesentlich tiefer[1].

Tabelle 6. *Eigenschaften der Polyhydroxyverbindungen der n-Hexanreihe*

	C_6H_{14}	$C_6H_{13}OH$	$C_6H_{12}(OH)_2$	$C_6H_{11}(OH)_3$	$C_6H_{10}(OH)_4$	$C_6H_9(OH)_5$	$C_6H_8(OH)_6$
Siedep.° C	69	158	250	257	350*	390*	420–450*
Schmelzp. ° C	—94	—52	+42	+47	+96	+121	+166
					(a-Hexyl-erythrit)	(Rhamnit)	(Mannit)
Löslichk. in Wasser	unlösl.	schwerl.	löslich	löslich	l. löslich	l. löslich	l. löslich
in Äther	mischb.	mischb.	löslich	schwerl.	fast unl.	unlösl.	unlösl.

* Diese drei Stoffe sind bei gewöhnlichem Druck nicht unzersetzt flüchtig; die Siedepunkte sind daher geschätzt. Mannit siedet unter 1 mm Druck bei 276—280° C.

Aliphatische Polyamine sind in Wasser leicht löslich, in Äther unlöslich, wie Polyhydroxyverbindungen. Aromatische Polyamine lösen sich, wie die mehrwertigen Phenole, in Wasser und in Äther auf.

Die Säureamide der niederen Fettsäuren lösen sich leicht in Wasser, aber kaum in Äther (vgl. Tab. 7); auch haben sie auffallend hohe Siedepunkte[2].

Das Verhalten der Amine sowohl in bezug auf Flüchtigkeit wie Löslichkeit hängt sehr stark mit der Fähigkeit des dreiwertigen Stickstoffs zusammen, organische Ammoniumbasen und Ammoniumsalze zu bilden. Mit der Zunahme des basischen Charakters wächst bei den einfachen Aminen die Löslichkeit in Wasser (Tab. 7).

<h3 align="center">3. Verbindungen mit gemischt
anorganischem und organischem Verhalten</h3>

So werden Verbindungen bezeichnet, die sich nicht nur in organischen Lösungsmitteln, sondern auch in Wasser lösen. Hierher gehören insbesondere solche organische Verbindungen, die OH- oder NH-Gruppen enthalten. Sie bilden durch Assoziation über Wasserstoffbrücken[3] Doppel- oder Mehrfachmoleküle[4]. Deshalb

---

[1] HILL, J. W.: Science **76**, 218 (1932).

[2] Sie haben, wie Wasser, sehr hohe Dielektrizitätskonstanten.

[3] PAULING, L.: Die Natur der chemischen Bindung, 2. Aufl., S. 418. Weinheim: Verlag Chemie 1964.

[4] Bezüglich „Übermoleküle" vgl. KLAGES, F.: Lehrbuch der organischen Chemie, Bd. 2, 3. Aufl., S. 436. Berlin: de Gruyter 1962.

Tabelle 7. *Einfluß der Aminogruppe auf die Eigenschaften organischer Verbindungen*

Ammoniakderivate		Siedepunkt in °C	Löslichkeit	Ammoniumbasen	Stärke der Base	Ammoniumsalze	Verhalten und Reaktion der wäßrigen Lösung
NH_3	gas-förmig	$-33,4$	mit Wasser und Äther mischbar	$[NH_4]\cdot OH'$	mäßig starke Basen	$[NH_4]\cdot Cl'$	neutral
CH_3NH_2		$-\ 7$		$[CH_3NH_3]\cdot OH'$		$[CH_3NH_3]\cdot Cl'$	neutral
$(CH_3)_2NH$		$+\ 7$		$[(CH_3)_2NH_2]\cdot OH'$		$[(CH_3)_2NH_2]\cdot Cl'$	neutral
$(CH_3)_3N$		$+\ 3$		$[(CH_3)_3NH]\cdot OH'$		$[(CH_3)_3NH]\cdot Cl'$	neutral
—		—	—	$[(CH_3)_4N]\cdot OH'$	sehr starke Base	$[(CH_3)_4N]\cdot Cl'$	neutral
$C_6H_5NH_2$	flüssig	$+184$	in Wasser schwer löslich, mit Äther mischbar	$[C_6H_5NH_3]\cdot OH'$	sehr schwache Basen; keine OH'-Ionen nachweisbar	$[C_6H_5NH_3]\cdot Cl'$	sauer
${C_6H_5 \atop CH_3}{>}NH$		$+196$		$\left[{C_6H_5 \atop CH_3}{>}NH_2\right]\cdot OH'$		$\left[{C_6H_5 \atop CH_3}{>}NH_2\right]\cdot Cl'$	sauer
${C_6H_5 \atop (CH_3)_2}{>}N$		$+194$		$\left[{C_6H_5 \atop (CH_3)_2}{>}NH\right]\cdot OH'$		$\left[{C_6H_5 \atop (CH_3)_2}{>}NH\right]\cdot Cl'$	sauer
—		—	—	$\left[{C_6H_5 \atop (CH_3)_3}{\geq}N\right]\cdot OH'$	starke Base	$\left[{C_6H_5 \atop (CH_3)_3}{\geq}N\right]\cdot Cl'$	neutral
$(C_6H_5)_2NH$	fest	$+302$	in Äther lösl., in Wasser unlöslich	$[(C_6H_5)_2NH_2]\cdot OH'$	Basen existieren nicht	$[(C_6H_5)_2NH_2]\cdot Cl'$	in Wasser nicht beständig
$(C_6H_5)_3N$		$+365$		$[(C_6H_5)_3NH]\cdot OH'$		$[(C_6H_5)_3NH]\cdot Cl'$	existieren nicht
CH_3CONH_2		$+221$	in Wasser löslich, in Äther unlöslich	$[CH_3CONH_3]\cdot OH'$		$[CH_3CONH_3]\cdot Cl'$	in Wasser nicht beständig

zeigen diese Verbindungen einen höheren Siedepunkt als homöopolare Verbindungen von gleichem Molekulargewicht, geradeso,
wie Wasser und Ammoniak nach Tab. 8 einen anomalen Siedepunkt haben.

Tabelle 8. *Siedepunkte in ° C von Wasserstoffverbindungen einiger Elemente aus der 4. bis 7. Gruppe des periodischen Systems*

4. Gruppe		5. Gruppe		6. Gruppe		7. Gruppe	
CH_4	—164	$(NH_3)_x$	—33,4	$(H_2O)_x$	+100	$(HF)_x$	+19,6
SiH_4	—112	PH_3	—87,4	H_2S	— 61	HCl	—83
GeH_4	— 90	AsH_3	—54,8	H_2Se	— 42	HBr	—68,7
SnH_4	— 52	SbH_3	—17	H_2Te	0	HJ	—35,7

a) Flüchtigkeit und Löslichkeit von hydroxylhaltigen Verbindungen

Die Wasserstoffbrücken der Alkohole sind schwächer als die des
Wassers. Methyl- und Äthylalkohol haben nämlich trotz des
höheren Molekulargewichts einen tieferen Siedepunkt als Wasser.

Tabelle 9. *Vergleich der Siedepunkte von Wasser, Alkoholen und Äthern*

	H_2O	CH_3OH	C_2H_5OH	C_3H_7OH	CH_3OCH_3	$C_3H_7OC_3H_7$
Molekulargewicht	18	32	46	60	46	102
Siedepunkt in ° C	+100	+65	+78	+97	—25	+90

Tabelle 10. *Vergleich der Siedepunkte von Kohlenwasserstoffen und Aldehyden mit den entsprechenden Hydroxyverbindungen*

Verbindung	Formel	Siedepunkt in ° C	Verbindung	Formel	Siedepunkt in ° C
Wasserstoff	H_2	—253	Wasser	HOH	+100
Methan	CH_4	—164	Methanol	CH_3OH	+ 65
Äthan	C_2H_6	— 89	Äthanol	C_2H_5OH	+ 78
Propan	C_3H_8	— 42	Propanol-1	C_3H_7OH	+ 97
Hexan	C_6H_{14}	+ 69	n-Hexanol-1	$C_6H_{13}OH$	+158
Cyclohexan	C_6H_{12}	+ 81	Cyclohexanol	$C_6H_{11}OH$	+161
Benzol	C_6H_6	+ 80	Phenol	C_6H_5OH	+182
n-Decan	$C_{10}H_{22}$	+174	n-Decanol-1	$C_{10}H_{21}OH$	+231
Naphthalin	$C_{10}H_8$	+218	Naphthol	$C_{10}H_7OH_\beta^\alpha$	+280 +286
Acetaldehyd	$CH_3C{<}^O_H$	+20	Essigsäure	$CH_3C{<}^O_{OH}$	+118
Benzaldehyd	$C_6H_5C{<}^O_H$	+179	Benzoesäure	$C_6H_5C{<}^O_{OH}$	+250

Erst der Propylalkohol, der die dreifache Molekülgröße des Wassers hat, zeigt etwa denselben Siedepunkt wie dieses.

Bei organischen Verbindungen vom Molekulargewicht 50—100 steigt bei Eintritt einer Hydroxylgruppe der Siedepunkt um etwa 100° C. Bei höhermolekularen Stoffen ist der Einfluß geringer, während er bei den Anfangsgliedern noch weit größer ist. Es zeigt sich dies nicht nur bei einem Vergleich der Alkohole und Phenole mit den entsprechenden Kohlenwasserstoffen, sondern auch bei einem Vergleich der Carbonsäuren mit den entsprechenden Aldehyden.

Der Einfluß der Hydroxylgruppe auf die Flüchtigkeit der Alkohole zeigt sich besonders bei einem Vergleich ihrer Siedepunkte mit denen der Äther (Tab. 11). Einige niedermolekulare Äther sieden trotz des höheren Molekulargewichtes viel tiefer als Wasser und als ihre strukturisomeren Alkohole. Erst der Dipropyläther, der ein fünfmal größeres Molekulargewicht als Wasser hat, siedet ungefähr bei der gleichen Temperatur wie Wasser (Tab. 9). Die Methyläther sind in allen Fällen flüchtiger als die entsprechenden Hydroxyverbindungen.

Ebenso sieden die Ester tiefer als die Säuren; dies gilt nicht nur für die Ester der organischen Säuren, sondern auch für die der anorganischen Sauerstoffsäuren (vgl. Tab. 12, S. 23).

Tabelle 11. *Siedepunkte der Alkohole und Äther*

Formel	Siedepunkt in ° C	Formel	Siedepunkt in ° C
CH_3OH	+65	CH_3OCH_3	— 25
		$CH_3OC_2H_5$	+ 7
		n-$CH_3OC_3H_7$	+ 39
		n-$CH_3OC_4H_9$	+ 71
C_2H_5OH	+ 78	$C_2H_5OCH_3$	+ 7
		$C_2H_5OC_2H_5$	+ 35
		n-$C_2H_5OC_3H_7$	+ 64
		n-$C_2H_5OC_4H_9$	+ 92
C_6H_5OH	+182	$C_6H_5OCH_3$	+154
β-$C_{10}H_7OH$	+286	β-$C_{10}H_7OCH_3$	+274

Die hydroxylhaltigen Verbindungen sind in Wasser löslich, die hydroxylfreien meist nicht. Mit steigendem Molekulargewicht sinkt bei den hydroxylhaltigen Verbindungen infolge des größeren organischen Restes die Löslichkeit in Wasser stark ab, während diejenige in organischen Lösungsmitteln nur wenig verändert wird.

Eine Ausnahme bilden die niedermolekularen Aldehyde und Ketone, da sie sich trotz des Fehlens einer Hydroxylgruppe in Wasser lösen. In der wäßrigen Lösung liegen aber teilweise nicht die Carbonylverbindungen, sondern deren Hydrate vor. Chloral ist in Wasser unlöslich; erst nachdem sich mit Wasser Chloralhydrat gebildet hat, tritt Lösung ein:

$$CCl_3C\!\!\begin{array}{c} O \\ H \end{array} + H_2O \rightarrow CCl_3CH\!\!\begin{array}{c} OH \\ OH \end{array}$$

in Wasser wenig löslich   in Wasser löslich

Carbonylverbindungen, die keine Hydrate bilden, wie z. B. die Ester, sind in Wasser wenig löslich. Ester sind deshalb wie die

Tabelle 12. Siedepunkte der Säuren und Ester

Formel	Siedepunkt in ° C	Formel	Siedepunkt in ° C
$HC\!\!<^O_{OH}$	+101	$HC\!\!<^O_{OCH_3}$	+ 32
		$HC\!\!<^O_{OC_2H_5}$	+ 54
$CH_3C\!\!<^O_{OH}$	+118	$CH_3C\!\!<^O_{OCH_3}$	+ 57
		$CH_3C\!\!<^O_{OC_2H_5}$	+ 77
$C_6H_5C\!\!<^O_{OH}$	+250	$C_6H_5C\!\!<^O_{OCH_3}$	+199
		$C_6H_5C\!\!<^O_{OC_2H_5}$	+213
$O_2S\!\!<^{OH}_{OH}$	+338	$O_2S\!\!<^{OCH_3}_{OCH_3}$	+188
$ON-OH$	(+20)*	$ON-OCH_3$	− 12
O_2N-OH	+86	O_2N-OCH_3	+ 65

* Man kann durch Vergleich mit den Estern und analogen Säuren den Siedepunkt von Säuren, die im freien Zustand nicht bekannt sind, abschätzen. So müßte die Kohlensäure H_2CO_3, wenn sie existenzfähig wäre, bei etwa 200° C sieden, da ihr Siedepunkt etwa 100° C höher als der der Ameisensäure (Sdp. 101° C) und höher als der des Dimethylesters (Sdp. 91° C) liegen sollte.

Äther typisch organische Verbindungen; sie sind in organischen Lösungsmitteln löslich, in Wasser dagegen schwer löslich[1].

Die Einführung mehrerer Hydroxylgruppen vermehrt das „anorganische Verhalten" auf Kosten des organischen; die Verbindungen werden also in Wasser leichter löslich, die Löslichkeit in Äther nimmt dagegen ab. Beispiele bietet der Vergleich von ein- mit mehrwertigen Alkoholen, z. B. von Propylalkohol und Propylenglykol mit Glycerin (vgl. Tab. 13), von Hexylalkohol mit Hexit (vgl. Tab. 6, S. 19), von Mono- und Dicarbonsäuren[2] einerseits mit Tricarbonsäuren andererseits, von Propionsäure mit Milchsäure, von ein- mit mehrwertigen Phenolen[3] usw.

Das „anorganische Verhalten" der Polyhydroxyverbindungen verschwindet wieder, wenn die Hydroxylgruppen veräthert[4] oder verestert werden. Die so erhaltenen Derivate sind in organischen Lösungsmitteln löslich, in Wasser unlöslich und viel leichter flüchtig als die Polyhydroxyverbindungen.

Tabelle 13. *Siedepunkte in ° C und Löslichkeit von Alkoholen und Äthern der Propanreihe*

CH_3	CH_2OH	CH_2OH	CH_2OH
CH_2	CH_2	CH_2	$CHOH$
CH_3	CH_3	CH_2OH	CH_2OH
Sdp. —42°	+97°	+214°	+290°
unlöslich in Wasser, löslich in Äther	löslich in Wasser, löslich in Äther	löslich in Wasser, unlöslich in Äther	leicht löslich in Wasser, unlöslich in Äther

$CH_2OC_2H_5$	$CH_2OC_2H_5$	$CH_2OC_2H_5$
$CHOH$	$CHOH$	$CHOC_2H_5$
CH_2OH	$CH_2OC_2H_5$	$CH_2OC_2H_5$
Sdp. +230°	+191°	+185°
löslich in Wasser, löslich in Äther	löslich in Wasser, löslich in Äther	unlöslich in Wasser, löslich in Äther

[1] Die Löslichkeit des Dimethyläthers in Wasser beruht vielleicht auf der Bildung einer Oxoniumverbindung. Diese sind bei den Äthern mit höherem Molakulargewicht unbeständig.

[2] Bei Eintritt einer zweiten Carboxylgruppe wird häufig die Löslichkeit gegenüber der Monocarbonsäure herabgedrückt. So ist z. B. n-Buttersäure mit Wasser mischbar, Bernsteinsäure in Wasser wenig löslich.

[3] Die mehrfachen Phenole sind zum Unterschied von den mehrfachen Alkoholen auch in Äther löslich.

[4] Methyläther bilden häufig eine Ausnahme; so ist Glycerintrimethyläther in Wasser leicht löslich.

b) Vergleich von sauerstoff- und schwefelhaltigen Verbindungen

Der Einfluß der Hydroxylgruppe auf die physikalischen Eigenschaften zeigt sich besonders bei einem Vergleich der sauerstoffhaltigen Verbindungen mit den entsprechend gebauten schwefelhaltigen. Die Mercaptane sind trotz ihres schwach sauren Charakters in bezug auf ihre physikalischen Eigenschaften typisch organische Verbindungen, zum Unterschied von den Alkoholen. Die Thioalkohole haben also fast den gleichen Siedepunkt wie strukturisomere Thioäther, während bei entsprechenden sauerstoffhaltigen Verbindungen die Siedepunkte stark differieren:

Tabelle 14. *Vergleich der Siedepunkte von strukturisomeren Alkoholen und Äthern bzw. Thioalkoholen und Thioäthern*

Formel	Molekular-gewicht	Siedepunkt in ° C	Formel	Molekular-gewicht	Siedepunkt in ° C
CH_3CH_2OH	46	$+78$	n-C_4H_9OH	74	$+118$
CH_3OCH_3		-25	$C_2H_5OC_2H_5$		$+\ 35$
CH_3CH_2SH	62	$+35$	n-C_4H_9SH	90	$+\ 98$
CH_3SCH_3		$+37$	$C_2H_5SC_2H_5$		$+\ 92$

Die Thioalkohole sind in Wasser unlöslich, in organischen Lösungsmitteln löslich; sie sieden tiefer als die entsprechenden Alkohole, geradeso wie Schwefelwasserstoff leichter flüchtig ist als

Tabelle 15. *Vergleich der Siedepunkte von sauerstoffhaltigen mit den entsprechenden schwefelhaltigen Verbindungen*

Formel	Mol.-Gew.	Siedepunkt in ° C		Formel	Mol.-Gew.	Siedepunkt in ° C	
HOH	18	$+100$		HSH	34	$-\ 61$	
CH_3OH	32	$+\ 65$	assoziieren	CH_3SH	48	$+\ \ 6$	assoziieren nicht
C_2H_5OH	46	$+\ 78$		C_2H_5SH	62	$+\ 35$	
$(CH_3CO)OH$	60	$+118$		$(CH_3CO)SH$	76	$+\ 93$	
C_6H_5OH	94	$+182$		C_6H_5SH	110	$+170$	
$(CH_3)_2O$	46	$-\ 25$	assoziieren nicht	$(CH_3)_2S$	62	$+\ 37$	assoziieren nicht
$(C_2H_5)_2O$	74	$+\ 35$		$(C_2H_5)_2S$	90	$+\ 92$	
$(CH_3CO)OC_2H_5$	88	$+\ 77$		$(CH_3CO)SC_2H_5$	104	$+116$	

Wasser (Tab. 8). Die Thioäther sieden dagegen höher als die Äther; hier tritt die normale Regelmäßigkeit zutage, nach der der Siedepunkt einer organischen Verbindung steigt, wenn ein Element durch ein anderes derselben Gruppe des periodischen Systems mit höherem Atomgewicht ersetzt wird (Tab. 15).

Die Salze der Mercaptane sind als heteropolare Verbindungen nicht flüchtig; ihre Alkalisalze sind in Wasser löslich, in Äther unlöslich, so daß die Mercaptane durch Überführung in Salze leicht von typisch organischen Verbindungen abtrennbar sind.

c) Einfluß der Aminogruppe auf Flüchtigkeit und Löslichkeit

Die Substitution von Wasserstoff durch die Aminogruppe wirkt in einer organischen Verbindung nicht mit derselben Regelmäßigkeit auf deren Siedepunkt ein wie die Substitution durch eine

Tabelle 16. *Vergleich der Siedepunkte von Kohlenwasserstoffen, Hydroxyverbindungen und den entsprechenden Aminoderivaten*

Kohlenwasserstoff	Siedepunkt in ° C	Hydroxyverbindung	Siedepunkt in ° C	Aminoverbindung	Siedepunkt in ° C
HH	—253	HOH	+100	HNH_2	— 33,4
CH_3H	—164	CH_3OH	+ 65	CH_3NH_2	— 7
C_2H_5H	— 89	C_2H_5OH	+ 78	$C_2H_5NH_2$	+ 17
C_6H_5H	+ 80	C_6H_5OH	+182	$C_6H_5NH_2$	+184
		o	+246		o +258
		$C_6H_4(OH)_2$m	+276	$C_6H_4(NH_2)_2$m	+284
		p	+286 [1]		p +267
$C_{10}H_7H$	+218	$\alpha\text{-}C_{10}H_7OH$	+280	$\alpha\text{-}C_{10}H_7NH_2$	+301
$(HCO)H$	— 21	$(HCO)OH$	+101	$(HCO)NH_2$	etwa +212 [2]
$(CH_3CO)H$	+ 20	$(CH_3CO)OH$	+118	$(CH_3CO)NH_2$	+221

[1] Siedepunkt bei 730 mm Hg; [2] Siedepunkt: 110° C bei 15 mm Hg.

Hydroxylgruppe. Die aliphatischen primären Amine sieden viel tiefer als die entsprechenden Alkohole, während die aromatischen Amine ungefähr den gleichen Siedepunkt wie die Phenole besitzen; die Säureamide sind dagegen weniger flüchtig als die Säuren.

Auf die Löslichkeit der organischen Verbindungen hat die Aminogruppe aber einen noch größeren Einfluß als die Hydroxylgruppe. Die niedermolekularen Monoamine sind in Wasser und Äther leicht löslich. Aber auch höhere Glieder lösen sich noch leicht in Wasser. So ist Amylamin zum Unterschied von Amylalkohol mit Wasser noch mischbar. Anilin ist dagegen wie Phenol in Wasser nur teilweise löslich; dies hängt mit der geringen Basizität seiner Ammoniumbase zusammen.

4. Höhermolekulare Verbindungen
Organische Verbindungen mit großem organischem Rest

Der Einfluß anorganischer Substituenten auf das physikalische Verhalten tritt bei niedermolekularen Verbindungen besonders deutlich hervor. Im folgenden soll geschildert werden, wie sich das Verhalten der Stoffe ändert, wenn der organische Rest im Verhältnis zum anorganischen groß wird.

1. Bei typisch organischen Verbindungen wird durch Vergrößerung des organischen Restes prinzipiell nichts geändert. Die zwischenmolekularen Kräfte nehmen zu; die Flüchtigkeit nimmt deshalb ab. In den homologen Reihen z. B. der normalen Paraffine und der Fettsäuren nimmt die Löslichkeit ab; doch hängen die Löslichkeit wie der Schmelzpunkt sehr stark von der Molekülgestalt ab (vgl. S. 12f.). Moleküle mit Seitenketten zeigen größere Löslichkeit als solche mit unverzweigten Ketten.

2. Bei organischen Verbindungen mit typisch anorganischem Verhalten, also bei Salzen von Säuren und Basen, hat das Größerwerden der Kohlenstoffkette einen merkwürdigen Einfluß. Die kohlenstoffreichen organischen Ionen verlieren ihre normale Löslichkeit in Wasser. Es kommt zur Ausbildung von Kolloidteilchen, von Micellen, die durch Assoziation der großen organischen Reste entstehen und die ihre Beständigkeit den durch die Ionisation auftretenden elektrischen Ladungen verdanken.

Die Alkalisalze der höhermolekularen Fettsäuren (die Seifen), die halogenwasserstoffsauren Salze der höhermolekularen Amine, ferner viele höhermolekulare Sulfonsäuren und ihre Salze, z. B. viele Farbstoffe, sind also in Wasser nicht mehr normal, sondern kolloid löslich[1]. Manche dieser Salze können sogar, weil der organische Rest überwiegt, wie typisch organische Stoffe in Äther gelöst werden. In Äthanol, das als Lösungsmittel eine Mittelstellung zwischen Wasser und Äther einnimmt, sind diese Salze normal löslich; denn Alkohol vermag als organisches Lösungsmittel den organischen Rest in Lösung zu halten; zudem besitzt er auch ein gewisses Lösevermögen für ionogene Stoffe. Solche höhermolekularen Verbindungen bieten wegen ihrer anomalen Eigenschaften bei der Analyse einige experimentelle Schwierigkeiten.

---

[1] LEDERER, E. L.: Kolloidchemie der Seifen. Dresden-Leipzig: Steinkopff 1932; JIRGENSONS, B.: Organic colloids. Amsterdam: Elsevier Publ. Comp. 1958.

Tabelle 17. *Vergleich der Siedepunkte und Schmelzpunkte von Kohlenwasserstoffen, Alkoholen und Säuren,* $\triangle$ *= Differenzen der Siede- bzw. Schmelzpunkte*

n	Kohlen-wasserstoffe C_nH_{2n+2}	$\leftarrow\triangle\rightarrow$	Alkohole $C_nH_{2n+1}OH$	$\leftarrow\triangle\rightarrow$	Säuren $C_nH_{2n}O_2$
			Siedepunkte in ° C		
2	− 89	167	+ 78	40	+118
10	+174	57	+231	37	+268
16	+157*	32	+189*	26	+215*
			Schmelzpunkte in ° C		
2	−182	68	−114	131	+ 17
10	− 32	39	+ 7	24	+ 31
20	+ 38	26	+ 64	11	+ 75
30	+ 69	19	+ 88	2	+ 90

* Bei 15 mm Hg.

3. Bei Verbindungen mit gemischt organisch-anorganischem Verhalten verschwindet mit steigendem Molekulargewicht der Einfluß der Hydroxyl- bzw. der Aminogruppe. Die physikalischen Eigenschaften werden wesentlich durch den organischen Rest bedingt. Mit steigendem Molekulargewicht werden die Unterschiede zwischen den Siedepunkten ($\triangle$ der Tab. 17) von Kohlenwasserstoffen, Alkoholen und Säuren, die bei niederen Gliedern dieser Reihen so charakteristisch sind, immer geringer. Gleiches gilt auch für die Schmelzpunkte (vgl. Tab. 17).

Höhermolekulare Verbindungen können, auch wenn sie papier- und dünnschichtchromatographisch rein sind und nach ihren Röntgendiffraktogrammen nur noch geringe Kristallinität haben, über einen größeren Temperaturbereich schmelzen[1].

Die physikalischen Eigenschaften der höhermolekularen Verbindungen sind wesentlich von der Größe und dem Bau des Kohlenwasserstoffrestes abhängig. So sehen z. B. höhermolekulare aliphatische Verbindungen trotz verschiedener Substituenten unter sich ähnlich aus und haben ähnliches physikalisches Verhalten; ebenso verhalten sich z. B. verschiedene Anthrachinonderivate (vgl. Tab. 18).

Die Gitterkräfte zwischen den linearen Molekülen höherer aliphatischer Verbindungen sind relativ gering im Vergleich zu den Gitterkräften zwischen den blättchenförmigen Molekülen der

---

[1] Kämmerer, H.: Kunststoffe **56**, 154 (1966).

Tabelle 18. *Vergleich der Eigenschaften organischer Verbindungen mit großem organischem Rest*

Paraffinderivate (normale)	Schmelz- punkt in ° C	Löslichkeit in Äther	Anthrachinon- derivate (β)	Schmelz- punkt in ° C	Löslichkeit in Äther
$C_{14}H_{30}$	+ 6	löslich	$C_{14}H_8O_2$	+285	fast unlösl.
$C_{14}H_{29}OH$	+38	löslich	$(C_{14}H_7O_2)OH$	+302	fast unlösl.
$C_{14}H_{29}NH_2$	+37	schwerlösl.	$(C_{14}H_7O_2)NH_2$	+302	fast unlösl.
$C_{14}H_{29}COOH$	+54	löslich	$(C_{14}H_7O_2)COOH$	+292	fast unlösl.

Anthrachinonderivate, so daß Verbindungen mit gleicher Molekülgröße der beiden Stoffklassen große Unterschiede in Schmelzpunkt und Löslichkeit aufweisen.

Tabelle 19. *Vergleich der Eigenschaften von Äthanderivaten*

Äthanderivate	Schmelzpunkt in ° C	Siedepunkt in ° C	Löslichkeit in Äther	Löslichkeit in Wasser	Aggregat- zustand
CH_3CH_3	—182	— 89	löslich	unlöslich	gasförmig
CH_3CH_2Cl	—136	+ 12	löslich	unlöslich	gasförmig
CH_3CH_2OH	—114	+ 78	löslich	löslich	flüssig
$CH_3CH_2NH_2$	— 84	+ 17	löslich	löslich	flüssig
CH_3COOH	+ 17	+118	löslich	löslich	flüssig
CH_3COONa	+320	Zersetzg.	unlöslich	löslich	fest

Tabelle 20. *Vergleich der Eigenschaften von Triakontanderivaten (C_{30})*

Triakontanderivate	Schmelz- punkt in ° C	Löslichkeit in Äther	Löslichkeit in Wasser	Aussehen
$CH_3 \cdot CH_2 \ldots CH_2 \cdot H$	+66	etw. löslich	unlöslich	
$CH_3 \cdot CH_2 \ldots CH_2 \cdot Cl$	+65	etw. löslich	unlöslich	
$CH_3 \cdot CH_2 \ldots CH_2 \cdot OH$	+88	etw. löslich	unlöslich	paraffin-
$CH_3 \cdot CH_2 \ldots CH_2 \cdot NH_2$	—	etw. löslich	unlöslich	artig
$CH_3 \cdot CH_2 \ldots CH_2 \cdot COOH$	+93	etw. löslich	unlöslich	
$CH_3 \cdot CH_2 \ldots CH_2 \cdot COONa$	—	unlöslich	kolloid- löslich	

End- grup- pen — Länge der Paraffinkette bedingt die physikal. Eigenschaften — End- gruppen bedingen die chem. Eigenschaften

In den Tab. 19 und 20 sind die Eigenschaften von Äthan- und von Triakontanderivaten, die den verschiedenen besprochenen Gruppen angehören, zusammengestellt. Die Triakontanderivate haben alle gleiches Aussehen infolge ihrer langen Paraffinketten, während die Äthanderivate sich im Aussehen stark unterscheiden.

Letztere sind leicht trennbar auf Grund der großen Unterschiede ihrer physikalischen Eigenschaften, im Gegensatz zu den Triakontanderivaten.

5. Oligomere[1,2] Verbindungen

Das Molekulargewicht niedermolekularer organischer Verbindungen überschreitet selten den Wert 1000. Andererseits nennt man einen Stoff makromolekular, wenn das Molekulargewicht, z. B. bei einem molekulareinheitlichen Protein, oder das mittlere Molekulargewicht, z. B. bei einem polymolekularen Polystyrol, den Wert $\sim 10^4$ überschreitet.

Molekulareinheitliche Verbindungen, die wie Polymere aus Grundbausteinen aufgebaut sind und deren Molekulargewichte 10^4 nicht überschreiten, nennt man Oligomere. Ein Gemisch von Oligomeren, das mit heutigen Mitteln nicht mehr in molekular- und struktureinheitliche Verbindungen auftrennbar ist, kann man als oligomeren Stoff bezeichnen.

Man kennt synthetische und natürliche Oligomere wie Oligopeptide (z. B. Insulin, Molekulargewicht 5733) und Oligosaccharide.

Innerhalb einer homologen Reihe oligomerer Verbindungen nimmt gewöhnlich die Kristallinität ab, und der Schmelzpunkt geht in einen Schmelzbereich über, obwohl molekulareinheitliche Verbindungen vorliegen, wie man mit Hilfe chromatographischer Methoden beweisen kann. Außer den Oligopeptiden und Oligosacchariden seien genannt: die Oligoamide, z. B. aus ε-Aminocapronsäure, Oligourethane, Oligomere aus Vinylverbindungen; auch Mehrkernverbindungen, die z. B. mit Methylenbrücken verknüpfte Phenolbausteine enthalten, sind Oligomere. Ein Überblick über einige Eigenschaften oligomerer Verbindungen ist im Polymer Handbook[2] zu finden.

6. Makromolekulare Stoffe

Hierher gehören Naturstoffe, wie Kautschuk, Cellulose, Stärke und Proteine, ferner viele synthetische Produkte, die durch Poly-

---

[1] Kern, W.: Chemiker-Ztg. **76**, 667 (1952); über Pleionomere: Zahn, H., u. G. B. Gleitsmann: Angew. Chem. **75**, 772 (1963).

[2] Rothe, M., in: Brandrup-Immergut: Polymer handbook, p. VII—1ff. New York: Interscience Publ. 1965.

kondensation, Polyaddition oder Polymerisation aus niedermolekularen Verbindungen erhalten werden.

Diese Stoffe sind aus Makromolekülen aufgebaut, in denen mehr als 10^3 Atome über kovalente Bindungen verknüpft sind. Die untere Grenze für das Molekulargewicht von Makromolekülen liegt bei etwa 10000. Wegen der Größe der Makromoleküle sind solche Stoffe nicht destillierbar. Man unterscheidet lösliche und unlösliche makromolekulare Stoffe. Die löslichen makromolekularen Stoffe geben kolloide Lösungen, in denen die Kolloidteilchen die Makromoleküle sind.

Makromolekulare Stoffe bestehen in der Regel im Gegensatz zu den niedermolekularen nicht aus Molekülen einheitlicher Größe, sondern aus Molekülgemischen; sie sind polymolekular. Ihre Untersuchung ist deshalb schwieriger als diejenige niedermolekularer Verbindungen.

Da synthetische makromolekulare Stoffe durch Verknüpfung aus einfachen Grundmolekülen entstehen, zeigen sie einen relativ einfachen Bau, der sie zur Untersuchung als Modellsubstanzen geeignet macht.

Die Zahl der Grundbausteine, die zu einem Makromolekül verbunden sind, nennt man Polymerisationsgrad. Makromoleküle, die aus demselben Grundbaustein aufgebaut sind und sich nur im Polymerisationsgrad unterscheiden, bezeichnet man in Anlehnung an die homologen Reihen als polymerhomolog. Makromolekulare Stoffe bestehen aus Gemischen von solchen Polymerhomologen. Die Trennung polymerhomologer Gemische in einheitliche Verbindungen ist wegen der geringen Unterschiede in den physikalischen Eigenschaften nicht möglich. Man kann sie z. B. mit Hilfe von Lösungs- und Fällungsmitteln in Fraktionen von verschiedenem Durchschnittsmolekulargewicht (Durchschnittspolymerisationsgrad) zerlegen.

Wie bei den niedermolekularen organischen Verbindungen kann man auch bei den makromolekularen Stoffen im Hinblick auf ihre Löslichkeit solche mit typisch organischem, mit typisch anorganischem und einige mit gemischt organisch-anorganischem Verhalten unterscheiden. Typisch organische makromolekulare Stoffe sind ausgesprochen homöopolar gebaut (Polystyrol, Kautschuk). Durch Einführung von OH- oder COOH-Gruppen werden Stoffe mit typisch anorganischem Charakter erhalten (Polyvinylalkohol,

Polyacrylsäure); hierher gehören auch die Salze makromolekularer polyvalenter Säuren und Basen, die heteropolar gebaut sind. Nur wenige makromolekulare Stoffe zeigen gleichzeitig Löslichkeit in Wasser und in organischen Lösungsmitteln: Stoffe mit gemischt organisch-anorganischem Verhalten (Polyäthylenoxid).

Die weitere Unterteilung[1] geschieht nach dem Bau, der Größe und der Gestalt der Makromoleküle, die auf die physikalischen Eigenschaften der Stoffe und deren Lösungen entscheidenden Einfluß haben. Über die Molekülgröße und die Gestalt der Makromoleküle erhält man z. B. durch osmotische, ultrazentrifugale und viskosimetrische Untersuchungen ihrer Lösungen Aufschluß. Im folgenden sei kurz die Einteilung makromolekularer Stoffe wiedergegeben.

1. Linearmakromolekulare Stoffe (lineare Hochpolymere)

Lineare Makromoleküle werden durch Polykondensation oder Polyaddition von organischen Molekülen mit zwei funktionellen Gruppen oder durch Polymerisation von organischen Molekülen mit einer Doppelbindung und von geeigneten cyclischen Verbindungen erhalten. Hierher gehören auch einige Naturstoffe wie Kautschuk und Cellulose. Lineare Makromoleküle geben kolloide Lösungen, in denen die Kolloidteilchen die Makromoleküle selbst sind. Stoffe bis zum Durchschnittspolymerisationsgrad von etwa 100 verhalten sich ähnlich wie niedermolekulare organische Verbindungen und lösen sich ohne Quellung zu niederviskosen Newtonschen Lösungen. Stoffe vom Durchschnittspolymerisationsgrad 100 bis 1000 bilden den Übergang zu den eigentlichen makromolekularen Stoffen, die einen Durchschnittspolymerisationsgrad von über 1000 besitzen. Diese lösen sich unter starker Quellung zu hochviskosen, nicht Newtonschen Lösungen und zeigen ausgesprochen kolloide Eigenschaften.

2. Sphäromakromolekulare Stoffe

Die Makromoleküle haben kugelförmige Gestalt. Sie lösen sich ohne Quellung zu niederviskosen Lösungen, wie z. B. Glykogen.

---

[1] STAUDINGER, H.: Organische Kolloidchemie. 3. Aufl. Braunschweig: Vieweg 1950; KARRER, P.: Lehrbuch der Organischen Chemie, 14. Aufl., Beitrag von W. KERN, S. 790. Stuttgart: Thieme 1963; HOUBEN-WEYL-MÜLLER: Methoden der organischen Chemie, 4. Aufl., Bd. XIV/1 u. 2. Stuttgart: Thieme 1961 u. 1963.

3. Stoffe mit vernetzten Makromolekülen (Netzpolymere)

Die Kettenmoleküle sind an einzelnen Stellen über kovalente Bindungen miteinander verknüpft. Solche Stoffe sind deshalb unlöslich und nur noch begrenzt quellbar.

Die *Analyse*[1] *makromolekularer Stoffe* wird, wie schon erwähnt, in dem vorliegenden Trennungsgang nicht berücksichtigt, da methodisch nach ganz anderen Gesichtspunkten verfahren werden muß als bei der Analyse niedermolekularer Verbindungen. Unlösliche makromolekulare Stoffe können nur durch die Elementaranalyse, ferner durch Spaltung und Identifizierung der Spaltprodukte charakterisiert werden[2]. Bei den kolloidlöslichen makromolekularen Stoffen ist eine Abtrennung von niedermolekularen Verbindungen durch Destillation, Dialyse oder Ultrafiltration möglich. Die durch die Membran oder das Filter hindurchtretenden Anteile sind niedermolekular, während im Rückstand sich die makromolekularen Anteile vorfinden. Bei der Gelfiltration[3] in einer Säule, die z. B. mit vernetzten Dextranen gefüllt ist, passieren zuerst die höhermolekularen Anteile, während die niedrigermolekularen zurückgehalten werden. Nach der Reinigung erfolgt die Identifizierung durch Analyse und durch thermische Spaltung.

Einteilung der organischen Verbindungen nach Löslichkeit und Flüchtigkeit

Auf Grund der großen Unterschiede, die die organischen Verbindungen in ihrer Löslichkeit in Wasser und Äther bzw. in ihrer Flüchtigkeit aufweisen, lassen sie sich in folgende Gruppen einteilen:

---

[1] BANDEL, G., u. W. KUPFER, in: HOUWINK-STAVERMAN: Chemie und Technologie der Kunststoffe, 4. Aufl., Bd. III, S. 212. Leipzig: Akadem. Verlagsgesellschaft 1963; HOUBEN-WEYL-MÜLLER: Methoden der Organischen Chemie, 4. Aufl., Bd. XIV/2, S. 917ff. Stuttgart: Thieme 1963; ferner THINIUS, K.: Analytische Chemie der Plaste (Kunststoff-Analyse). Berlin-Göttingen-Heidelberg: Springer 1952.

[2] JELLINEK, H. H. G.: Degradation of vinyl polymers. New York: Academic Press 1955; GRASSIE, N.: Chemistry of high polymer degradation processes. London: Butterworths 1956; MADORSKY, S. L.: Thermal degradation of organic polymers. New York: Interscience Publ. 1964.

[3] DETERMANN, H.: Gelchromatographie. Berlin-Heidelberg-New York: Springer 1967.

I. In Äther lösliche, in Wasser unlösliche Verbindungen: Stoffe mit typisch organischem Charakter.

II. In Äther und in Wasser lösliche Verbindungen: Stoffe mit gemischt organisch-anorganischem Verhalten.

III. In Äther unlösliche, in Wasser lösliche Verbindungen: Organische Stoffe mit typisch anorganischem Verhalten.

IV. In Äther und in Wasser unlösliche Verbindungen. Hierher gehören höhermolekulare, typisch organische Stoffe, ebenso Polycarbonsäuren, Säureamidderivate u. a., die gemischt organisch-anorganisches Verhalten zeigen, ferner unlösliche Salze, also organische Stoffe mit typisch anorganischem Charakter.

V. Verbindungen, die beim Behandeln mit Wasser zersetzt werden. Diese haben meist typisch organischen Charakter; sie sind also in Äther löslich und gehören strenggenommen in die Gruppe I. Beispiele: Säurehalogenide, Isocyanate. Eine besondere Behandlung dieser Stoffe ist aber notwendig, da bei ihrer Anwesenheit der normale Trennungsgang nicht anwendbar ist und modifiziert werden muß.

Peroxide und Ozonide sind, besonders in Mischung mit vielen organischen Verbindungen, so empfindlich, daß sie in dem vorliegenden Trennungsgang keine Berücksichtigung finden.

Ähnliches Lösevermögen wie Äther hat auch eine ganze Reihe anderer organischer Lösungsmittel, die alle dadurch charakterisiert sind, daß sie kleine Dielektrizitätskonstanten besitzen, also Petroläther, Cyclohexan, Benzol, Toluol, Methylenchlorid, Chloroform, Tetrachlorkohlenstoff, Schwefelkohlenstoff und Essigester. Zur Analyse verwendet man Diäthyläther, weil dieser bei niedriger Temperatur leicht abdestilliert werden kann.

Eine Mittelstellung zwischen Wasser und Äther nehmen Methanol und Äthanol ein. Sie sind Lösungsmittel für typisch organische Substanzen, lösen aber auch häufig Salze und besitzen ein gutes Lösevermögen für hydroxylhaltige Substanzen; so wie ihre Dielektrizitätskonstanten liegt auch ihr Lösevermögen in der Mitte zwischen Wasser und den typisch organischen Lösungsmitteln.

Die Trennung eines Gemisches organischer Substanzen mit Äther darf aber nicht vorgenommen werden, bevor die leichtflüchtigen Anteile durch Destillation entfernt wurden; denn diese lassen sich von Diäthyläther schwer trennen und können so bei der Analyse verlorengehen.

In bezug auf ihre Flüchtigkeit kann man die organischen Substanzen in folgende zwei Gruppen einteilen, wobei diese Unterscheidung[1] selbstverständlich nicht scharf ist:

a) Leichtflüchtige Substanzen (L.F.): niedermolekulare Verbindungen der Gruppen I, II und V.

b) Schwerflüchtige oder nichtflüchtige Substanzen (S.F.): höhermolekulare Verbindungen der Gruppen I, II und V und der Gruppen III und IV.

Trennungsgang für ein Gemisch organischer Verbindungen

Für ein Gemisch fester und flüssiger organischer Verbindungen ergibt sich so nachstehender Trennungsgang[2]:

Man destilliert zuerst die leichtflüchtigen Anteile ab. Bei dieser Trennung darf nicht zu hoch erhitzt werden, da bei höherer Temperatur Umsetzungen zwischen den einzelnen Bestandteilen des Gemisches eintreten können. So können z. B. höher siedende Ester mit primären Aminen reagieren.

Es wird angenommen, daß in den Analysenmischungen, die nach dem nachstehenden Analysengang getrennt werden sollen, nur solche Substanzen enthalten sind, die sich beim Erhitzen auf 100° C nicht miteinander umsetzen. Durch Erhitzen des Destillationskolbens bis auf 100° C können also tiefsiedende Anteile abdestilliert werden. Bei Benutzung des Vakuums der Wasserstrahlpumpe können auch noch unterhalb einer Badtemperatur von 100° C solche Substanzen abgetrennt werden, die bei Atmosphärendruck über 100° C sieden. Es werden so alle Substanzen bis zu einem Siedepunkt von ungefähr 160° C[3] abgetrennt. Diese Trennung ist natürlich nicht scharf, da sich ein Gemisch zweier Substanzen, von denen die eine etwas über 160° C, die andere etwas

---

[1] Eine Trennung von azeotropen Gemischen ist durch einfache Destillation nicht möglich.

[2] Gase werden hier nicht behandelt, weil ihre Untersuchung besonderer Apparaturen und Methoden bedarf.

[3] Man kann auch die Temperatur noch weiter steigern, wenn die Beständigkeit der Substanzen dies erlaubt und keine Reaktion der Komponenten des Gemisches eintritt. In besonderen Fällen können durch Destillation im Hochvakuum unter 100° C noch solche Stoffe abgetrennt werden, die bei gewöhnlichem Druck bis zu etwa 220° C sieden.

3*

unter dieser Temperatur siedet, durch eine einfache Destillation nicht völlig zerlegen läßt. Weiter kann die Dampftension einer Flüssigkeit stark durch die Gegenwart einer anderen Flüssigkeit beeinflußt werden.

Das Substanzgemisch wird also durch Destillation zunächst in zwei große Gruppen getrennt:

L.F., leichtflüchtige Substanzen, Siedepunkt unter 160° C.

S.F., schwer- oder nichtflüchtige Substanzen, Siedepunkt über 160° C.

Jede Gruppe wird nunmehr nach ihrer Löslichkeit in Äther und in Wasser getrennt.

L.F., die leichtflüchtigen Verbindungen werden durch Behandeln mit Äther bzw. Wasser in die folgenden Hauptgruppen zerlegt:

L.F. I, in Äther löslich, in Wasser schwer oder nicht löslich: leichtflüchtige, typisch organische Verbindungen, wie Kohlenwasserstoffe, Halogenderivate, Äther, Ester; aber auch schon etwas höhermolekulare Alkohole und Ketone mit 4—6 C-Atomen.

L.F. II, in Äther und in Wasser lösliche Substanzen: leichtflüchtige organische Verbindungen mit gemischt organisch-anorganischem Verhalten wie Alkohole, Säuren, Amine, Aldehyde, Ketone.

(L.F. III), in Äther unlösliche[1], in Wasser lösliche Substanzen: leichtflüchtige organische Verbindungen mit typisch anorganischem Verhalten können nicht vorkommen, da Verbindungen mit heteropolarem Charakter schwerflüchtig sind.

(L.F. IV) in Wasser und Äther schwer oder nicht lösliche Verbindungen können hier ebenfalls nicht vorliegen, da schwerlösliche Verbindungen schwerflüchtig sind und über 160° C sieden[2].

L.F. V, durch Wasser zersetzliche Verbindungen, z. B. Säurehalogenide: Sie gehören wegen ihres typisch organischen Charakters in die Gruppe L.F. I, müssen aber wegen ihrer Unbeständigkeit gegen Wasser getrennt behandelt werden.

S.F., die schwerflüchtigen Verbindungen können nach Abtrennung der leichtflüchtigen durch Behandeln mit Äther und Wasser getrennt werden. Folgende fünf Hauptgruppen können vorliegen:

---

[1] Tritt auf Zusatz von Äther zu dem Gemisch leichtflüchtiger Anteile eine Schichtenbildung ein, so ist Wasser anwesend, das bei Ausführung des normalen Trennungsganges leicht übersehen wird.

[2] Es gibt nur wenige Ausnahmen; z. B. ist der relativ leichtflüchtige Metaldehyd in Äther und in Wasser schwer löslich.

S.F. I, in Äther lösliche, in Wasser schwer oder nicht lösliche Verbindungen: Hier findet sich eine große Zahl der typisch organischen Verbindungen, also höhermolekulare Kohlenwasserstoffe, Halogenderivate, Ester, Nitroverbindungen, ferner aber auch organische Verbindungen mit gemischt organisch-anorganischem Verhalten wie höhermolekulare Säuren, Alkohole, Phenole und Amine. Letztere Verbindungen sind bei großen organischen Resten in Äther löslich, in Wasser schwer oder nicht löslich.

S.F. II, in Äther und in Wasser lösliche Verbindungen: Hierher gehören die mehrwertigen Phenole, mehrwertigen Amine, eine Reihe von Hydroxysäuren und Dicarbonsäuren, also Verbindungen mit gemischt organisch-anorganischem Verhalten.

S.F. III, in Wasser lösliche, in Äther unlösliche Verbindungen: Hierher gehören vor allem die organischen Verbindungen mit typisch anorganischem Verhalten, also die Salze von organischen Säuren und Aminen, die Sulfonsäuren und ihre Salze und Polyhydroxyverbindungen, die infolge ihrer zahlreichen OH-Gruppen anorganische Löslichkeitseigenschaften haben, wie die Kohlenhydrate, die Hydroxycarbonsäuren, Polycarbonsäuren, Hydroxypolycarbonsäuren u. a.

S.F. IV, in Wasser und in Äther schwer oder nicht lösliche Verbindungen: Hier können die verschiedenartigsten Verbindungen vorliegen: einmal höhermolekulare, typisch organische Verbindungen, ferner Polycarbonsäuren, Säureamide und -anilide, unlösliche Salze, aber auch makromolekulare Stoffe[1].

S.F. V, schwerflüchtige, durch Wasser zersetzliche Verbindungen: Diese haben ebenfalls typisch organischen Charakter und gehören strenggenommen in die Gruppe S.F. I.

Die vorstehenden Hauptgruppen L.F. I und L.F. II, S.F. I bis S.F. IV werden nach der nun erfolgenden Trennung nach chemischen Methoden in folgende **Untergruppen** eingeteilt:

A. Säuren. In Sodalösung löslich. Hierher gehören auch die stark sauren Phenole. Säuren können sich nur in der Gruppe L.F. II und in den Gruppen S.F. I, II, III und IV finden. Leichtflüchtige, in Wasser schwer lösliche Säuren sind nicht bekannt.

B. Phenole. Sie geben mit 2n Natronlauge Salze, dagegen nicht oder kaum mit 2n Sodalösung. Phenole finden sich nur unter den

---

[1] Diese werden in dem vorliegenden Trennungsgang nicht berücksichtigt.

schwerflüchtigen Verbindungen, und zwar in den Gruppen S.F. I, II und IV. In der Gruppe S.F. III kommen sie nicht vor, da auch die mehrwertigen Phenole nicht nur in Wasser, sondern auch in Äther löslich sind.

C. Amine. Sie geben mit 2n Salzsäure Salze. Schwache Basen, deren Salze leicht hydrolysieren, werden als Neutralstoffe (Gruppe D) behandelt. Amine können sich in der Gruppe L.F. II und in den Gruppen S.F. I, II, III und IV vorfinden.

D. Neutralstoffe. Diese bilden mit obigen Reagenzien in wäßriger Lösung keine Salze. Außer Kohlenwasserstoffen gehören hierzu die Alkohole, Äther, Aldehyde, Ketone, Ester, aromatische Nitroverbindungen, Säureamide, schwach basische Amine, Halogenverbindungen u. a. Neutralstoffe können in allen Hauptgruppen vorkommen.

In dem Substanzgemisch vorhandene Salze (nur in S.F. III und S.F. IV) werden im allgemeinen nicht als solche isoliert und identifiziert, sondern in Form der freien Säuren und Basen.

Nachdem im Analysengang das Gemisch in die beiden großen Gruppen der leichtflüchtigen und der schwerflüchtigen Substanzen getrennt ist, werden diese mit Hilfe von Äther und Wasser in die Hauptgruppen geschieden (vgl. Trenntab. 1, S. 84). Die weitere Trennung in die Untergruppen wird dann der Reihe nach mit Hilfe von Hydrogencarbonatlösung, Sodalösung, Natronlauge und Salzsäure erreicht (vgl. Trenntab. 2—8, s. Falttafel am Ende des Buches). Im einfachsten Falle, in Gruppe S.F. I, vollzieht sich diese Trennung so, daß aus der ätherischen Lösung durch aufeinanderfolgendes Ausschütteln mit Hydrogencarbonatlösung die starken Säuren, mit Sodalösung die schwachen Säuren und die stark sauren Phenole, mit Natronlauge die Phenole, schließlich mit Salzsäure die Amine abgetrennt werden, wobei in der ätherischen Lösung die Neutralstoffe zurückbleiben.

Ist ein Gemisch organischer Stoffe nach diesem Trennungsgang zerlegt, so können in jeder Untergruppe sich wieder Gemische vorfinden; es sind also weitere Trennungen vorzunehmen. Die Untergruppen enthalten meist chemisch ähnliche Stoffe, die auch bei höherer Temperatur nicht miteinander reagieren; deshalb können solche Gemische häufig durch Destillation, evtl. im Vakuum, getrennt werden, auch wenn dabei höher (bis 200° C) erhitzt werden muß; so können z. B. häufig Gemische von Kohlenwasserstoffen,

Estern und Nitroverbindungen durch Destillation getrennt werden, da hierbei nicht die Gefahr besteht, daß sie bei höherer Temperatur miteinander in Reaktion treten.

Gemische von Stoffen ähnlichen Baues, die sich durch Destillation nicht trennen lassen, z. B. Gemische von Aminosäuren, Gemische von Hydroxycarbonsäuren oder Gemische von Zuckern, lassen sich meist auf chromatographischem Wege[1] trennen. Zahlreiche Gemische von Stoffen mit ähnlichen physikalischen Eigenschaften und ähnlicher Struktur können durch solche Verfahren, auf die später an den betreffenden Stellen hingewiesen wird, getrennt werden.

Man kann aber auch einzelne Stoffe durch chemische Reaktionen verändern und sie dadurch in Verbindungen überführen, die einen völlig anderen Charakter haben. So läßt sich z. B. ein Gemisch (S.F. I) von Kohlenwasserstoffen und Estern, also Substanzen mit typisch organischem Charakter, dadurch zerlegen, daß man die Ester verseift; dann können die Säuren in Form von Natriumsalzen leicht abgetrennt werden. Ein Gemisch von Säuren, das durch Lösungsmittel oder Destillation schlecht trennbar ist, läßt sich in vielen Fällen nach der Veresterung zerlegen; besonders die Methylester sind für die Trennung durch Destillation geeignet.

Zusammenfassend läßt sich über die Grundprinzipien der organischen Analyse folgendes aussagen:

Es werden zunächst *physikalische Trennungsmethoden* angewendet. Diese haben den Vorteil, daß durch sie keine Veränderung der vorliegenden Stoffe erfolgt. Gelingt die Abtrennung und die Isolierung einzelner Stoffe auf diesem Wege, so ist ihre direkte Identifizierung möglich. Die physikalischen Methoden versagen, wenn die Unterschiede in Flüchtigkeit oder Löslichkeit der verschiedenen Stoffe zu gering sind. Hier setzen die *chemischen Trennmethoden* ein. Sie beruhen auf einer chemischen Veränderung einzelner Stoffe, die nach dieser Veränderung durch Anwendung physikalischer Methoden abgetrennt werden können.

Es handelt sich bei den chemischen Trennungen darum, einzelne Stoffe eines Gemisches mit physikalisch ähnlichen Eigenschaften, die also eine Trennung nicht mehr erlauben, in solche Verbindungen

---

[1] Vgl. Arbeitsmethoden f) und g), S. 58 ff.

überzuführen, deren physikalische Eigenschaften möglichst stark von denen der anderen Stoffe des Gemisches abweichen, wodurch wiederum eine Trennung durch Destillation oder Unterschiede in der Löslichkeit möglich ist. Die chemische Umsetzung wird also darauf hinzielen, z. B. einen destillierbaren Stoff in eine nichtflüchtige Verbindung umzuwandeln und danach die übrigen destillierbaren Stoffe durch einfache Destillation abzutrennen. Hier sei als Beispiel die Abtrennung einer flüchtigen Säure durch Überführung in ein nichtflüchtiges Salz und Abdestillieren der flüchtigen Begleitstoffe genannt. Auch durch Umwandlung nichtflüchtiger Stoffe in destillierbare Verbindungen und anschließende Destillation ist eine Trennung möglich; so können z. B. Gemische von Polycarbonsäuren, Hydroxysäuren oder Aminosäuren nach Überführung in die destillierbaren Ester getrennt werden.

In den weitaus meisten Fällen beruht die Trennung von Verbindungen, deren ähnliche physikalische Eigenschaften eine Abtrennung durch Destillation oder Löslichkeitsunterschiede nicht erlauben, auf der chemischen Umwandlung eines der Bestandteile des Gemisches in ein Salz oder ein Derivat, das ein Salz zu bilden vermag. Der Unterschied in Löslichkeit und Flüchtigkeit zwischen einerseits typisch organischen Verbindungen oder organischen Verbindungen mit gemischt organisch-anorganischem Verhalten und andererseits organischen Verbindungen mit typisch anorganischem Verhalten ist meist für eine Abtrennung auf physikalischer Grundlage ausreichend. Zum Beispiel werden Ester nach Verseifung zu Alkoholen und Säuren von Neutralstoffen abgetrennt; Alkohole werden mit Phthalsäureanhydrid in die sauren Phthalsäureester übergeführt, deren Alkalisalze wasserlöslich sind; Nitroverbindungen werden durch Reduktion in Amine verwandelt und diese als Salze abgetrennt; Ketone können als Salze der Oxime oder als wasserlösliche Pyridiniumacethydrazon-chloride (Girardreagens[1]) isoliert werden. Weitere Beispiele sind in den verschiedenen Trennungsgängen zu finden.

Die chemischen Abtrennungsverfahren liefern naturgemäß häufig nicht den Stoff selbst, sondern Derivate, die aber für eine einwandfreie Charakterisierung und häufig auch für eine quantitative Bestimmung ebenso geeignet sind wie der ursprüngliche Stoff.

---

[1] GIRARD, A., u. G. SANDULESCO: Helv. Chim. Acta **19**, 1095 (1936).

Schwierigkeiten bei der organischen Analyse

Nach dem vorstehend geschilderten Analysengang lassen sich Gemische von solchen Stoffen trennen, welche die für die einzelnen Gruppen charakteristischen Eigenschaften ausgeprägt besitzen, die sich also in ihren Eigenschaften deutlich unterscheiden. Zum Beispiel läßt sich ein Gemisch von Benzol, Essigsäure, Salicylsäure, Naphthalin, Rohrzucker und Anthrachinon sehr leicht in die Bestandteile zerlegen (vgl. Trenntab. 1—8 am Ende des Buches).

Die organische Analyse nach dem beschriebenen Trennungsgang wird aber dadurch erschwert, daß eine große Zahl der Stoffe sich nicht scharf in die obengenannten Gruppen einordnen läßt. So ist z. B. bei einer Flüssigkeit, die zwischen 150° und 170° C destilliert, schwer zu entscheiden, ob sie im leicht- oder im schwerflüchtigen Anteil untersucht werden soll. Häufig wird man sie in beiden Anteilen auffinden, wenn die Trennung durch Destillation nicht vollständig war. Man wird in einem solchen Falle die Destillation zweckmäßigerweise unter solchen Bedingungen durchführen, daß eine Substanz sich möglichst vollständig entweder im Destillat oder im Rückstand vorfindet.

Ähnliche Schwierigkeiten ergeben sich bei der Trennung mit Lösungsmitteln. Die in Wasser unlöslichen und die darin leicht löslichen Stoffe sind durch Übergänge verbunden. Bei den homologen Reihen der Alkohole, Säuren, Amine sind die niederen Glieder mit Wasser mischbar, die höhermolekularen in Wasser praktisch unlöslich. Mit steigendem Molekulargewicht nimmt die Löslichkeit in Wasser ab, so daß bei mittleren Gliedern, wie z. B. dem n-Butanol-1 oder der Valeriansäure, nicht a priori zu entscheiden ist, ob sie im Gang der Analyse als wasserlösliche oder wasserunlösliche Stoffe zu behandeln sind. Meistens werden sie sich in beiden Gruppen, also in L.F. I und L.F. II bzw. S.F. I und S.F. II, vorfinden. Ebenso läßt sich bei vielen Stoffen nicht entscheiden, ob sie der Gruppe S.F. II oder der Gruppe S.F. III zuzurechnen sind: niedere Hydroxysäuren, hauptsächlich Hydroxypolycarbonsäuren sind in Äther praktisch unlöslich, gehören also in die Gruppe S.F. III. Mit steigendem Molekulargewicht (entsprechenden Substituenten) nimmt die Löslichkeit in Äther zu, so daß sich solche Säuren schließlich in der Gruppe S.F. II vorfinden.

Hat man endlich die Verbindungen nach Löslichkeit und Flüchtigkeit in die Hauptgruppen geteilt und trennt man nun z. B.

ein Gemisch von schwerflüchtigen, in Äther löslichen Substanzen, also der Gruppe S.F. I, durch Behandeln mit Hydrogencarbonat, Soda bzw. Natronlauge in Säuren und Phenole, so ist auch hier keine scharfe Trennung zu erreichen, weil von den starken Säuren bis zu den schwach sauren Phenolen Übergänge bestehen. So ist z. B. 1.3.5-Trinitrophenol (Pikrinsäure) eine ausgesprochene Säure. Von den Mononitrophenolen hat das Orthoprodukt noch ausgesprochen sauren Charakter, während m-Nitrophenol sich vom Phenol nur wenig in der Säurestärke unterscheidet. Ebenso bestehen Übergänge zwischen den stark basischen Aminen, die beständige Salze bilden, und denen, bei welchen das Stickstoffatom keine Additionsfähigkeit für das Proton mehr zeigt.

'Die Analyse nach dem vorgeschlagenen Trennungsgang wird weiter noch dadurch erschwert, daß sehr viele organische Verbindungen, und zwar gerade wichtige Naturstoffe, nicht nur eine reaktionsfähige Gruppe haben, sondern mehrere, so daß diese Verbindungen verschiedene Reaktivität aufweisen. Es sei hier nur an die Aminosäuren und die Aminophenole — beides Verbindungen mit amphoterem Charakter — erinnert. Allgemein lassen sich Gemische ähnlich gebauter, komplizierter organischer Substanzen nur schwer zerlegen, z. B. Erdölfraktionen, Gemische von Zuckern, von Fettsäuren, Farbstoffen, Terpenen usw. Hier helfen in vielen Fällen chromatographische Methoden[1].

Bei der Analyse von Naturprodukten oder technischen Gemischen handelt es sich in vielen Fällen um schwierige Trennungen. Für solche Trennungen müssen Spezialmethoden angewendet werden. Im allgemeinen Trennungsgang können sie nicht behandelt werden.

Identifizierung organischer Verbindungen

Ist ein Gemisch organischer Verbindungen zerlegt, so besteht die weitere Aufgabe, die einzelnen Substanzen auf Reinheit zu prüfen und sie mit bekannten Verbindungen zu identifizieren. Bei festen Substanzen, die ohne Zersetzung schmelzen, ist die Prüfung auf Reinheit meist einfach, da nur reine Substanzen einen scharfen Schmelzpunkt haben[2] (siehe 5. Oligomere Verbindungen, S. 30). Die mikroskopische Prüfung[3] von Kristallen kann hier besonders wertvoll sein.

---

[1] Vgl. S. 60f.

[2] Man beachte die Schmelzpunkte von eutektischen Gemischen.

[3] KOFLER, L. u. A., in: HECHT-ZACHERL: Handbuch der mikrochemischen Methoden, Bd. I/1, S. 89. Wien: Springer 1954; KOFLER, L. u. A.: Thermomikromethoden zur Kennzeichnung organischer Stoffe und Stoffgemische. Weinheim: Verlag Chemie 1954.

Die Prüfung einer Substanz auf Einheitlichkeit geschieht in vielen Fällen mit Vorteil chromatographisch (S. 60f.). Reine Substanzen zeigen auch bei Anwendung verschiedener Adsorptionsmittel oder verschiedener Lösungsmittel keine Auftrennung. Weiter kann die Einheitlichkeit beim Fraktionieren spektroskopisch überprüft werden; hierfür kommen UV-[1], mehr noch IR-Spektren[2] und kernmagnetische Resonanzspektren[3] in Betracht.

Bei Flüssigkeiten ist es schwieriger, festzustellen, ob eine Substanz einheitlich ist, da auch Gemische (z. B. azeotrope) einen scharfen Siedepunkt zeigen können. Man prüft bei der Destillation die Refraktion der zuerst und der zuletzt übergehenden Anteile.

Mit Hilfe der Gaschromatographie (S. 64) können häufig selbst in so komplizierten Gemischen, wie die ätherischen Öle es sind, Anzahl und Menge der vorhandenen Substanzen ermittelt werden. Vor allem versucht man, die flüssige Substanz auf Grund der Kenntnis reaktionsfähiger Gruppen zu trennen und in feste Derivate überzuführen.

Um eine einheitliche organische Substanz mit einer bekannten zu identifizieren, werden von KEMPF und KUTTER[4] drei Methoden unterschieden:

1. die molekularanalytische, 2. die strukturanalytische, 3. die elementaranalytische.

1. Die für die Identifizierung organischer Verbindungen charakteristischste Methode ist die molekularanalytische; es werden hier physikalische Eigenschaften bestimmt, die mit der Struktur und der Konfiguration des Gesamtmoleküls zusammenhängen[5]. Vor

[1] KORTÜM, G.: Kolorimetrie, Photometrie und Spektrometrie, 4. Aufl. Berlin-Göttingen-Heidelberg: Springer 1962.

[2] BRÜGEL, W.: Einführung in die Ultrarotspektroskopie. 3. Aufl. Darmstadt: Steinkopff 1962; BELLAMY, L. J.: Ultrarot-Spektrum und chemische Konstitution. 2. Aufl. Darmstadt: Steinkopff 1966.

[3] BIBLE, R. H.: Interpretation of NMR spectra: An empirical approach. New York: Plenum press 1965; SUHR, H.: Anwendung der kernmagnetischen Resonanz in der organischen Chemie. Berlin-Heidelberg-New York: Springer 1965.

[4] KEMPF, R., u. F. KUTTER: Schmelzpunktstabellen zur organischen Molekularanalyse. Braunschweig: Vieweg 1928.

[5] Die Analyse der Konformation wird hier nicht berücksichtigt. Über Konformationen und Konformere: DIELS, O., u. W. RUSKE: Einführung in die organische Chemie, 21. Aufl. Weinheim: Verlag Chemie 1966; ELIEL, E.: Stereochemie der Kohlenstoffverbindungen, S. 147ff. Weinheim: Verlag Chemie 1966.

allem kommen in Betracht: Schmelzpunkt, Siedepunkt, Adsorptionsverhalten (R_f-Werte), Verteilungskoeffizienten, Dichte, Refraktion, Lichtabsorption und spektrales Verhalten, optisches Drehvermögen und Kristallform.

Bei festen Stoffen ist die Schmelzpunktbestimmung eine wichtige Methode, da eine sehr große Zahl kristalliner organischer Verbindungen einen charakteristischen, scharfen Schmelzpunkt[1] zeigt, der leicht zu bestimmen ist, da er meist unter 300° C liegt. Auch anorganische Salze haben zwar einen charakteristischen Schmelzpunkt, der zur Identifizierung benutzt werden könnte; aber er liegt weit höher, fast immer über 300° C, häufig über 1000° C, und wird deshalb zur Identifizierung nur selten angewandt, zumal zur Charakterisierung eines anorganischen Salzes andere, einfachere Methoden vorhanden sind.

Die Schmelzpunktbestimmung erfolgt in den üblichen Apparaten makroskopisch[2], mit besonderem Vorteil mikroskopisch nach den von WEYGAND[3] und KOFLER[4] entwickelten Methoden. Nach der Bestimmung des Schmelzpunktes schlägt man in den Tabellen von KEMPF u. KUTTER[5], von UTERMARK[6] oder ähnlichen Tabellenwerken[7] nach, welche Verbindungen vorliegen können. Oft genügen

---

[1] Dagegen ist bei Verbindungen, die sich unterhalb des Schmelzpunktes zersetzen, der Zersetzungspunkt von der Art des Erhitzens abhängig und deshalb zu einer Charakterisierung ungeeignet. Im Falle einer nahe beim Schmelzpunkt einsetzenden Zersetzung wird der Schmelzpunktbestimmungsapparat zunächst auf eine Temperatur dicht unterhalb des erwarteten Schmelzpunktes gebracht; dann erst wird das Schmelzpunktröhrchen mit der Probe eingesetzt, weiter erhitzt und innerhalb möglichst kurzer Zeit ein Tauchschmelzpunkt beobachtet.

[2] WEYGAND, C.: Organisch-chemische Experimentierkunst, 3. Aufl., hrsg. v. G. HILGETAG, S. 1061. Leipzig: Barth 1964.

[3] WEYGAND, C.: Angew. Chem. **49**, 243 (1936).

[4] KOFLER, L. u. A.: Thermomikromethoden zur Kennzeichnung organischer Stoffe und Stoffgemische. Weinheim: Verlag Chemie 1954.

[5] KEMPF, R., u. F. KUTTER: Schmelzpunktstabellen zur organischen Molekularanalyse. Braunschweig: Vieweg 1928, im folgenden zitiert mit „KEMPF-KUTTER".

[6] UTERMARK, W.: Schmelzpunkttabellen organischer Verbindungen, 2. Aufl. Braunschweig: Vieweg 1963.

[7a] LANDOLT-BÖRNSTEIN: Zahlenwerte und Funktionen aus Physik/Chemie/Astronomie/Geophysik und Technik, 6. Aufl. Hrsg. v. EUCKEN, A., u. K. H. HELLWEGE u. a., Bd. 1—4. Berlin-Göttingen-Heidelberg: Springer 1950—1967 u. ö., im folgenden zitiert mit „LANDOLT-BÖRNSTEIN".

dann wenige strukturanalytische Versuche, um eine endgültige Entscheidung unter den in Betracht kommenden Verbindungen treffen zu können. Von KOFLER[1] wurden auf Grund von mikroskopischen Bestimmungen Schmelzpunkttabellen veröffentlicht, die noch durch wertvolle mikroskopische Beobachtungen und insbesondere durch die Angabe von Brechungsexponenten ergänzt sind. Tabellenwerke wie die genannten erleichtern eine rasche Identifizierung fester Stoffe und sind deshalb für die organische Analyse unentbehrliche Hilfsmittel.

Die besondere Bedeutung der Schmelzpunktbestimmung liegt noch darin, daß eine sichere Identifizierung einer organischen Substanz möglich ist, wenn man Mischschmelzpunkte bestimmt. Will man eine Substanz mit einer bekannten identifizieren, so mischt man beide Stoffe in etwa gleichen Anteilen zusammen. Ist der Schmelzpunkt der Mischung unverändert, so sind die Substanzen identisch[2]. Beobachtet man einen tieferen, unscharfen Schmelzpunkt, so ist dies ein Zeichen dafür, daß der untersuchte Stoff mit einem fremden vermischt wurde. Diese „Schmelzpunktsdepression" beruht darauf, daß der Schmelzpunkt der Mischung beider Substanzen niedriger liegt als die Schmelzpunkte der beiden Komponenten.

Unter dem Mikroskop kann der Mischschmelzpunkt zur Bestimmung eutektischer Temperaturen und damit zu einer weitergehenden Kennzeichnung ausgebaut werden. In den von KOFLER[1] veröffentlichten Tabellen sind für jede Substanz neben dem Schmelzpunkt die eutektischen Temperaturen mit zwei dafür besonders geeigneten Substanzen angegeben; dadurch wird die Bedeutung dieser Untersuchungsmethode noch wesentlich erweitert. Eutektische Temperaturen sind für eine organische Verbindung ebenso charakteristisch wie der Schmelzpunkt. Bei solchen Substanzen,

[7b] International critical tables of numerical data, physics, chemistry and technology. New York-London: McGraw-Hill 1926—1933.

[7c] TIMMERMANS, J.: Physico-chemical constants of pure organic compounds. Vol. 1.2. Amsterdam: Elsevier Publ. Co. 1950—65.

[7d] Handbook of tables for organic compound identification. 3rd ed. Cleveland: Chemical Rubber Co. 1967.

[1] KOFLER, L. u. A.: Thermomikromethoden zur Kennzeichnung organischer Stoffe und Stoffgemische. Weinheim: Verlag Chemie 1954.

[2] Zur Frage der Mischkristallbildung vgl. z. B. KLAGES, F.: Lehrbuch der organ. Chemie, Bd. 2, 3. Aufl., S. 433. Berlin: de Gruyter 1962; HOUBEN-WEYL-MÜLLER: Methoden der organ. Chemie, 4. Aufl., Bd. II, S. 843. Stuttgart: Thieme 1953.

die sich unterhalb des Schmelzpunktes zersetzen, können eutektische Temperaturen an Stelle des Schmelzpunktes zur Identifizierung dienen.

Da diese „Mischproben“ mit sehr kleinen Substanzmengen ausführbar sind, wird dadurch die organische Analyse außerordentlich erleichtert; bei sorgfältigem Arbeiten genügen Bruchteile eines Milligramms. Für die Entwicklung der organischen Chemie haben die Methoden der „Mischprobe“ große Bedeutung, da so in einfacher Weise organische Verbindungen identifiziert werden können.

Für die Handhabung kleiner Substanzproben wurde eine eigene Arbeitstechnik entwickelt[1]. Nicht nur allgemein für die molekularanalytische, sondern auch für die nachfolgend beschriebene strukturanalytische Methode der Identifizierung sind Semimikromethoden vorteilhaft[2].

Die Methode der Mischprobe läßt sich auch bei Flüssigkeiten durchführen, wenn diese einen nicht zu tiefen Erstarrungspunkt haben; bei sehr tiefen Temperaturen ist eine Mischprobe nur schwer durchführbar. Die Siedepunktbestimmung gibt nur Anhaltspunkte für das Vorliegen einer bestimmten Substanz, ohne daß diese dadurch identifiziert werden kann; denn auch ein Gemisch verschiedener Flüssigkeiten vom gleichen Siedepunkt kann denselben beibehalten. In solchen Fällen bestimmt man wenigstens zwei weitere physikalische Konstanten wie die Dichte und die leicht zu bestimmende Refraktion; da diese Konstanten charakteristisch und sehr genau zu bestimmen sind, hat man weitere Anhaltspunkte dafür, ob die vermutete Substanz vorliegt. Auch die Chromatographie kann zur Identitätsprüfung organischer Substanzen herangezogen werden[3].

Weiter sind Absorptionsspektren zur Identifizierung geeignet. Viele farblose, besonders aber aromatische Verbindungen besitzen im ultravioletten Bereich charakteristische Spektren. Ganz besonders brauchbar sind die IR-Spektren sowohl zur Identifizierung

---

[1] WEISSBERGER, A. (Ed.): Technique of organic chemistry, Vol. 6: N. D. CHERONIS: Micro and semimicro methods. New York: Interscience Publ. 1954.

[2] CHERONIS, N. D., and J. B. ENTRIKIN: Semimicro qualitative organic analysis. The systematic identification of organic compounds, 2nd ed. New York-London: Interscience Publ. 1957, im folgenden mit „CHERONIS-ENTRIKIN“ zitiert.

[3] Vgl. S. 60f.

als auch zur Prüfung der Reinheit. In letzter Zeit hat die kernmagnetische Resonanz eine vielseitige Anwendung in der organischen Analyse erfahren[1]. Allgemein werden Absorptionsspektren dann zur Untersuchung herangezogen, wenn ähnliche Substanzen vorliegen und alle anderen Methoden versagen (z. B. bei Naturstoffen). Es überrascht auch nicht, daß man schon lange zur Untersuchung und zum Nachweis von Farbstoffen spektroskopische Methoden anwendet[2].

Bei optisch aktiven Verbindungen eignet sich zur Prüfung ihrer Reinheit und zur Identifizierung die Bestimmung des spezifischen Drehvermögens oder der optischen Rotationsdispersion[3]; besonders bei Naturstoffen leisten diese Methoden gute Dienste.

Während der letzten Jahre haben neben den bewährten physikalischen Methoden zahlreiche weitere in der organischen Analyse Anwendung gefunden[4]. Besonders sei auf die massenspektrometrische Strukturanalyse[5] organischer Verbindungen hingewiesen.

2. Als strukturanalytische Methode der Identifizierung bezeichnet man die Charakterisierung einer Substanz durch Reaktionen[6]. Aus dem Verhalten bei einer chemischen Reaktion ergibt sich, ob eine bestimmte funktionelle Gruppe anwesend ist oder nicht. Man wendet dabei solche Umsetzungen an, durch die eine Substanz in eine neue charakteristische Verbindung übergeführt wird. So können

---

[1] BIBLE, R. H.: Interpretation of NMR spectra: An empirical approach. New York: Plenum Press 1965; SUHR, H.: Anwendungen der kermagnetischen Resonanz in der organischen Chemie. Berlin-Heidelberg-New York: Springer 1965.

[2] FORMANEK, J.: Untersuchung und Nachweis organischer Farbstoffe auf spektroskopischem Wege, 2. Aufl. Berlin: Springer 1908—1927; SCHWEIZER, H. R.: Künstliche organische Farbstoffe und ihre Zwischenprodukte. Berlin-Göttingen-Heidelberg: Springer 1964.

[3] DJERASSI, C.: Optical rotatory dispersion, Applications to organic chemistry. New York: McGraw-Hill 1960.

[4] Zum Beispiel EWING, G. W., u. A. MASCHKA: Physikalische Analysenund Untersuchungsmethoden der Chemie, 3. Aufl. Heidelberg-Wien: Bohmann 1965.

[5] SPITELLER, G.: Massenspektrometrische Strukturanalyse organischer Verbindungen. Weinheim: Verlag Chemie 1966.

[6] SIGGIA, S.: Quantitative organic analysis via functional groups, 3rd ed. New York-London: Wiley 1963; CHERONIS, N. D., and T. S. MA: Organic functional group analysis by micro and semimicro methods. New York: Interscience Publ. 1964, im folgenden mit „CHERONIS-MA" zitiert.

z. B. Ester durch Verseifen in Säuren und Alkohole, Aldehyde und Ketone mit Phenylhydrazin in Phenylhydrazone, primäre und sekundäre Amine nach der Schotten-Baumannschen Reaktion in Säureamidderivate übergeführt werden. Es ist verständlicherweise günstig, wenn dabei aus einer zu untersuchenden flüssigen Verbindung ein festes Derivat erhalten wird, das durch Schmelzpunkt und Mischprobe identifiziert werden kann.

Farbreaktionen werden vielfach zum Nachweis und zur Identifizierung organischer Substanzen empfohlen und herangezogen. Die von Feigl[1] entwickelte Tüpfelanalyse kann bei der organischen qualitativen Analyse gute Dienste leisten. Solche Reaktionen sind zunächst zu einer Orientierung nützlich, aber bei einer allgemeinen Analyse nur mit Vorsicht anzuwenden. Denn es handelt sich hierbei häufig um Reaktionen, deren Verlauf und Ergebnis nicht eindeutig bekannt ist; der Einfluß von Verunreinigungen und Beimischungen läßt sich nur schwer beurteilen.

Nun einiges zur Literatur: Die unübersehbare Vielfalt organischer Verbindungen zwingt dazu, daß man die wichtigen Handbücher und Monographien zu handhaben versteht. Beilsteins Handbuch der organischen Chemie[2] hat die Aufgabe, die bekanntgewordenen organischen Verbindungen soweit wie möglich mit ihren physikalischen und chemischen Eigenschaften zu erfassen; es erscheint das 3. Ergänzungswerk für die Zeit von 1930—1949. Es ist sehr zu empfehlen, sich gründlich mit dem Beilsteinsystem vertraut zu machen[3]. Nur zu einer ersten Orientierung sind Chemische Taschenbücher dienlich[4]. Weiter wurden die häufiger anzutreffenden organischen Verbindungen nach Stoffklassen angeordnet und Nachweis wie Bestimmung der einzelnen Verbindungen beschrieben[5].

---

[1] Feigl, F.: Spot tests in organic analysis, 6th ed. New York: Elsevier Publ. Co. 1960.

[2] Beilsteins Handbuch der Organischen Chemie, 4. Aufl. Berlin-Heidelberg-New York: Springer 1918—1967 u. ö.

[3] Richter, F.: Kurze Anleitung zur Orientierung in Beilsteins Handbuch der organischen Chemie. Berlin: Springer 1936.

[4] Beispiel: D'Ans, J., u. E. Lax: Taschenbuch für Chemiker und Physiker, Bd. 2, Organische Verbindungen, 3. Aufl. Berlin-Göttingen-Heidelberg: Springer 1964; Handbook of chemistry and physics, 48th ed. Cleveland: Chemical Rubber Co. 1967.

[5] Beispiele: Bauer, H., H. Moll, R. Pohloudek-Fabini u. Th. Beyrich: Die organische Analyse, 5. Aufl. Leipzig: Akademische Verlagsges. 1967, im

Will man die Identifizierung organischer Verbindungen systematisch erlernen, so gibt es hierfür eigene Anleitungen[1]. Auch einige Praktikumsbücher zur Darstellung organischer Verbindungen geben kurze Anleitungen zur organischen Analyse, die als erster Hinweis dienen können[2]. Die Eigenart der Naturstoffe erfordert eine gesonderte Behandlung[3], ebenso die Analyse technisch wichtiger Materialien[4]. Die Entwicklung der organischen Analyse sucht man in Fortschrittsberichten festzuhalten[5].

Eingehende strukturanalytische Untersuchungen sind hauptsächlich bei neuen unbekannten Stoffen notwendig, um ihre Konstitution aufzuklären. Heute noch hierfür wichtig ist die „Analyse und Konstitutionsermittlung organischer Verbindungen" von

folgenden mit „BAUER-MOLL, 5. Aufl." zitiert; HUNTRESS, E. H., and S. P. MULLIKEN: Identification of pure organic compounds (Compounds of carbon with hydrogen or with hydrogen and oxygen). New York: Wiley 1957; HUNTRESS, E. H.: The preparation, properties, chemical behavior, and identification of organic chlorine compounds. New York: Wiley 1948.

[1] VEIBEL, S.: Analytik organischer Verbindungen. Berlin: Akademie-Verlag 1960, im folgenden mit „VEIBEL" zitiert; SHRINER, R. L., R. C. FUSON, and D. Y. CURTIN: The systematic identification of organic compounds, 5th ed. New York: Wiley 1964, im folgenden mit „SHRINER-FUSON-CURTIN" zitiert; siehe ferner: McELVAIN, S. M.: The characterization of organic compounds. New York: Macmillan 1953; STONE, K. G.: Determination of organic compounds. New York: McGraw-Hill 1956.

[2] Organikum, Organisch-chemisches Grundpraktikum, 5. Aufl. Berlin: VEB Deutscher Verlag der Wissenschaften 1965; WEYGAND, C.: Organisch-chemische Experimentierkunst, 3. Aufl., hrsg. v. G. HILGETAG. Leipzig: Barth 1964, im folgenden mit „WEYGAND-HILGETAG" zitiert. GATTERMANN, L., u. H. WIELAND: Die Praxis des organischen Chemikers, 41. Aufl., bearb. von TH. WIELAND. Berlin: de Gruyter 1962; VOGEL, A. I.: A textbook of practical organic chemistry, 3rd ed. London: Longmans, Green and Co. 1962, im folgenden mit „VOGEL" zitiert.

[3] Methods of biochemical analysis, ed. by D. GLICK, Vol. 1—14 New York: Interscience Publ. 1954—1966; Moderne Methoden der Pflanzenanalyse, hrsg. v. K. PAECH u. M. V. TRACEY, Bd. 1—7. Berlin-Göttingen-Heidelberg: Springer 1964; HOPPE-SEYLER/THIERFELDER: Handbuch der physiologisch- und pathologisch-chemischen Analyse, hrsg. v. LANG, K., u. E. LEHNARTZ, 10. Aufl. Berlin-Göttingen-Heidelberg: Springer 1953—1966.

[4] BERL-LUNGE: Chemisch-technische Untersuchungsmethoden, 8. Aufl. Berlin: Springer 1931—1940, im folgenden mit „BERL-LUNGE" zitiert.

[5] Zum Beispiel: Organic analysis, ed. by MITCHELL, J., I. M. KOLTHOFF et al. Vol. 1—4. New York: Interscience Publ. 1953—1960.

4 Staudinger, Analyse — 7. Aufl.

H. Meyer[1]. Die „Methoden der organischen Chemie (Houben-Weyl-Müller)"[2] dienen nicht nur der Synthese, sondern in gleichem Maße der Analyse und Strukturaufklärung organischer Verbindungen. Hinzu kommen noch die schon genannten Anleitungen zur Ermittlung der funktionellen Gruppen sowie die folgende elementaranalytische Untersuchung.

Im Teil II dieses Buches (S. 52f.) und besonders im darauf folgenden Teil III (S. 191f.) werden nur kurze Angaben über geeignete Reaktionen zur Strukturanalyse gemacht; das wichtigste Ziel dieser Anleitung bleibt aber die Trennung organischer Verbindungen.

3. Die elementaranalytische Methode[3] ist die Grundlage der Strukturaufklärung einer unbekannten organischen Verbindung. Weiterhin dient sie zur Kontrolle bei der Identifizierung bekannter organischer Substanzen und ist dann anzuwenden, wenn die molekular- und strukturanalytischen Methoden zu keinem sicheren Ergebnis geführt haben. Auf Grund der Elementaranalyse und der Molekulargewichtsbestimmung[4] läßt sich eine Bruttoformel für die Substanz berechnen; vorausgesetzt wird dabei, daß eine reine, einheitliche Substanz vorlag und richtig analysiert wurde. Tabellen erleichtern das Aufstellen der Bruttoformel aus den Prozentzahlen[5].

---

[1] Meyer, H.: Analyse und Konstitutionsermittlung organischer Verbindungen, 6. Aufl. Berlin: Springer 1938, im folgenden mit „Meyer" zitiert.

[2] Houben-Weyl-Müller: Methoden der organischen Chemie, 4. Aufl., Bd. II, Analytische Methoden. Stuttgart: Thieme 1953; zu den analytisch verwendbaren Methoden und der Analyse einzelner Stoffklassen siehe die weiteren Bände, im folgenden mit „Houben-Weyl-Müller" zitiert.

[3] Pregl, F., u. H. Roth: Quantitative organische Mikroanalyse, 7. Aufl. Wien: Springer 1958; Steyermark, A.: Quantitative organic microanalysis, 2nd ed. New York-London: Academic Press 1961; Houben-Weyl-Müller, Bd. II, 1953.

[4] Die kryoskopische Methode von Rast dient zur Bestimmung des Molekulargewichts in Campher, vor allem bei festen Substanzen. Ber. Deut. Chem Ges. 55, 1051 u. 3727 (1922). J. Pirsch gab weitere, geeignetere Substanzen für Molekulargewichtsbestimmungen an: Ber. Deut. Chem. Ges. 70, 12 (1937). Neuere Anleitungen: Houben-Weyl-Müller, Bd. III/1, 1955. Durch empfindliche physikalische Methoden wurde die Grenze derartiger Molekulargewichtsbestimmungen stark erhöht. Mit einem Dampfdruckosmometer sind Molekulargewichte bis 10^4 bestimmbar.

[5] Gysel, H.: Prozenttabellen organischer Verbindungen. Basel: Birkhäuser 1951; Ege, G.: Zahlentafeln zur Elementaranalyse. Weinheim: Verlag Chemie; London-New York: Wiley 1966.

Anhand des Richter-Stelznerschen Lexikons[1], der Formelregister des Chemischen Zentralblattes und der Chemical Abstracts ergibt sich dann sofort, welche Verbindungen vorliegen können. Zwar wächst die Zahl der Isomeren mit steigendem Molekulargewicht sehr stark an; aber es genügt häufig, Schmelz- bzw. Siedepunkte zu bestimmen und einige Reaktionen vorzunehmen, um eine Entscheidung treffen zu können.

Bei den Analysen nach dem vorliegenden Leitfaden soll die Identifizierung einer Substanz möglichst nach molekular- und strukturanalytischen Methoden erfolgen.

---

[1] RICHTER, M. M.: Lexikon der Kohlenstoff-Verbindungen, 3. Aufl. Hamburg-Leipzig: Voss 1910—1912; STELZNER, R.: Literatur-Register der Organischen Chemie, Bd. 1—4. Braunschweig: Vieweg 1913; 5. Bd. Berlin und Leipzig: Verlag Chemie 1926.

4*

II. Physikalische und chemische Trennung organischer Verbindungen

1. Zusammenstellung der Analysen

Zur Untersuchung wird ein Gemisch von festen und/oder flüssigen organischen Substanzen gegeben[1]. Bei der Zusammenstellung der Analysen ist darauf zu achten, daß bei Raumtemperatur auch bei längerem Stehen keine Umsetzung eintreten kann. Vor allem ist auch darauf zu sehen, daß nicht Gemische gegeben werden, die beim Erhitzen oder sogar bei längerem Stehen spontan explodieren können, wie es z. B. beim Zusammenmischen von Polynitroverbindungen mit Aminen der Fall sein kann.

Auch muß eine Analyse, die als Laboratoriumsübung ausgegeben wird, in einer angemessenen Zeit ausführbar sein. Es dürfen keine Mischungen organischer Substanzen ausgegeben werden, deren Trennung entweder mit den zur Verfügung stehenden Mitteln gar nicht möglich oder nur mit großem Zeit- und Materialaufwand durchführbar ist. Von den einzelnen Substanzen sollen mindestens etwa 5 g vorliegen, damit eine Identifizierung durch Überführen in Derivate möglich ist, bei schwer charakterisierbaren Verbindungen sogar 15—20 g. Meistens werden 40—100 g der Gesamtmischung von 3—5 Substanzen zu einer Untersuchung ausgegeben.

Geringfügige Beimengungen, wie sie sich häufig in technischen Chemikalien vorfinden, die zur Analysenzusammenstellung benützt werden, brauchen bei der Durchführung der Analyse nicht berücksichtigt zu werden, wenn auch in dem einen oder anderen Fall ihr Nachweis gelingen kann. Insbesondere brauchen färbende Verunreinigungen, die bei vielen organischen Produkten vorkommen, und geringe Mengen von Harzen nicht berücksichtigt zu werden.

---

[1] Als Substanzen zur Herstellung der Gemische können neben den einfachen organischen Stoffen, die sich auf jedem organisch-chemischen Arbeitsplatz befinden, technische Präparate und insbesondere die zahlreichen Verbindungen, die im organisch-chemischen Praktikum hergestellt werden, dienen.

Die Zusammenstellung der Analysen wird am Organisch-chemischen Institut der Univ. Mainz etwa folgendermaßen gehandhabt:

Zur Einführung in den Analysengang werden bei der ersten Analyse 2—3 Substanzen gemischt, so daß von jeder Haupt- oder Untergruppe (L.F. I, L.F. II, S.F. I usw., Säuren, Amine, Neutralstoffe) nur ein Vertreter vorhanden ist und dadurch die Trennung ähnlicher organischer Verbindungen vermieden wird. Eine solche Analyse kann durchschnittlich in 2—5 Arbeitstagen durchgeführt werden, wenn die einzelnen Substanzen durch Herstellen einiger Derivate charakterisiert werden.

Als erste Analyse können beispielsweise folgende Substanzgemische gegeben werden:

1. Aceton, Benzoesäure.
2. Ameisensäure, Benzol, Phenol.
3. Methanol, Resorcin, Calciumoxalat.

Zur Einführung in die Analyse kann natürlich auch nur eine einzelne Substanz gegeben werden, die auf Einheitlichkeit zu prüfen ist und deren Identifizierung vorgenommen werden muß, eine Arbeit, die sich — nach Durchführung einiger Reaktionen — in wenigen Stunden ausführen läßt.

Bei der zweiten und dritten Analyse werden je nach Schwierigkeit 3—5 Substanzen vermischt; dabei können mehrere Substanzen in ein und derselben Untergruppe vorkommen, so daß z. B. die Trennung mehrerer Neutralstoffe, mehrerer Amine oder Säuren oder leichtflüchtiger Bestandteile durchzuführen ist. In der Regel werden hierzu etwa 2—3 Wochen benötigt.

Als Beispiele hierfür seien einige Analysen, wie sie von Studierenden gelöst wurden, angeführt:

1. Äthanol, Chloroform, Salicylsäure, Benzoesäureäthylester, Benzaldehyd.
2. p-Toluidin, Äthylanilin, Dimethylanilin.
3. Methanol, Aceton, Ameisensäure, Benzol, Cyclohexan.
4. Cyclohexanon, Isoamylalkohol, Isoamylacetat, Brombenzol.
5. Natriumacetat, Natriumoxalat, Natriumtartrat, Hexamethylentetramin, Glycerin.

2. Reagenzien

Für die organische Analyse wie überhaupt für organisch-chemisches Arbeiten sind andere Reagenzien notwendig als für die anorganische Analyse; darum seien diejenigen angeführt, welche auch für eine einfache Analyse auf einem Arbeitsplatz unbedingt vorhanden sein müssen:

Salzsäure, Schwefelsäure, Salpetersäure, Natronlauge, Sodalösung und Ammoniak als 2n Lösungen. Ferner konz. Salzsäure, konz. Schwefelsäure, konz. Salpetersäure (spez. Gewicht 1,41), 50%ige Kalilauge.

Weiter in kleinen Mengen: etwa $1/_2$n Natriumnitritlösung, etwa $1/_{10}$n Kaliumpermanganatlösung, etwa $1/_2$n Bromlösung in Schwefelkohlenstoff, Bromwasser; ferner Eisenchlorid in Wasser, evtl. in Methanol, verdünnte Silbernitratlösung, Thionylchlorid, Hydroxylaminhydrochlorid und etwas Natrium unter Benzin. Wasserfreies Natriumsulfat, das vielfach zum Trocknen ätherischer Lösungen verwendet wird, muß vor Gebrauch durch Erhitzen im Reagenzglas nochmals entwässert werden. Weitere anorganische Reagenzien, die auch in der anorganisch-analytischen Chemie verwendet werden, wie Calciumchlorid, Bleiacetat, seien hier nur erwähnt.

Als organische Lösungsmittel werden benötigt:

Äthanol (96%ig), Diäthyläther und Äther, der durch Schütteln mit Wasser von Alkohol befreit wurde, Benzol und Eisessig; andere Lösungsmittel, wie Methanol, Essigester, Aceton, Schwefelkohlenstoff, Chloroform, Tetrachlorkohlenstoff, Dioxan, Pyridin, Toluol, Xylol, Nitrobenzol, Tetralin, Petroläther der Siedeber. 40—80° C und 80—110° C, die gereinigt und destilliert werden müssen, Ligroin vom Siedeber. 100—140° C, werden häufig gebraucht.

Als organische Reagenzien werden in kleinen Mengen benötigt: Pikrinsäure, Anilin, p-Toluidin, α- und β-Naphthylamin, Dimethylanilin, Phenylhydrazin, p-Nitrophenylhydrazinhydrochlorid, 2.4-Dinitrophenylhydrazin, p-Bromphenylhydrazin, Semicarbazidhydrochlorid, Benzoylchlorid, p-Nitrobenzoylchlorid, 3.5-Dinitrobenzoylchlorid, p-Nitrobenzylchlorid- und -bromid, p-Toluolsulfochlorid, Essigsäureanhydrid, Phthalsäureanhydrid, 3-Nitrophthalsäureanhydrid, β-Naphthol, R-Salzlösung, Phenylisocyanat, α-Naphthylisocyanat, Dimedon, p-Br-Phenacylbromid, S-Benzylisothiuroniumchlorid, Ninhydrin u. a.

Ferner Indikatoren: Lackmus- und Curcumapapier, Tropäolin- und Phenolphthaleinlösung, ein Universal-pH-indikator.

3. Arbeitsmethoden[1]

a) Prüfung auf Löslichkeit

Bei jeder Substanz und jedem Substanzgemisch muß die Löslichkeit untersucht werden. Als *Lösungsmittel* werden vor allem *Wasser, Äthanol, Äther und Benzol* verwendet. Man prüfe die Löslichkeit *jeder* Substanz in diesen Lösungsmitteln, schon um Erfahrungen über Löslichkeit und Kristallisation organischer Substanzen zu sammeln. Zum Umkristallisieren kommen in Betracht: Methanol[2], Eisessig (evtl. Ameisensäure), Aceton, Essigester, Petroläther (Siedeber. 40—80° und 80—110° C), evtl. Ligroin (Siedeber. 100—140° C), Toluol, Xylol, Schwefelkohlenstoff, Chloroform und andere halogenhaltige Lösungsmittel (Tetrachlorkohlenstoff, Methylenchlorid, Trichloräthylen), Pyridin, Nitrobenzol, Tetralin.

Bei der Ausführung solcher Löslichkeitsproben arbeite man mit kleinen Mengen; man benütze Reagenzgläser der Dimensionen etwa 120:12 oder 60:6 mm.

b) Reinigung fester Stoffe durch Umkristallisieren

Am geeignetsten zum *Umkristallisieren* ist ein Lösungsmittel, das eine Substanz in der Hitze sehr leicht, in der Kälte möglichst wenig löst. Wenig geeignet sind solche Lösungsmittel, die schon in der Kälte leicht lösen und bei denen die Kristallisation nur durch Abdunsten erreicht werden kann. Wenn ein passendes Lösungsmittel nicht auffindbar ist, wenn sich die Substanz in dem einen zu leicht, im anderen zu schwer oder gar nicht löst, können in vielen Fällen Mischungen zum Umkristallisieren gebraucht werden, z. B. verdünnter Alkohol oder Mischungen von Benzol mit Alkohol, Äther oder Petroläther. Dabei löst man die Substanz mit dem Lösungsmittel, in dem sie sich leicht löst, unter Erwärmen auf und setzt tropfenweise das andere bis zur gerade beginnenden Trübung zu, wobei sehr häufig beim Erkalten und Stehen Kristallisation eintritt. Es sei noch bemerkt, daß sich typisch organische

---

[1] Vgl. Laboratoriumstechnik der Organischen Chemie, hrsg. von B. KEIL. Berlin: Akademie-Verlag 1961; WEYGAND-HILGETAG.

[2] Dabei beachte man, daß ein Äthylester nicht aus Methanol, ein Methylester nicht aus Äthanol umkristallisiert werden darf, weil Umesterung stattfinden kann.

Substanzen in Benzol oder Chloroform meist leicht lösen, Petroläther dagegen ein geringeres Lösevermögen besitzt, so daß man
daraus häufig Substanzen umkristallisieren kann, die in anderen
organischen Lösungsmitteln zu leicht löslich sind. Sehr schwer lösliche, typisch organische Substanzen können oft in höher siedenden
Lösungsmitteln z. B. in Xylol, Tetrachloräthan, Nitrobenzol,
Tetralin gelöst und daraus umkristallisiert werden.

Zur Reinigung fester Stoffe kann bei genügender Beständigkeit
auch im Vakuum destilliert oder sublimiert werden, wodurch färbende Verunreinigungen sich häufig am besten entfernen lassen.

c) Filtrieren

Größere Substanzverluste ergeben sich häufig beim unsach-
gemäßen Filtrieren. Im allgemeinen ist das Absaugen dem einfachen Filtrieren vorzuziehen, da die Trennung rascher und vollständiger verläuft. Bei Anwesenheit von leichtflüchtigen Stoffen
ist für eine sehr gute Kühlung des Filtrates zu sorgen; es darf dann
nur unter schwach vermindertem Druck gearbeitet werden, und
die Filtration muß rasch vor sich gehen. Bei langdauerndem Absaugen ist auch bei Gegenwart von Stoffen, die bis zu ~150°C sieden,
mit Verlusten zu rechnen. Sollte es notwendig sein, so saugt man
in ein Reagenzrohr mit unten angesetztem Hahn und seitlichem
Ansatzrohr ab und läßt von Zeit zu Zeit das Filtrat nach Auf-
hebung des Vakuums abfließen. Für größere Mengen sind ähnlich
konstruierte Scheidetrichter mit Absaugrohr zu empfehlen.

d) Fraktionierte Destillation

Zur Trennung von Flüssigkeitsgemischen durch Destillation,
auch im Vakuum, ebenso beim Abdestillieren von Äther und anderen Lösungsmitteln verwende man Normalschliffgeräte; Frak-
tionieraufsätze sind in großer Zahl in der Literatur beschrieben;
von diesen hat sich für die Zwecke der organischen Analyse der
von G. WIDMER konstruierte Apparat[1] als besonders leistungs-
fähig erwiesen.

---

[1] Laboratoriumstechnik der organischen Chemie, hrsg. v. B. KEIL, S. 308.
Berlin: Akademie-Verlag 1961.

Bei der fraktionierten Destillation ist zu beachten, daß azeotrope Gemische[1] durch einfache Destillation nicht trennbar sind; bei raschem Destillieren können aber auch höher siedende Anteile mit überdestillieren, ohne daß azeotrope Gemische vorliegen. Deshalb müssen alle Destillationen, auch das Abdestillieren von Äther, langsam erfolgen. Die Destillate sind stets mindestens noch einmal zu fraktionieren. Man sollte vermeiden, mit zu großen Mengen von Lösungsmitteln zu arbeiten, wenn diese später wieder abdestilliert werden müssen. Es sei hier auch an die Wasserdampfflüchtigkeit hochsiedender Stoffe, wie z. B. Glycerin (Siedep. 290°C), erinnert.

Beim Fraktionieren von Flüssigkeitsgemischen, die über 120 bis 150° C sieden, destilliert man im Vakuum der Wasserstrahlpumpe, evtl. im Hochvakuum, um Erhitzen auf zu hohe Temperaturen zu vermeiden. Denn bei Gemischen unbekannter Substanzen muß beim Erhitzen mit Umsetzungen der Komponenten gerechnet werden. Man beachte auch, daß bei Vakuumsdestillationen zwischen der Wasserstrahlpumpe und der Destillationsvorlage stets ein Calciumchloridrohr zur Abhaltung des Wasserdampfes eingeschaltet werden muß.

Vor der Destillation sind die Flüssigkeiten zu trocknen. Bei indifferenten Substanzen, wie Kohlenwasserstoffen, Äthern, Estern usw., verwendet man dazu gekörntes oder geschmolzenes Calciumchlorid (aber nur bei Abwesenheit von Stoffen mit OH-, COOH-, NH_2- oder Ketogruppen), bei Alkoholen meist ausgeglühtes Kaliumcarbonat, bei Aminen Kaliumcarbonat oder Kaliumhydroxid in Stangen oder Plätzchen; bei allen empfindlichen Substanzen wird Natriumsulfat verwendet, das im Reagenzglas frisch ausgeglüht wird. Immer ist so wenig wie möglich von dem Trockenmittel zu verwenden, um Verluste zu vermeiden. Bei hochsiedenden Substanzen kann vor dem Trocknen mit etwas Äther verdünnt werden.

---

[1] KIRSCHBAUM, E.: Destillier- und Rektifiziertechnik. 3. Aufl. Berlin-Göttingen-Heidelberg: Springer 1960. — KORTÜM, G., u. H. BUCHHOLZ-MEISENHEIMER: Die Theorie der Destillation und Extraktion von Flüssigkeiten. Berlin-Göttingen-Heidelberg: Springer 1952. — LEGAT, M.: L'Azéotropisme. La tension de vapeur des mélanges de liquides. Bruxelles: Lamertin 1932.

e) Ausschütteln

Zum Ausschütteln, eine sehr häufig vorgenommene Operation, verwende man kleine Scheidetrichter oder *Tropftrichter* von 100 bis 300 ml Inhalt mit spitzer Form und kurz abgeschnittenem Ausflußrohr. Um sehr kleine Flüssigkeitsmengen zu extrahieren und zu trennen, benützt man zweckmäßig Tropftrichter in Form von Reagenzgläsern.

Das Ausschütteln ätherischer Lösungen mit wäßrigen Lösungen (Salzsäure, Natronlauge, Hydrogensulfitlösung usw.) ist stets ein- bis zweimal zu wiederholen. Dabei überzeugt man sich nach Alkalischmachen bzw. Ansäuern (oder anderen geeigneten Maßnahmen) der zuletzt benützten wäßrigen Lösung, Ausäthern und Verdampfen des Äthers, ob die Trennung vollständig war.

Man vergesse nicht, nach dem Ausschütteln einer ätherischen Lösung die vereinigten wäßrigen Lösungen mindestens noch ein- bis zweimal mit ein wenig reinem Äther durchzuschütteln, weil diese, da sie mit Äther gesättigt sind, häufig wesentliche Mengen von in Wasser schwer löslichen, in Äther leicht löslichen Stoffen enthalten. Saure oder alkalische Lösungen, die man beim Ausschütteln erhält, dürfen niemals lange stehengelassen, sondern müssen sogleich verarbeitet werden, da bei längerer Einwirkung von Säuren oder Alkalien Veränderungen von empfindlichen Substanzen eintreten können, was bei raschem Arbeiten vermieden wird.

In Anbetracht dessen, daß in Wasser schwer lösliche Substanzen in größeren Mengen Wasser in erheblicher Menge löslich sein können, vermeide man es, in zu großer Verdünnung zu arbeiten. Es ist auch zu beachten, daß eine an sich geringe Löslichkeit eines Stoffes durch Gegenwart anderer Stoffe stark erhöht werden kann, z. B. die Wasserlöslichkeit von Estern bei Gegenwart wasserlöslicher Alkohole, ferner die Löslichkeit von schwerlöslichen neben leichtlöslichen Salzen durch Komplexbildung.

f) Verteilen und multiplikative Verteilungen[1]

Beim Ausschütteln z. B. einer wäßrigen Lösung mit einer nicht mischbaren Flüssigkeit (z. B. Äther) stellt sich bei konstanter Temperatur in der Regel ein Verteilungsgleichgewicht ein. Bei

---

[1] Jübermann, O., in: Houben-Weyl-Müller, Bd. I/1, S. 223, 1958.

nicht zu hohen Konzentrationen ist das Verhältnis der Konzentrationen des zu verteilenden Stoffes in der aufnehmenden und der abgebenden Phase konstant (NERNST) und wird als Verteilungskoeffizient bezeichnet; das Ausschütteln ist um so wirksamer, je größer dieser Koeffizient ist. Es ist zu beachten, daß Dissoziation, Assoziation oder Solvatation des gelösten Stoffes in beiden Phasen unterschiedlich sein kann; dann wird der Verteilungskoeffizient konzentrationsabhängig.

Enthält eine Lösung mehrere zu trennende Stoffe, so stellen sich die Verteilungsgleichgewichte in der Regel unabhängig voneinander ein. Je unterschiedlicher die Verteilungskoeffizienten voneinander sind, um so wirksamer ist die Trennung. Bei geringem Unterschied derselben wendet man zur Trennung die multiplikative Verteilung an. Ihre zweckmäßige Anwendung setzt voraus, daß man bei gegebenen zu trennenden Stoffen die Verteilungskoeffizienten für das gewählte Lösungsmittelpaar kennt und dadurch die Wirksamkeit der Operation gegenüber anderen in Frage kommenden Trennverfahren abschätzen kann.

Multiplikative Verteilungen lassen sich im Prinzip mit einer Reihe von Schütteltrichtern ausführen. Ein wichtiges Verfahren ist die Gegenstromverteilung:

Bei der Gegenstromverteilung wird das Substanzgemisch im ersten Gefäß einer Verteilungsapparatur in der unteren Phase gelöst, die obere Phase zugegeben und geschüttelt. Nach erfolgter Verteilung und Entmischung der Phasen wird die obere Phase in das zweite Gefäß transportiert, das untere Phase enthält; in das erste Gefäß wird frische obere Phase nachgegeben, und so fort. Je nach Größe der Verteilungskoeffizienten und der Anzahl der Verteilungen liegen die Maxima der Verteilungskurven (Menge der Substanz in Abhängigkeit von der Gefäßzahl) genügend weit auseinander.

Um den Arbeitsaufwand zu vermindern und um schnell größere Mengen an Stoffgemischen trennen zu können, hat man eigens Apparaturen[1] entwickelt, welche die verschiedenen Arbeitsvorgänge automatisch besorgen.

---

[1] CRAIG, L. C., u. O. POST: Anal. Chem. **21**, 500 (1949); VON METZSCH, F. A.: Chem.-Ing.-Tech. **25**, 66 (1953).

Mit Hilfe der multiplikativen Verteilung[1] sind z. B. trennbar: Chinolingemische, bei denen die Destillation versagt, ferner acylierte α-Aminocarbonsäuren.

g) Chromatographie

Die chromatographische Trennung von Substanzen erfolgt durch Adsorption und durch Verteilung; häufig finden beide Vorgänge nebeneinander statt.

Zu analytischen Zwecken ist besonders die Papier- und die Dünnschichtchromatographie geeignet; hier sind nur etwa $5-50\,\gamma$ Substanz erforderlich. Dagegen kann man bei der Säulenchromatographie auch mit größeren Mengen arbeiten; meist werden hier $1-50$ mg verwendet.

α) *Papierchromatographie*[2] *(PC)*. Als Beispiele für solche Trennungen seien Gemische von Phenolen, von Carbonsäuren, von Aminosäuren (Hydrolysat eines Peptids oder Proteins) oder von Zuckern (Hydrolysat eines Polysaccharids) genannt.

Es werden Papierstreifen (z. B. 3×30 cm) geeigneter Qualität benutzt. Die meist angewandte, mit einfachen Mitteln durchführbare, „aufsteigende" Papierchromatographie sei kurz beschrieben: Mit Hilfe einer Mikropipette wird etwa 2 cm vom schmalen Papierrand entfernt ein kleiner Tropfen einer 1%igen Lösung des Substanzgemisches aufgebracht, der sich zu einem kreisrunden Fleck ausbreitet; nach dem Eintrocknen wird sorgfältig markiert. Der Streifen wird in einem verschließbaren Standzylinder in das Lösungsmittel eingetaucht; die Gasphase muß mit diesem gesättigt sein. Das Lösungsmittel wandert über den Startpunkt hinweg und nimmt die einzelnen Substanzen mit unterschiedlicher Geschwindigkeit mit, so daß unter geeigneten Versuchsbedingungen eine Auftrennung erfolgt. Bevor das Lösungsmittel das obere Ende des Papierstreifens erreicht hat (Laufzeit $1-24$ Std), wird er aus dem Gefäß genommen, die Lösungsmittelfront mit Bleistift markiert und der Papierstreifen getrocknet. Durch Besprühen mit

---

[1] HECKER, E.: Verteilungsverfahren im Laboratorium. Weinheim: Verlag Chemie 1955; RAUEN, H. M., u. W. STAMM: Gegenstromverteilung. Berlin-Göttingen-Heidelberg: Springer 1953.

[2] CRAMER, F.: Papierchromatographie, 5. Aufl. Weinheim: Verlag Chemie 1962, im folgenden mit „CRAMER" zitiert.

einem geeigneten Reagenz werden die Flecken der getrennten Substanzen sichtbar gemacht.

Für orientierende Versuche genügt als Chromatographiegefäß ein großes Reagenzglas und ein schwach keilförmig geschnittener Papierstreifen, der mit dem breiten Ende des Streifens an dem Verschlußkorken befestigt wird.

Bei sorgfältiger Einhaltung der Versuchsbedingungen (Temperatur, Substanzkonzentration, Lösungsmittel) ist die Lage eines Substanzflecks durch einen reproduzierbaren R_f-Wert charakterisiert. Dieser Wert ergibt sich aus dem Verhältnis der Laufstrecke des Substanzflecks zur Laufstrecke der Lösungsmittelfront, gerechnet ab Startpunkt der Substanz. R_f-Werte $> 0,8$ sind zur Charakterisierung ungeeignet.

Hat man den begründeten Verdacht, daß bestimmte Substanzen anwesend sind, so läßt man diese Substanzen unter denselben Bedingungen parallel mitlaufen; identische Stoffe zeigen gleiche R_f-Werte. Diese Aussage ist noch sicherer, wenn bei anderen Versuchsbedingungen (z. B. Wechsel des Lösungsmittels) wiederum gleiche R_f-Werte von Probe- und Vergleichssubstanz erhalten werden.

Wertvoll ist auch die zweidimensionale PC[1].

β) Dünnschichtchromatographie[2] *(DC).* Ein großer Vorteil der Dünnschichtchromatographie gegenüber der Papierchromatographie besteht darin, daß Schichten aus sehr verschiedenen, fein pulvrigen Materialien wie Aluminiumoxid, Kieselgur, Kieselgel, Magnesiumsilicat, Cellulosepulver, Celluloseacetat, ionenaustauschende Cellulosederivate, vernetzte Dextrane (Sephadex), Polyamid- oder Polyäthylenpulver verwendbar sind. Die Schichtmaterialien werden gewöhnlich mit Wasser aufgeschlämmt und in streichfähigem Zustand mit Hilfe besonderer Geräte möglichst gleichmäßig (100—250 µ Dicke) auf Glasplatten (meist 20 × 10 cm, für Vorversuche 20 × 5 cm) aufgebracht und getrocknet. Die Technik der DC ist ähnlich derjenigen der PC (Laufstrecke des Lösungsmittels ~ 10 cm). Wichtig sind konstante Temperatur und wiederum eine mit dem Lösungsmittel gesättigte Dampfphase. Sehr wertvoll

---

[1] CRAMER, S. 59.

[2] Dünnschicht-Chromatographie, hrsg. von E. STAHL, 2. Aufl. Berlin-Heidelberg-New York: Springer 1967, im folgenden mit „STAHL", zitiert; RANDERATH, K.: Dünnschichtchromatographie, 2. Aufl. Weinheim: Verlag Chemie 1965.

sind die gute Trennschärfe, die hohe Empfindlichkeit und der weitaus geringere Zeitbedarf der DC-Analyse. Wie bei der Säulenchromatographie, so können auch bei der DC Adsorptions-, Verteilungs- und Ionenaustauschgleichgewichte sowie Molekularsiebwirkungen eine Rolle spielen. Als Sprühreagenzien, um die Lage der Flecke festzustellen, kommen dieselben Reagenzien wie bei der PC in Betracht, bei beständigen Dünnschichten aber sogar konzentrierte Schwefelsäure oder Chromschwefelsäure und anschließendes Erhitzen auf 150° C. Zum Vergleich und zur Identifizierung läßt man wie bei der PC geeignete Substanzen mitlaufen. Laufmittel oder Lösungsmittel kann man schnell ausfindig machen, indem man auf beschichteten Objektträgern Substanzflecken aufbringt und deren Verhalten mit Tropfen von Lösungsmitteln studiert (Tropfenchromatogramm).

h) Säulenchromatographie

Die Tswettsche Adsorptionschromatographie[1,2] stellt eine fraktionierte Adsorption von Stoffen aus Lösungen an der Oberfläche von pulvrigen Adsorbentien wie z. B. Aluminiumoxid, Kieselgel, Magnesiumoxid oder Calciumcarbonat dar. Die pulverförmigen Adsorbentien werden möglichst gleichmäßig in ein Glasrohr, das oberhalb einer unteren Verengung Glaswolle enthält und auf einer Saugflasche angeordnet ist, eingeschlämmt. Die Lösung des Substanzgemisches wird, wenn notwendig mit Über- oder Unterdruck, durch die Adsorptionssäule filtriert. Die gelösten Stoffe werden nacheinander adsorbiert und bilden übereinanderliegende, ringförmige Zonen. Durch Nachwaschen mit demselben oder einem anderen Lösungsmittel werden die Zonen auseinandergezogen. Danach werden die einzelnen Schichten aus der Säule entnommen oder die Säule zerteilt[3]; die Stoffe werden mit Hilfe geeigneter Lösungsmittel vom Adsorptionsmittel abgelöst. Das Zerlegen der Säule erübrigt sich, wenn durch wiederholtes Nachgeben des Lösungsmittels die Zonen nacheinander aus der Säule eluiert werden können. Für das Gelingen einer Trennung (oder Reinigung)

---

[1] Tswett, M.: Ber. Deut. Bot. Ges. **24**, 316 (1906).

[2] Über Einzelheiten der Arbeitstechnik siehe Hesse, G., in: Houben-Weyl-Müller, Bd. I/1, S. 465, 1958.

[3] Zur Säulenchromatographie in Cellophanschläuchen siehe Sabel, A., u. W. Kern: Chem.-Ztg. **81**, 524 (1957).

ist die Wechselwirkung von gelöster Substanz, Adsorbens und Laufmittel (Adsorptionsmilieu[1]) von Bedeutung. Die Adsorbentien besitzen verschiedene Adsorptionskraft[1]; häufig ist CaO wirksamer als Al_2O_3 und dieses wirksamer als aktivierte Tierkohle. Man hat einzelne von ihnen in ihrer Aktivität standardisiert und abgestuft. Standardisiertes Aluminiumoxid[2] der höchsten Aktivitätsstufe (I) kann man durch Wasserzusatz (3, 6, 10 und 15%) selber abstufen (Aktivitätsstufen II, III, IV und V).

Bei gegebenem Adsorbens hängt die Wanderungsgeschwindigkeit einer Substanz vom Laufmittel ab. Man kann Reihen steigender Elutionswirkung (eluotrope Reihen) aufstellen; z. B.[3]: Petroläther, Cyclohexan, Tetrachlorkohlenstoff, Toluol, Benzol, Methylenchlorid, Chloroform (alkoholfrei), Diäthyläther, Äthylacetat, Aceton, Äthanol, Methanol, Wasser und Pyridin.

Bei der Ionenaustausch-Chromatographie[4] verwendet man insbesondere synthetische Ionenaustauscher, die aus vernetzten Polymeren mit kationischen oder anionischen Gruppen bestehen.

Bei manchen Materialien, die zur Füllung von Chromatographiersäulen verwendet werden, spielen nicht allein Adsorptionsvorgänge eine Rolle, sondern auch Verteilungen[5-7] zwischen einer stationären und einer beweglichen Phase. Es ist anzunehmen, daß z. B. Silicagel, Stärke oder Cellulose bei Anwendung wasserhaltiger Laufmittel Wasser oder wäßrige Lösungen als stationäre Phase festhalten; die bewegliche Phase ist ein organisches Lösungsmittelgemisch. Dieses Prinzip beruht also auf der durch den Nernstschen Verteilungssatz erfaßbaren Verteilung von Stoffen zwischen einer stationären und einer beweglichen Phase. Die Verteilungschromatographie[5-7]

[1] HESSE, G.: Adsorptionsmethoden im chemischen Laboratorium. Berlin: de Gruyter 1943.

[2] BROCKMANN, H., u. H. SCHODDER: Ber. Deut. Chem. Ges. **74**, 73 (1941).

[3] TRAPPE, W.: Biochem. Z. **305**, 150 (1940); **306**, 316 (1940).

[4] HOUBEN-WEYL-MÜLLER, Bd. I/1, S. 571, 1958; DORFNER, K.: Ionenaustausch-Chromatographie. Berlin: Akademie-Verlag 1963.

[5] CONSDEN, R., A. H. GORDON u. A. J. P. MARTIN: Biochem. J. **38**, 224 (1944).

[6] LEDERER, E., u. M. LEDERER: Chromatography. A review of principles and applications. 2nd ed. Amsterdam: Elsevier Publ. Comp. 1960, im folgenden als „LEDERER" bezeichnet.

[7] CASSIDY, H. G.: Adsorption and chromatography. New York-London: Interscience Publ. 1951.

wird zur Trennung von meist hydrophilen Stoffen (organische Verbindungen mit anorganischem Verhalten) benützt.

i) Gas-Chromatographie[1]

Ihr Prinzip beruht meist auf einer flüssigen stationären Phase, die auf einem inerten Träger als Film aufgebracht ist, und einem inerten Trägergas als beweglicher Phase, das die zu trennenden Substanzen gasförmig mitführt; es können neben der Verteilung zwischen der flüssigen und der gasförmigen Phase auch Adsorptionsvorgänge am Festkörper, der die flüssige Phase trägt, eine Rolle spielen. Bei der Flüssigkeits-Gas-Chromatographie wird ein Trägergas (meist Helium oder Stickstoff, die in der Trennflüssigkeit unlöslich sind) im Probengeber mit Hilfe einer Mikrospritze gewöhnlich mit weniger als 0,001 g des zu trennenden Substanzgemisches beladen und durch eine auf konstanter Temperatur gehaltene Trennsäule sowie anschließend durch einen Detektor geleitet. Im Detektor werden die einzelnen getrennten Verbindungen z. B. durch ihre Wärmeleitfähigkeit festgestellt und über elektrische Signale mit Hilfe eines Schreibers als Banden angezeigt. Die Banden erlauben die Angabe von Retentionswerten und häufig eine quantitative Auswertung.

Mit Hilfe der Gaschromatographie können alle destillierbaren Verbindungen analysiert werden. Bei einer Arbeitstemperatur der Trennsäulen von 200—300° C soll die zu analysierende Substanz einen Dampfdruck von mindestens 0,3 Torr haben. Die Gaschromatographie ist, wie andere chromatographische Methoden, besonders dann zur Trennung organischer Substanzen und zu ihrer Identifizierung geeignet, nachdem zuvor mit Hilfe chemischer Methoden eine Auftrennung z. B. der Hauptgruppe S.F. I in Säuren (S. 120), Phenole (S. 126), Amine (S. 132) und Neutralstoffe (S. 150) durchgeführt ist.

j) Elektrophorese[2]

Diese Arbeitstechnik, auf die nur kurz hingewiesen werden soll, ermöglicht die Trennung von ionisierbaren Stoffen; sie hat sich

---

[1] BAYER, E.: Gas-Chromatographie, 2. Aufl. Berlin-Göttingen-Heidelberg: Springer 1962, im folgenden mit „BAYER" zitiert. KEULEMANS, A. I. M.: Gas-Chromatographie. Weinheim:Verlag Chemie 1959.

[2] KEIL, B.: Laboratoriumstechnik der organischen Chemie, S. 589. Berlin: Akademie-Verlag; BIER, M. (Ed.): Electrophoresis. New York: Academic Press 1959.

bei Proteingemischen sehr bewährt. Aber auch niedermolekulare, ionisierbare Substanzen können durch Papierelektrophorese[1] oder Dünnschichtelektrophorese[2] getrennt werden.

k) Spektroskopische Methoden[3]

a) Allgemeines[4]. Die Wellenlängen (λ) elektromagnetischer Strahlung, die für das menschliche Auge sichtbar ist, liegen im Bereich von etwa 400—800 mμ (1 mμ = 10^{-7} cm). Zwischen 400 mμ bis 180 mμ schließt das Ultraviolett-(UV-)Gebiet an, in dem die Absorption des Luftsauerstoffs noch nicht stört. Zur analytischen Anwendbarkeit und Handhabung röntgenographischer Methoden sei auf die Literatur[5] verwiesen. An 800 mμ schließt nach längeren Wellen das kurzwellige Infrarot (IR, weniger allgemein UR = Ultrarot) im Bereich von etwa 1—50 μ an.

Absorptionsspektren organischer Verbindungen im Sichtbaren, Ultraviolett und Infrarot hängen eng mit der Struktur zusammen, so daß auf diese Weise die Reinheit einer Verbindung, ihre Struktur und Identität überprüfbar sind. Da es sich bei organischen Verbindungen um Moleküle handelt, liegen Bandenspektren vor. Die Extinktion (E) eines Bandenmaximums (zugehörige Wellenlänge: λ_{max}) ist besonders im sichtbaren Bereich und im UV-Gebiet mit lichtelektrischen Spektralphotometern recht genau zu messen.

b) Absorptions-Spektroskopie im Sichtbaren und Ultraviolett[6,7,8]. Für die Messung der Lichtabsorption (800—180 mμ) organischer

---

[1] CRAMER, S. 77; WUNDERLY, CH.: Die Papierelektrophorese. Aarau-Frankfurt a. M.: Sauerländer u. Co. 1954.

[2] RANDERATH, K.: Dünnschicht-Chromatographie, 2. Aufl. Weinheim: Verlag Chemie 1965, im folgenden mit „RANDERATH" zitiert.

[3] Spectroscopy in Education, Vol. 2: BAKER, A. J., T. CAIRNS: Spectroscopic techniques in organic chemistry. London: Heyden & Son 1966.

[4] Multilingual dictionary of important terms in molecular spectroscopy. Ottawa: National Research Council of Canada 1966.

[5] HOUBEN-WEYL-MÜLLER, Bd. III/2, S. 541, 1955; ferner z. B. NYBURG, S. C.: X-Ray analysis of organic structures. New York-London: Academic Press 1961.

[6] *Monographien:* KORTÜM, G.: Kolorimetrie, Photometrie und Spektrometrie, 4. Aufl. Berlin-Göttingen-Heidelberg: Springer 1962; PESTEMER, M.: Anleitung zum Messen von Absorptionsspektren im Ultraviolett und Sichtbaren. Stuttgart: Thieme 1964; HOUBEN-WEYL-MÜLLER, Bd. III/2, S. 593, 1955; SCOTT, A. I.: Interpretation of the ultraviolet spectra of natural products. Oxford: Pergamon Press 1964.

[7] und [8] siehe S. 66.

5 Staudinger, Analyse — 7. Aufl.

Substanzen müssen die Lösungsmittel hoch gereinigt sein. Die Reinheit der gelösten Substanzen, selbst wenn Elementaranalysen und Molekulargewicht mit den berechneten Werten innerhalb der Fehlergrenzen übereinstimmen, ist nicht immer genügend, wie die noch manches Mal notwendigen Reinigungsoperationen zeigen, bis optische Konstanz erreicht ist. Die Absorptionsmessung wird gestört, wenn die gelöste Verbindung sich beim Bestrahlen verändert, wenn sie fluoresziert oder wenn eine kolloide, die Strahlung streuende Lösung vorliegt. In verdünnten Lösungen, in denen weder Dissoziation noch Assoziation oder irgendeine Strukturänderung der gelösten Moleküle eintritt, gehorcht die Extinktion (E) bei einer bestimmten Wellenlänge (am besten zu messen bei λ_{max}) und konstanter Temperatur dem Bouguer-Lambert-Beerschen Gesetz:

$$E = \log \frac{\Phi_i}{\Phi_e} = \varepsilon \cdot c \cdot d$$

$\Phi_i =$ in die Lösung eintretender Lichtstrom; $\Phi_e =$ aus der Lösung austretender Lichtstrom; $c =$ Konzentration in Mol/l; $d =$ Lichtweg in cm; $\varepsilon =$ molarer dekadischer Extinktionskoeffizient; bei unbekanntem Molekulargewicht tritt an Stelle von ε der spezielle Extinktionskoeffizient ε' mit c in [g/l]. Das ist die einfachste Grundlage für Konzentrationsmessungen; gilt das obige Gesetz nicht, so ist man auf Eichkurven (E gegen c aufgetragen) angewiesen.

Gehorchen gelöste Verbindungen dem Bouguer-Lambert-Beerschen Gesetz, so gibt ε gegen λ oder besser gegen die Wellenzahl ($1/\lambda = \tilde{\nu}$) aufgetragen eine für die Verbindung kennzeichnende

Fortsetzung der Fußnoten von S. 65.

[7] *Literaturzitatsammlungen zu Spektren im Sichtbaren und Ultraviolett:* HIRAYAMA, K.: Handbook of ultraviolet and visible absorption spectra of organic compounds. New York: Plenum Press Data Div. 1967; Molecular formula list of compound names and references to published ultraviolet and visible spectra. American Society for Testing and Materials, Philadelphia 1963; HERSHENSON, H. M.: Ultraviolet and visible absorption spectra. Index for 1930—1954, 1955—1959, 1960—1963. New York: Academic Press 1956—1966; Organic electronic spectral data, Vol. I, 1946—1952, bis Vol. IV, 1958—1959. New York-London: Interscience Publ. 1960—1966.

[8] *Spektrensammlungen:* LANDOLT-BÖRNSTEIN, Bd. I/3, S. 78—358. 1951; FRIEDEL, R. A., and M. ORCHIN: Ultraviolet spectra of aromatic compounds. New York: Wiley; London: Chapman & Hall Ltd. 1951; Sadtler ultraviolet spectra. Publ. by Sadtler Research Laboratories, Philadephia (bis 1961 waren 19130 Spektren veröffentlicht); UV-Atlas organischer Verbindungen. London: Butterworths and Co.; Weinheim: Verlag Chemie 1966—67.

Absorptionskurve, das Absorptionsspektrum. Vorteilhafter ist die Ordinate $\log \varepsilon$ oder $\log \varepsilon'$, da ε Werte über mehrere Größenordnungen hinweg annehmen kann und da eine Konzentrationsänderung sich nur in einem parallelen Verschieben der Ordinaten auswirkt (typische Farb- oder Absorptionskurve). Für die Absorption im Bereich von 180—800 mμ sind locker gebundene Valenzelektronen, die π-Elektronen, verantwortlich. Deshalb zeigen sich Absorptionen, wenn die Moleküle ungesättigte Gruppen (Chromophore) enthalten, z. B.: $>C=C<$; $>C=\bar{O}$; $>C=\bar{N}-$; $>C=\underline{\bar{S}}$; $-\bar{N}=\bar{N}-$; $-\bar{N}=\underline{\bar{O}}$; $-C\equiv C-$ und $-N\bar{O}_2$.

Sind im Molekül neben chromophoren Gruppen noch solche vorhanden, die einsame Elektronenpaare enthalten (Auxochrome), so wird die Absorption verstärkt: $>C-\overline{\underline{Br}}|$; $>C-\overline{\underline{J}}|$; $>C-\overline{\underline{O}}-H$; $>C-\underline{\bar{S}}-H$ und $>C-\overline{N}H_2$. Die Absorptionsmaxima konjugiert aliphatischer Diene liegen im Vergleich zu einfach ungesättigten Kohlenwasserstoffen in einem längerwelligen Bereich (220—245 mμ, bathochrome Verschiebung). Auch die Konjugation z. B. von $>C=C<$ mit $>C=O$ oder $>C=N-$ gibt bathochrom verschobene Absorptionen. Die Kumulation von Doppelbindungen bewirkt eine noch stärkere Verschiebung ins längerwellige Gebiet. Benzol und seine Derivate geben charakteristische Absorptionen. Cis-trans-Isomerie oder Ionisierungen zeigen sich im Absorptionsverhalten an. Nach der Woodwardschen Regel und ihren Weiterentwicklungen[1] sind für Diene, $\alpha.\beta$-ungesättigte und aromatische Aldehyde, Ketone, Säuren und Ester die λ_{max}-Werte aus der Absorption eines Stammchromophors und aus Inkrementen einer Reihe von Substituenten oder sonstigen Strukturelementen zu berechnen. Es sei noch darauf hingewiesen, daß die Extinktionen von Mischungen gelöster Stoffe, die dem Bouguer-Lambert-Beerschen Gesetz folgen, sich in der Regel additiv verhalten. Die Analyse der Struktur einer organischen Verbindung auf Grund der Absorption im Bereich von 180—800 mμ erfordert, daß man die zuvor angedeuteten Beziehungen gut kennt.

c) Infrarotspektroskopie[2, 3, 4]. Die IR-Spektroskopie dient in der analytischen Chemie vielfach zur Identifizierung von Verbindungen,

---

[1] Scott, A. I.: Interpretation of the ultraviolet spectra of natural products. S. 50, 56f. u. 108f. Oxford: Pergamon Press 1964.

Fußnoten 2, 3, 4 nächste Seite.

5*

zur quantitativen Bestimmung schwer trennbarer Verbindungen in Mischungen, zur Strukturbestimmung, zur Untersuchung zwischenmolekularer Kräfte wie Wasserstoffbrückenbindungen und zur Kontrolle des Verlaufs von Stofftrennungen. Verunreinigungen sind meist nur schwer zu erfassen. Wenn auch die Absorptionsspektroskopie im Sichtbaren und Ultraviolett bei der Reinheitsprüfung und der quantitativen Analyse empfindlicher ist, so ist die IR-Spektroskopie als Hilfsmittel der Strukturbestimmung einfacher zu handhaben und dabei durch den Bandenreichtum überlegen. Im IR-Bereich von etwa $1-50$ μ (1 μ $= 10^{-4}$ cm) wird durch entsprechende Bestrahlung ein Molekül über die Wechselwirkung mit seinen Dipolmomenten zur Schwingung der Atome angeregt, wobei die Molekülsymmetrie eine Rolle spielt, damit IR-aktive Absorptionen auftreten können. Bei den für das IR-Spektrum wichtigen Schwingungen unterscheidet man Valenzschwingungen (in Bindungsrichtung) und Deformationsschwingungen (Änderung der Bindungswinkel). Befindet sich bei der Schwingung eines Moleküls die Schwingungsenergie praktisch in einem Molekülteil, der mit dem Molekülrest nur gering gekoppelt ist, so tritt eine charakteristische Bindungs- oder Gruppenschwingung auf. Die Zuordnung von IR-Absorptionsbanden zu bestimmten Bindungen oder funktionellen Gruppen geschieht in der Regel empirisch, erfordert ein großes Vergleichsmaterial entsprechender Verbindungen und kritische Sorgfalt. Die Wellenzahlen (Wellenlängen) der Absorptionen bestimmter Strukturgruppen sind nicht streng konstant, sondern streuen innerhalb eines gewissen Bereiches, weil der Einfluß des Molekülrestes sich bemerkbar macht. Umgekehrt kann man aus

---

Fortsetzung der Fußnoten von S. 67.

[2] *Monographien:* BRÜGEL, W.: Einführung in die Ultrarotspektroskopie, 3. Aufl. Darmstadt: Steinkopff 1962; BELLAMY, L. J.: Ultrarot-Spektrum und chemische Konstitution. 2. Aufl. Darmstadt: Steinkopff 1966; KÖSSLER, I.: Methoden der Infrarot-Spektroskopie in der chemischen Analyse. Leipzig: Akad. Verlagsges. 1961; HOUBEN-WEYL-MÜLLER, Bd. III/2, S. 795, 1955.

[3] *Literaturzitatsammlungen zu IR-Spektren:* HERSHENSON, H. M.: Infrared absorption spectra. Index for 1945—1957; 1958—1962. New York-London: Academic Press 1959—1964.

[4] *Spektrensammlungen:* The Sadtler standard spectra, Publ. by Sadtler Research Laboratories, Philadelphia (bis 1966 29000 IR-Spektren); Dokumentation der Molekülspektroskopie — DMS-Spektrenkartei. Weinheim: Verlag Chemie, London: Butterworths, bis 1967: ∼12000 Spektren.

Bandenverschiebungen Schlüsse auf den Bau des Molekülrestes ziehen.

Die Abszisse eines IR-Spektrums ist gewöhnlich zweifach geteilt: in Wellenlängen $\lambda(\mu)$ oder in Wellenzahlen $\tilde{\nu}$ [$\tilde{\nu} = 1/\lambda$; Dimension: cm^{-1} oder 1 Kayser (K)]. Die Ordinate gibt in % die Durchlässigkeit (Transmittance) wieder oder die Extinktion $\left(E = \log \dfrac{I_0}{I} \text{; Absorbance}\right)$. Enthalten die IR-Spektrophotometer Prismen, so kann mit verschiedenen Prismenmaterialien in folgenden Bereichen gemessen werden:

mit LiF bei 0,2—6 μ, CaF_2 bei 0,2—9 μ, NaCl bei 2—15 μ, KBr bei 12—25 μ und mit CsBr bei 15—40 μ. Gewöhnlich wird mit NaCl-Prismen gearbeitet. Die Substanz kann in Lösung (z. B. CCl_4 oder CS_2), als Aufschlämmung in Nujol, als Film oder Flüssigkeitshaut z. B. auf Steinsalzplatten oder in bei hohem Druck erhaltenen, durchsichtigen Kaliumbromidpreßlingen analysiert werden. Man prüfe immer, ob die untersuchte Verbindung IR-spektroskopisch rein ist, indem wiederholte und verschiedene Reinigungsoperationen keine Änderung des Spektrums mehr bewirken. Die Zuordnung der Banden geschieht nach Tabellen, welche die häufigsten Lagen der Absorptionsmaxima für bestimmte Atomgruppierungen enthalten, oder mit Hilfe von Spektrenkatalogen, was eine erhebliche Erfahrung erfordert. Beispiele für charakteristische Bandenlagen sind: für freie und assoziierte HO- und $>$NH-Gruppen im Bereich von 3700—3300 cm^{-1}, für $\geqslant$C—H 3000 bis 2700 cm^{-1}, für HS— 2600—2550 cm^{-1}, für —C$\equiv$X (X=C, N, CO) 2300—2100 cm^{-1}, für $>$C=O 1820—1600 cm^{-1}, für —NO_2 bei 1518 cm^{-1}, für $>SO_2$ 1335—1310 cm^{-1} und 1160—1130 cm^{-1} und für $\geqslant$C—Hal 780—500 cm^{-1}. Den verschiedenen Substitutionsgraden von Benzolderivaten können ebenso Banden zugeordnet werden, z. B. der 1.2.4-Trisubstitution eine Bande im Bereich von 12,15—12,55 μ.

d) Kernmagnetische Resonanz[1]. Alle Atomkerne mit gerader Protonen- und Neutronenzahl haben den Kernspin $I = 0$ und

---

[1] BIBLE, R. H.: Interpretation of NMR spectra: An empirical approach. New York: Plenum Press 1965; SUHR, H.: Anwendungen der kernmagnetischen Resonanz in der organischen Chemie. Berlin-Heidelberg-New York: Springer 1965; STAAB, H.: Einführung in die theoretische organische Chemie, 4. Aufl. Weinheim: Verlag Chemie 1966; ROBERTS, J. D., and M. C. CASERIO: Basic principles of organic chemistry. S. 43ff. New York: Benjamin 1965.

damit auch das magnetische Kernmoment

$$\mu = g \cdot I \cdot \mu_K = 0$$

g [Kern g-Faktor] $=$ kernspezifische Konstante,

$$\mu_K \text{ [Kernmagneton]} = \frac{h \cdot e}{4\pi \cdot m_p}$$

und zeigen deshalb keine kernmagnetische Resonanz (z. B. ^{12}C, ^{16}O). Atomkerne mit ungerader Protonen- und ungerader Neutronenzahl oder mit „gerader-ungerader Paarung" besitzen einen Kernspin und zeigen kernmagnetische Resonanz, z. B. ^{1}H, ^{19}F, ^{31}P. Besonders wichtig ist die Protonenresonanz. Derartige Atomkerne absorbieren in einem statischen magnetischen Feld H_0 hochfrequente elektromagnetische Strahlung der Frequenz ω, entsprechend der Resonanzbedingung

$$\omega = \gamma \cdot H_0 \,.$$

γ [gyromagnetisches Verhältnis] $= \dfrac{\mu \cdot 2\pi}{I \cdot h}$

Für Protonen sind gebräuchliche Werte $\omega = 60$ MHz und $H_0 \approx 14\,000$ Oerstedt. Die zu untersuchende Probe, welche für die hier allein interessierende Hochauflösung als Flüssigkeit oder Lösung vorliegen muß, befindet sich in einem Röhrchen zwischen den Magnetpolschuhen. Sie ist von einer kleinen Induktionsspule umgeben, in der ein hochfrequentes Wechselfeld erzeugt wird, dessen magnetischer Vektor senkrecht zur Richtung von H_0 steht. Bei kontinuierlicher Änderung von H_0 erhält man die für die Probe charakteristischen Absorptionssignale.

Obwohl die Kernresonanzspektren sehr verschieden und sehr kompliziert sein können, lassen sie sich doch grundsätzlich mit Hilfe von drei Parametern diskutieren:

1. Chemische Verschiebung (chemical shift): Das auf einen speziellen Kern (im folgenden soll nur noch von Protonen die Rede sein) wirkende effektive Magnetfeld H_{eff} ist von H_0 um einen geringen Betrag verschieden, welcher durch die der Molekülstruktur entsprechenden Elektronenbewegungen in der Nachbarschaft des betrachteten Protons hervorgerufen wird und sich in der Beziehung

$$H_{\text{eff}} = H_0 - \sigma\, H_0$$

durch eine Abschirmungskonstante σ ausdrücken läßt. Die Absorptionssignale verschieden gebundener Protonen entstehen dementsprechend bei verschiedenen H_0-Werten, und ihre Lage wird unter Bezug auf das Signal einer geeigneten Vergleichssubstanz, welche der Probe in geringer Menge zugesetzt wird, gemessen. Als Vergleichssubstanz wird fast durchweg Tetramethylsilan (TMS) verwendet, welches nur magnetisch äquivalente Protonen besitzt und darum nur ein einziges, scharfes Signal liefert, das zudem bei einem Wert von H_0 liegt, der in der Praxis nur sehr selten überschritten wird. Die chemischen Verschiebungen werden durch eine von H_0 unabhängige Maßzahl δ oder τ in Einheiten von 10^{-6} (ppm) definiert, wobei gilt:

$$\delta = 10 - \tau = \frac{H_X - H_{TMS}}{H_{TMS}}$$

H_X = Feldstärke für das Signal der Probe;
H_{TMS} = Feldstärke für das Signal von Tetramethylsilan.

Die chemische Verschiebung ist charakteristisch für die elektronische und magnetische Umgebung eines Protons.

2. Multiplett-Struktur (Spin-Spin-Kopplung): Ein Proton mit dem Kernspin I kann in einem Magnetfeld in (2I + 1) verschiedenen Orientierungen angeordnet sein und prägt damit einem benachbarten Proton (2I + 1) verschiedene Zusatzfelder auf. Diese Zusatzfelder bewirken eine Aufspaltung des durch die chemische Verschiebung in seiner Lage festgelegten Signales in ein Multiplett mit (2I + 1) Komponenten. Wird ein Proton von n äquivalenten Nachbarprotonen beeinflußt, so ergeben sich für das Multiplett (2nI + 1) Komponenten, deren Intensitätsverteilung dem statistischen Gewicht der möglichen Spinorientierungen folgt. Die statistischen Gewichte für die verschiedenen Werte von n ergeben sich aus dem Pascalschen Dreieck[1]. Der Abstand zwischen den einzelnen Komponenten der Multipletts für die miteinander „koppelnden" Protonen ist konstant.

Die Multiplettstruktur eines Signals ist charakteristisch für die Anzahl und die sterische Anordnung benachbarter Protonen.

3. Signalintensität: Die Intensität eines Signales, welches mit einem eingebauten elektronischen Integrator gemessen wird, ist proprotional der Protonenzahl, die dieses Signal verursacht. Zur

---

[1] $n = 1$ $\qquad\qquad$ $1:1$
$\quad\;\; n = 2$ $\qquad\qquad$ $1:2:1$
$\quad\;\; n = 3$ $\qquad\qquad$ $1:3:3:1$
$\quad\;\; n = 4$ $\qquad\qquad$ $1:4:6:4:1$ $\quad$ usw.

Erläuterung ein einfaches Beispiel: Äthylchlorid CH_3-CH_2-Cl besitzt 2 verschiedene Gruppen von äquivalenten Protonen, die Methylgruppe, deren Signal bei 1,48 ppm erscheint, und die Methylengruppe, deren Signal bei 3,57 ppm liegt. Diese Signale, welche im Intensitätsverhältnis $3:2$ stehen, zeigen durch Spin-Spin-Kopplung die folgende Multiplettstruktur:

Spin-Orientierungen	Rel. Intensität der Multiplett-Komponenten	Signal-Intensität
↓↓↓	1	
↑↓↓, ↓↑↓, ↓↓↑	3	
↑↑↓, ↑↓↑, ↓↑↑	3	2
↑↑↑	1	
CH_2-Signal		
↓↓	1	
↑↓, ↓↑	2	3
↑↑	1	
CH_3-Signal		

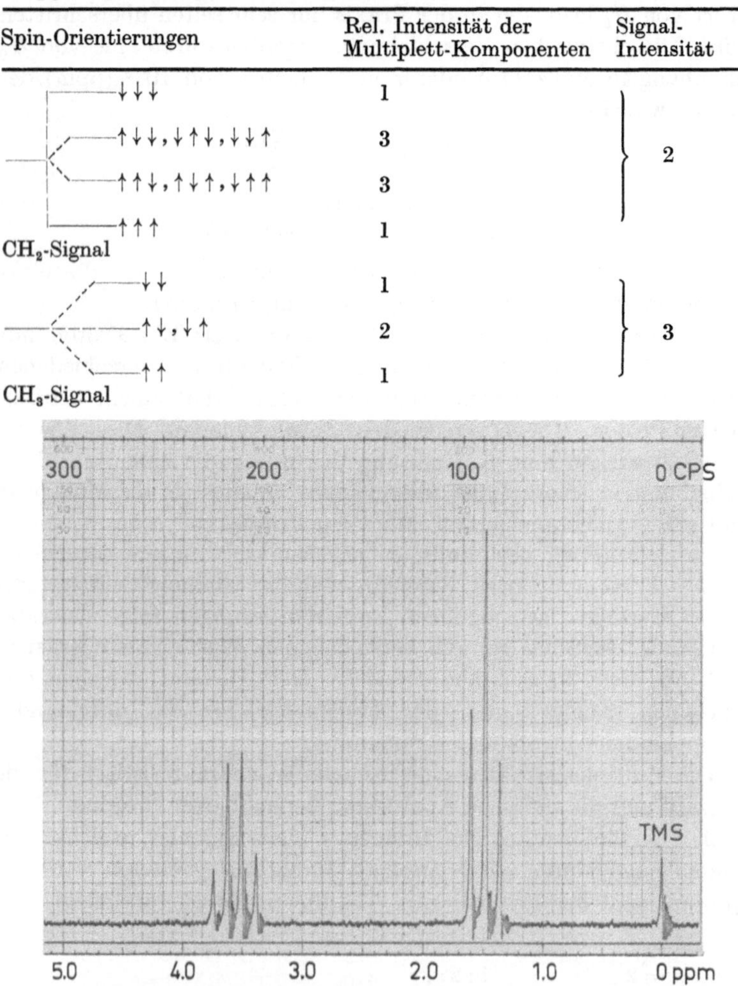

Kernresonanzspektrum von Äthylchlorid (Bereich 0—5 ppm, Referenzsignal bei 0 mit TMS bezeichnet). (Aus Varian-Katalog, Spektrum Nr. 11. Palo Alto: Varian Ass. 1962.)

4. Prüfung
isolierter Substanzen auf Einheitlichkeit und ihre Identifizierung

Hat man ein Stoffgemisch entsprechend dem Analysengang (Abschnitt 5, S. 78) getrennt und sind die Einzelbestandteile isoliert, so muß zunächst untersucht werden, ob es sich dabei wirklich um einheitliche Verbindungen handelt. Diese müssen dann mit bekannten Stoffen identifiziert werden.

a) Feste Stoffe

1. Prüfung auf Einheitlichkeit. Bei festen Stoffen läßt sich in der Regel leicht feststellen, ob eine einheitliche Substanz vorliegt, da nur eine solche einen scharfen Schmelzpunkt zeigt. Die Substanzen werden also so lange, eventuell unter Wechsel des Lösungsmittels, umkristallisiert, bis der Schmelzpunkt konstant und scharf ist. Danach muß geprüft werden, ob in den Mutterlaugen noch andere Susbtanzen enthalten sind, was häufig am einfachsten papier- oder dünnschichtchromatographisch erfolgt. Eine reine Substanz gibt, auch bei Anwendung verschiedener Adsorptionsmittel und verschiedener Lösungsmittel, eine einheitliche Zone bzw. einen einheitlichen Fleck. Hierzu sind bei Anwendung der Mikroadsorptionsrohre nach HESSE[1], der Dünnschicht- oder der Papierchromatographie nur sehr geringe Substanzmengen notwendig. Man kann auch die Mutterlaugen eindampfen und die so erhaltenen Produkte durch Schmelzpunktbestimmung und Mischprobe mit den Kristallisaten vergleichen.

Bei Substanzen, die unter Zersetzung schmelzen, ist es oft schwer, aus dem Schmelzverhalten ein Urteil darüber zu gewinnen, ob eine einheitliche Substanz vorliegt. In diesem Fall kristallisiert man aus verschiedenen Lösungsmitteln um und stellt so fest, ob sich die Substanz in leichter und schwerer lösliche Anteile trennen läßt. Es müssen also andere physikalische Eigenschaften, wie z. B. die Löslichkeit, zur Prüfung auf Einheitlichkeit herangezogen werden.

Wichtig ist es, die Kristalle unter dem Mikroskop, evtl. unter dem Polarisationsmikroskop, zu prüfen. Dabei läßt sich häufig erkennen, ob die Substanz einheitlich ist oder aus verschiedenen

---

[1] HESSE, G.: Chemie **58**, 76 (1945).

Kristallen besteht. Zu dieser Untersuchung wird entweder die feste Substanz oder ein Tropfen einer Lösung auf einen Objektträger gebracht; beim langsamen Verdunsten des Lösungsmittels kristallisiert die Substanz aus. Besonders gute Kennzeichen für die Einheitlichkeit einer chemischen Verbindung ergibt die mikroskopische Schmelzpunktsbestimmung. Mikroskopische Beobachtungen können nach KOFLER[1] unter Ausnützung des eutektischen Schmelzdiagramms zur Reinigung einer organischen Verbindung oder auch zur Trennung eines Stoffgemisches herangezogen werden; man erhitzt dazu die unreine Substanz oder das Substanzgemisch etwas über die eutektische Temperatur und läßt die entstandene Schmelze von gehärtetem Filtrierpapier aufsaugen; das Verfahren wird so oft wiederholt, bis die übrigbleibenden Kristalle einheitlich sind.

2. Identifizierung. Bei festen Substanzen wird es in den meisten Fällen möglich sein, nach Bestimmung des Schmelzpunktes an Hand der Kempf-Kutterschen Tabellen bzw. anderer Tabellenwerke festzustellen, um welche Substanz es sich handelt, nachdem einige Reaktionen durchgeführt wurden. Dann ist die Substanz noch durch die Mischprobe zu identifizieren. Das Ergebnis kann durch weitere Reaktionen sichergestellt werden, indem man aus der Substanz feste Derivate herstellt, deren Schmelzpunkte bestimmt und Mischproben ausführt.

Die Schmelzpunktsbestimmung muß mit großer Sorgfalt durchgeführt werden. Dabei sind die Fadenkorrekturen des Thermometers zu berücksichtigen, wozu die Fluchtlinientafel von BERL und KULLMANN[2] benutzt wird, die im Anhang der Kempf-Kutterschen Tabellen wiedergegeben ist. Bei Anwendung des von KOFLER angegebenen Mikroschmelzpunktapparates[3] mit besonders geeichten Thermometern sind solche Korrekturen nicht mehr erforderlich.

a) Mischprobe. Zur Durchführung der Mischprobe wird eine Spatelspitze der Substanz mit der gleichen Menge des Vergleichspräparates in einem kleinen Achatmörser vermischt oder einfacher auf einer Glasplatte[4] mit dem Spatel vorsichtig verrieben.

---

[1] KOFLER, L. u. A.: Thermomikromethoden zur Kennzeichnung organischer Stoffe und Stoffgemische. Weinheim: Verlag Chemie 1954.

[2] BERL, E., u. A. KULLMANN: Ber. Deut. Chem. Ges. **60**, 815 (1927).

[3] Zu beziehen von Wagner u. Munz, München 2, Türkenstraße 17.

[4] Beim Vermischen auf Tontellern werden die Substanzen häufig verunreinigt und schmelzen dann trüb.

Um die Erscheinungen beim Zusammenmischen ähnlich schmelzender, verschiedener Substanzen kennenzulernen, mache man eine der Mischproben von Tab. 21 und beobachte das unscharfe Schmelzen und die starke Schmelzpunktsdepression.

Tabelle 21. *Mischproben ähnlich schmelzender organischer Verbindungen*

Substanzen	Schmelzpunkte der reinen Substanz, ° C	Schmelzintervall der „Mischprobe"*, ° C
Diphenyl Benzhydrol	70 68	etwa 48—57
Diphenyl Nerolin	70 72	etwa 44—50
Nerolin Benzhydrol	72 68	etwa 49—58
Benzanilid Benzoyl-p-toluidid	161 158	etwa 130—140
Benzanilid Acetyl-α-naphthylamid	161 159	etwa 132—145
Acetyl-α-naphthylamid Benzoyl-p-toluidid	159 158	etwa 144—150
Benzoyl-α-naphthylamid Benzoyl-β-naphthylamid	160 157	etwa 128—135

* Die Zahlen dienen nur zur Orientierung. Das Schmelzintervall der Mischprobe wechselt natürlich mit den Mengenverhältnissen.

Aus den Beispielen sieht man, wie ähnliche Verbindungen, die bei der gleichen oder fast der gleichen Temperatur schmelzen, in Mischung eine starke Depression und eine erhebliche Unschärfe des Schmelzpunktes ergeben. Mischproben dieser Art werden bei der Charakterisierung von Substanzen häufig vorkommen. Noch eindrucksvoller als die Beobachtungen im Schmelzpunktsröhrchen sind solche unter dem Mikroskop nach L. KOFLER.

b) Chromatographische Mischprobe. Die Identität zweier Substanzen kann auch mit Hilfe chromatographischer Methoden geprüft werden. Dazu werden etwa gleiche Mengen der bekannten und der zu identifizierenden Substanz gelöst und in geeigneter Weise (S. 60 ff.) chromatographiert. Erhält man im Mischchromatogramm nur eine Zone oder einen Fleck auch beim Wechseln des Lösungsmittels oder des Adsorptionsmittels, so sind die Stoffe mit hoher Wahrscheinlichkeit identisch. Denselben Schluß kann man aus einer dünnschicht- oder papierchromatographischen Untersuchung bei identischer Wanderungsgeschwindigkeit, also gleichen R_f-Werten, ziehen. Die Identifizierung durch das Mischchromatogramm hat besondere Bedeutung für solche Substanzen, die sich zersetzen, ohne zu schmelzen.

c) Spektroskopischer Vergleich. Eine Identifizierung kann auch durch Vergleich von Absorptionsspektren erfolgen. Hierfür kommen UV-Spektren in Betracht, besser noch IR-Spektren und neuerdings Spektren der kernmagnetischen Resonanz.

3. Analyse. Nur in seltenen Fällen wird eine feste Substanz durch Schmelzpunkt, Mischprobe, spektroskopischen Vergleich und durch Überführung in Derivate nicht einwandfrei identifiziert werden können. In diesem Fall müssen entweder eine oder mehrere charakteristische Gruppen (z. B. $-COOH$, $-NH_2$, $-OH$, $-OCH_3$, Doppelbindung u. a.) quantitativ bestimmt oder die Substanz muß der Elementaranalyse[1] unterworfen werden[2]. Eventuell muß auch das Molekulargewicht bestimmt werden. Dazu kann bei schwerflüchtigen Substanzen, die in schmelzendem Campher (Schmp 178,5°C) löslich sind und sich dabei nicht zersetzen, die Methode von RAST[3] benützt werden; PIRSCH[4] hat Substanzen mit wesentlich niedrigerem Schmelzpunkt und hoher molarer Schmelzpunktsdepression angegeben. Vor allem für höhermolekulare Verbindungen sind Molekulargewichtsbestimmungen mit Hilfe eines Dampfdruckosmometers möglich. Dabei ist es wichtig, daß die Substanz vorher sorgfältig bis zur Gewichtskonstanz getrocknet wird, z. B. im Exsiccator über konz. Schwefelsäure oder Phosphorpentoxid oder durch Erwärmen im Vakuum oder Hochvakuum.

---

[1] PREGL, F., u. H. ROTH: Quantitative organische Mikroanalyse. 7. Aufl. Wien: Springer 1958, im folgenden mit „PREGL-ROTH" zitiert. — HOUBEN-WEYL-MÜLLER, Bd. II, 1953.

[2] Es hat sich im Organisch-chemischen Institut der Univ. Mainz als zweckmäßig erwiesen, quantitative Einzelbestimmungen in Verbindung mit der organischen qualitativen Analyse ausführen zu lassen.

[3] Vgl. RAST, K.: Ber. Deut. Chem. Ges. **55**, 1051, 3727 (1922).

[4] PIRSCH, J.: Ber. Deut. Chem. Ges. **70**, 12 (1937).

b) Flüssige Substanzen

1. Prüfung auf Einheitlichkeit. Bei Flüssigkeiten ist es häufig schwierig, festzustellen, ob ein einheitlicher Stoff vorliegt oder ein Gemisch von verschiedenen Flüssigkeiten mit gleichem Siedepunkt oder endlich ein konstant siedendes Flüssigkeitsgemisch. Zur Orientierung darüber, ob eine einheitliche Flüssigkeit oder ein Gemisch vorliegt, kann manchmal der Geruch dienen: man bringt einige Tropfen auf ein Uhrglas, läßt sie verdunsten und beobachtet, ob der Geruch sich ändert.

Bei der Destillation ist darauf zu achten, ob im Destillat Schlierenbildung eintritt. In diesem Fall haben die später überdestillierenden Anteile einen anderen Brechungsindex als die zuerst überdestillierenden; man bestimmt dann die Refraktion und die Dichte verschiedener Fraktionen.

2. Identifizierung von Flüssigkeiten. Durch Bestimmung des Siedepunktes können Flüssigkeiten nicht so sicher identifiziert werden wie ein fester Stoff durch Bestimmung des Schmelzpunktes und durch die Mischprobe. Trotzdem ist die Siedepunktsbestimmung möglichst genau durchzuführen, unter Berücksichtigung der Fadenkorrektur des Thermometers. Zur Bestimmung des Siedepunktes unter Atmosphärendruck können verschiedene Apparate[1] dienen. Höher siedende Flüssigkeiten muß man, um Zersetzung zu vermeiden, aus einem Claisen-Kolben im Vakuum destillieren. An Hand der Kenntnis des Siedepunktes geben die Kempf-Kutterschen Tabellen oder andere Tabellenwerke vielfach Anhaltspunkte dafür, welche Verbindung vorliegen kann.

Zur sicheren Identifizierung flüssiger Stoffe wird man in allen Fällen versuchen, diese durch einfache und übersichtliche Umsetzungen in feste Stoffe überzuführen. Diese können dann durch den Schmelzpunkt charakterisiert und durch Mischproben einwandfrei identifiziert werden. Gelingt diese Überführung in feste Stoffe nicht, so muß zur Identifizierung *das spezifische Gewicht und die Refraktion,* evtl. die Lichtabsorption (UV und IR) bestimmt werden. Neben UV- und IR-Spektren kommen auch die Spektren der kernmagnetischen Resonanz in Betracht. Zur Ausführung solcher Unter-

---

[1] KEMPF-KUTTER, S. 48; Deutsches Arzneibuch 6, S. XLIII, 1926; ferner WEYGAND-HILGETAG, S. 1062. — HOUBEN-WEYL-MÜLLER, Bd. II, S. 783, 1953.

suchungen sei auf die Literatur verwiesen[1]. Die Vergleichszahlen findet man in LANDOLT-BÖRNSTEIN[2].

3. Analyse. Gelingt die Identifizierung auf keinem der angegebenen Wege, so muß auch hier wieder zur Elementaranalyse[3] geschritten werden. Bei flüssigen Substanzen ist aber die Herstellung einer reinen einheitlichen Substanz viel schwieriger als bei kristallisierten Stoffen. Es müssen 3—5 ml einer Flüssigkeit vorliegen, wenn man daraus durch Destillation eine reine Substanz herstellen will; bei festen Stoffen genügt schon etwa 0,01 g eines einigermaßen reinen Produktes, um daraus durch Umkristallisieren die zur Mikroanalyse nötige Menge zu erhalten.

Zur Reinigung von Flüssigkeiten durch Destillation benützt man kleine Widmer-Apparate und fängt bei der ersten Destillation etwa ein Viertel der Menge als Vorlauf, ein Viertel als Nachlauf und die Hälfte als Hauptfraktion auf. Zur zweiten Fraktionierung wird nur die Hauptfraktion verwandt, und daraus wird wieder eine mittlere Fraktion von etwa $^1/_2$ g gewonnen. Hier seien besonders die Semimikro- und Mikromethoden empfohlen (S. 46, Anm. 1 u. 2).

Nötigenfalls muß auch eine Molekulargewichtsbestimmung ausgeführt werden. Diese kann bei höher siedenden, beständigen Flüssigkeiten wieder nach der Rastschen Methode[4] mittels eines Dampfdruckosmometers oder nach vergleichbaren Methoden vorgenommen werden.

5. Analysengang

Die Analyse eines Gemisches organischer Stoffe beginnt mit einer *Vorprüfung*, die eine *allgemeine Orientierung* über die Zusammensetzung liefern soll, hauptsächlich über Flüchtigkeit, Löslichkeit und die vorkommenden Elemente. Enthält das Gemisch nach der Vorprüfung Stickstoff, so muß bei der Hauptprüfung die stickstoffhaltige Substanz aufgefunden werden. Umgekehrt braucht bei Abwesenheit von Stickstoff nicht auf Amine und andere N-Verbindungen geprüft zu werden.

---

[1] KORTÜM, G.: Kolorimetrie. Photometrie und Spektrometrie, 4. Aufl. Berlin-Göttingen-Heidelberg: Springer 1962; BELLAMY, L. J.: Ultrarot-Spektrum und chemische Konstitution. 2. Aufl. Darmstadt: Steinkopff 1966; BIBLE, R. H.: Interpretation of NMR spectra. An empirical approach. New York: Plenum Press 1965; SUHR, H.: Anwendungen der kernmagnetischen Resonanz in der organischen Chemie. Berlin-Heidelberg-New York: Springer 1965.

[2] LANDOLT-BÖRNSTEIN, Bd. I/2 u. 3, 1951.   [3] Vgl. Anm. 1, S. 76.

[4] HOUBEN, J.: J. Prakt. Chem. [2] **105**, 27 (1922—23).

Die *Hauptprüfung* hat die Aufgabe, *das Gemisch in die einzelnen Bestandteile zu zerlegen*, diese rein darzustellen, zu identifizieren und die Mengen festzustellen, in denen die einzelnen Substanzen im Gemisch vorliegen.

Die Trennung wird so ausgeführt, daß zuerst durch Destillation in *leichtflüchtige Substanzen* (nur Flüssigkeiten), Siedepunkt bis 160° C (L.F.), und *schwerflüchtige Substanzen* (Flüssigkeiten und feste Stoffe), Siedepunkt über 160° C (S.F.), zerlegt wird.

Alsdann erfolgt eine Trennung beider Teile in die *Hauptgruppen* auf Grund von Löslichkeitsunterschieden in *Äther* und in *Wasser* (vgl. Trenntab. 1, S. 84). Schließlich wird jede Hauptgruppe auf Grund der chemischen Unterschiede der einzelnen Substanzen in die *Untergruppen* (Säuren, Phenole, Amine und neutrale Stoffe) zerlegt.

Die Trennungsmöglichkeiten von Stoffen einer Hauptgruppe sind am Schluß jeder Gruppe angeführt. Dabei ist es zweckmäßig, den vorgeschlagenen Analysengang einzuhalten; dieser ist so angelegt, daß man zuerst empfindlichere Stoffe entfernt, die bei einer der nachfolgenden Operationen verändert werden können. So müssen z. B. Aldehyde abgetrennt werden, bevor man Ester verseift.

Geeignete Trennungsgänge innerhalb der einzelnen Hauptgruppen sind in Trenntabellen[1] zusammengefaßt (vgl. die Trenntab. 2—8 am Ende des Buches). In diesen ist jeweils für die Abtrennung einer bestimmten Klasse von Verbindungen, z. B. der Ketone, nur ein Weg angegeben, ohne Rücksicht darauf, ob er in den verschiedenen speziellen Fällen der beste und bequemste ist. Es sind jedoch jeder angegebenen Operation einige Seitenzahlen in Klammern beigefügt, die eine rasche Orientierung ermöglichen, wie die Operation selbst auszuführen ist und welche weiteren Trennungsmöglichkeiten in Frage kommen.

In den Tabellen ist ein möglichst allgemein anwendbarer Trennungsgang angegeben. Trotzdem kann eine solche Tabelle nicht auf so strenge Gültigkeit Anspruch erheben wie analoge Tabellen für die Trennung von anorganischen Stoffen. Häufig müssen Abänderungen vorgenommen werden, auf die in Anmerkungen soweit wie möglich aufmerksam gemacht wird.

In vielen Fällen wird es bequemer sein, an Stelle der angegebenen chemischen Trennung physikalische Trennungsmethoden anzuwenden. Dies wird man stets versuchen, bevor man langwierig verlaufende chemische Reaktionen mit dem Substanzgemisch aus-

---

[1] Als Schema für den Analysengang kann das Inhaltsverzeichnis dienen.

führt. Ist die Trennung auf physikalischem Wege nicht möglich, so muß auf alle Fälle die Trennung auf dem in den Tabellen vorgeschlagenen chemischen Wege versucht werden. Wo es angängig ist, wird man dabei die zur Trennung notwendige Operation nicht mit der ganzen angewandten Stoffmenge durchführen, sondern erst mit einer kleinen Probe als Voranalyse.

Bei Benutzung der Trenntabellen sind in jedem Falle der zugehörige beschreibende Text und die Anmerkungen zu beachten. Ferner sind die Handbücher, wie MEYER, WEYGAND-HILGETAG, BAUER-MOLL, 5. Aufl., VOGEL und HOUBEN-WEYL-MÜLLER zu Rate zu ziehen, um sich einen genauen Einblick in das betreffende Verfahren und die dabei möglicherweise auftretenden Komplikationen zu verschaffen.

Die Trennung in die Hauptgruppen durch Destillation und durch Unterschiede in der Löslichkeit wird schematisch in der Trenntab. 1 (S. 84) wiedergegeben.

Vorprüfung

Das vorliegende Gemisch organischer Substanzen oder auch ein einzelner Stoff wird nach folgenden Gesichtspunkten untersucht:

1. Beschreibung der physikalischen Eigenschaften

Fest, flüssig, Farbe, Geruch des Gemisches. Die *Gesamtmenge der Substanz* wird gewogen, damit später der Anteil der einzelnen Bestandteile in dem Gemisch angegeben werden kann.

2. Prüfung auf Flüchtigkeit und Zersetzlichkeit

a) Eine kleine Probe, etwa 0,1 g, wird in einem kleinen Röhrchen stark erhitzt; die entweichenden Dämpfe werden überhitzt, und es wird beobachtet, ob dabei Verpuffen oder Explosion eintritt. Im letzteren Fall, z. B. bei Gegenwart von Polynitroverbindungen, muß beim Erhitzen größerer Mengen sehr vorsichtig verfahren werden. Ist keine Explosionsgefahr vorhanden, so werden noch folgende Proben ausgeführt:

b) Beim Vorliegen von festen Stoffen werden etwa 0,2 g im Reagenzrohr vorsichtig erhitzt. Man stelle fest, ob die Substanz ohne Zersetzung verflüchtigt werden kann oder ob starke Zersetzung eintritt (hochmolekulare Verbindungen oder Stoffe mit anorganischem Verhalten); man beobachte weiter, ob beim höheren Erhitzen Umsetzungen oder Zersetzungen (Gasentwicklung) eintreten.

c) Bei Flüssigkeiten werden etwa 1—2 ml im Reagenzglas vorsichtig zum Sieden erhitzt, wobei man ein Thermometer in etwa 2 cm Abstand über der Flüssigkeitsoberfläche mitten in den Dampf bringt. Man kann so ungefähr die untere Siedegrenze bestimmen und feststellen, ob leichtflüchtige Anteile vorhanden sind; dies ist für die spätere Aufarbeitung wichtig, da solche Stoffe beim Analysengang zuerst abgetrennt werden müssen. Im Zweifelsfalle führt man mit etwa 10 ml der Flüssigkeit in einer kleinen Schliffapparatur eine sorgfältige Destillation aus und beobachtet, ob unter 160° C übergehende Anteile vorhanden sind.

3. Prüfung auf Elemente[1]

Es ist zu empfehlen, daß schon bei der Vorprüfung festgestellt wird, welche Elemente außer Kohlenstoff, Wasserstoff, Sauerstoff, auf die nicht geprüft wird, noch in der Analysensubstanz vorkommen, weil diese Kenntnis dazu beitragen kann, Aufklärung über den einzuschlagenden Trennungsgang in der Hauptprüfung zu geben[2].

Dabei ist es nur notwendig, auf Stickstoff, Schwefel und die Halogene, ferner von den Metallen[3] im wesentlichen auf Kalium Natrium, Calcium und Barium zu prüfen. Organische Verbindungen mit anderen Elementen, so z. B. mit Phosphor, Arsen, werden in dem Analysengang nicht berücksichtigt, ebenso auch nicht metallorganische Verbindungen. Neben Ammoniak können natürlich auch organische Amine als Kationen vorhanden sein. Als Anionen kommen außer den organischen auch einfache anorganische Säureanionen in Betracht.

a) Prüfung auf Stickstoff. Durch Erhitzen und Glühen einer kleinen Probe mit Kalium oder Natrium im Glührohr (Vorsicht! Gewisse Derivate der Salpetersäure, ferner einige einfache Halogenverbindungen *können* beim Erhitzen mit Kalium, weniger leicht

---

[1] Houben-Weyl-Müller, Bd. II, 1953.

[2] Wird z. B. kein Stickstoff gefunden, so ist die spätere Prüfung auf Amine und Ammoniumbasen unnötig. Oxonium-, Sulfonium-, Phosphonium- oder Jodoniumbasen werden zweckmäßigerweise den Analysen nicht beigemengt.

[3] Die Prüfung und Untersuchung der meisten Schwermetalle bietet keine Schwierigkeit außer bei flüchtigen Elementen, z. B. Quecksilber; solche Fälle werden hier nicht behandelt. Vergleiche Meyer, S. 210 ff.

mit Natrium, detonieren[1]. Man nehme zu dieser Probe[2] möglichst kleine Mengen gut durchgemischter Analysensubstanz). Das Röhrchen wird noch heiß in ein Reagenzglas mit 3—4 ml Wasser eingeworfen und so zertrümmert. Nach dem Filtrieren wird zu der alkalischen Lösung ein Körnchen Eisen(II)-sulfat zugesetzt, aufgekocht und mit einigen Tropfen Salzsäure sauer gemacht (Eisen-(III)-chlorid-Zusatz ist dabei nicht nötig). Bei Anwesenheit von Stickstoff tritt Blaufärbung und schließlich Ausscheidung von Flocken von Berlinerblau ein; bei geringem Stickstoffgehalt scheiden sich die Flocken erst nach längerem Stehen ab.

b) Prüfung auf Schwefel; sie kann gleichzeitig mit der Prüfung auf Stickstoff vorgenommen werden. Eine Probe der schwach alkalischen Lösung wird mit Nitroprussidnatrium versetzt und so in sehr empfindlicher Weise auf Schwefelwasserstoff geprüft. Beim positiven Ausfall der Reaktion stellt man weiter durch Zusatz von Bleiacetat fest, ob viel Schwefel in der Substanz enthalten ist.

c) Prüfung auf Halogen; sie wird durch die Beilsteinsche Probe mit einem ausgeglühten Kupferdraht mit kleiner Öse ausgeführt, an der nötigenfalls etwas Kupferoxidpulver durch Erhitzen angebracht wird. Bei Anwesenheit von Chlor beobachtet man Grünfärbung, bei Anwesenheit von Brom oder Jod Blaugrünfärbung einer entleuchteten Flamme durch flüchtige Kupferhalogenidverbindungen. Die Probe ist so empfindlich, daß auch Verunreinigungen schon die Färbungen hervorrufen.

Bei positivem Ausfall der Beilsteinschen Probe führt man zur Orientierung über die Menge und Art des Halogens folgende Proben aus: Man erhitzt und glüht wie unter 3a mit Kalium bzw. Natrium und prüft nach dem Ansäuern mit Salpetersäure — nach Wegkochen des Schwefelwasserstoffs und der Blausäure, falls Schwefel oder Stickstoff anwesend sind — auf Halogenionen mit Silbernitrat. Bei positivem Ausfall prüft man auf Brom und Jod mit Chlorwasser und Schwefelkohlenstoff oder Chloroform.

Bei Gegenwart von Stickstoff kann man auf Halogen auch durch Erhitzen einer Probe in einem langen, engen Reagenzrohr (100:6 mm) mit halogenfreiem Calciumoxid prüfen (Vorsicht bei Polynitroverbindungen). Nach dem Lösen in Salpetersäure wird mit Silbernitrat versetzt.

---

[1] Vgl. STAUDINGER, H.: Z. Elektrochem. **31**, 549 (1925).
[2] Man beachte den vorhergehenden Abschnitt 2.a auf S. 80.

d) Prüfung auf Metalle (Alkalisalze und Erdalkalisalze). Man verascht eine kleine Probe auf einem Platin- oder Nickelspatel und identifiziert das Metallion wie in der anorganischen Analyse.

4. Prüfung auf Löslichkeit

Wesentlich ist hier nur eine orientierende Feststellung der Löslichkeit in Äther und in Wasser. Eine genaue Prüfung hat nach der Trennung in leicht- und schwerflüchtige Anteile zu erfolgen; denn auch bei schwerflüchtigen Stoffen wird die Löslichkeit in Äther und Wasser durch die Anwesenheit leichtflüchtiger Anteile (von Lösungsmitteln wie Äthanol) stark beeinflußt.

Eine kleine Menge der Susbtanz, etwa 0,3—0,5 g, wird mit einigen Millilitern Äther, ebenso mit Wasser behandelt, evtl. schwach erwärmt und geprüft, ob dieselbe ganz oder teilweise in Lösung geht. Löst sich nicht alles, so wird abgetrennt und die Lösung auf einem Uhrglas abgedunstet oder eingedampft, um zu sehen, wieviel gelöst wurde. Flüssigkeiten werden mit Äther und mit Wasser ausgeschüttelt.

Hauptprüfung

Die nach der Vorprüfung übrigbleibende Hauptmenge der Substanz wird in mehrere Teile geteilt. Etwa ein Viertel der Menge wird zu einer orientierenden Analyse benützt; dabei sammelt man Erfahrungen, welchen Weg man bei der eigentlichen Trennung am besten einzuschlagen hat, ohne große Verluste zu erleiden. Man beachte insbesondere, ob Schwierigkeiten bei einer bestimmten Trennungsmethode auftreten, und suche, diese durch Variation des Trennungsverfahrens zu vermeiden. Diese ,,*Voranalyse*" ist deshalb besonders wichtig, weil man durch sie evtl. Zersetzungen des Materials beim Analysengang kennenlernt, z. B. Autoxydation mehrwertiger Phenole in alkalischer Lösung, hydrolytische Spaltung von Estern u. a.

Besonders wichtig ist die Voranalyse, wenn Gemische vorliegen, die mehrere Stoffe aus einer Hauptgruppe enthalten; denn dann muß durch die Voranalyse entschieden werden, welche Trennungsoperationen auszuführen sind, bevor man in der Hauptanalyse zur quantitativen Trennung schreitet. Sollte die Voranalyse kein klares Bild über den Gang der Trennung geben, so wird sie mit einem zweiten Viertel der Substanz erneut durchgeführt.

6*

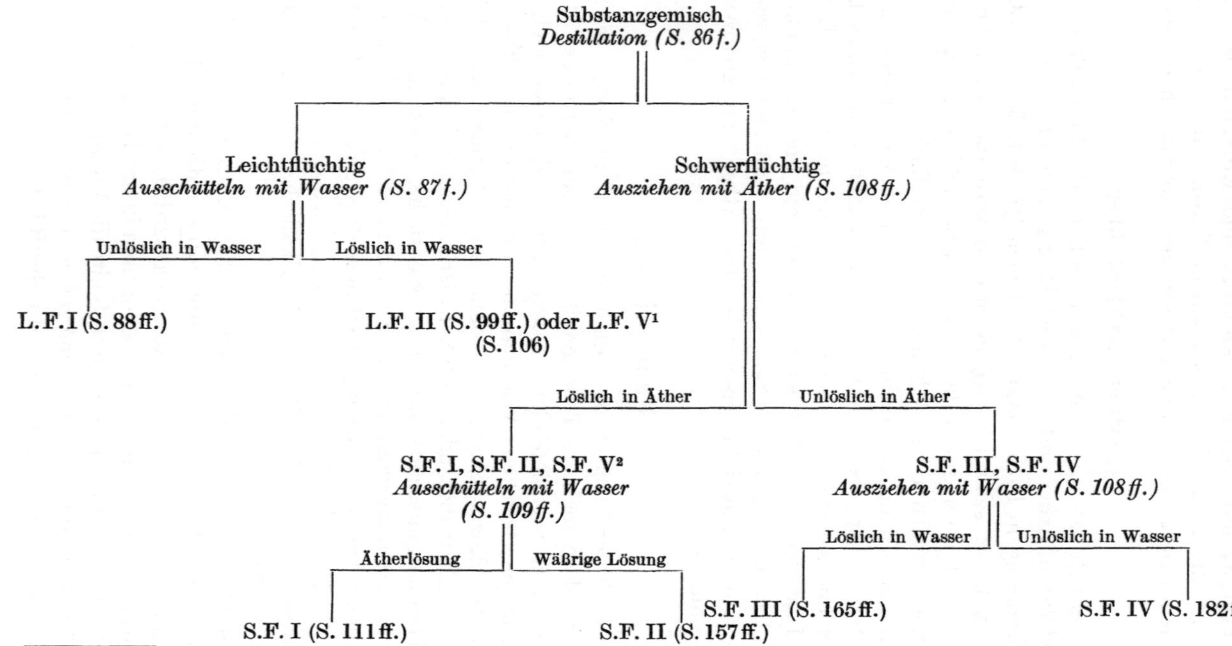

¹ In Wasser tritt Zersetzung ein.
² S.F. V ist von S.F. I nur mit Hilfe von Spezialmethoden trennbar (S. 110, 189).

Es empfiehlt sich, schon bei der Voranalyse die einzelnen Bestandteile zu identifizieren, da ihre genaue Kenntnis die *Hauptanalyse*
oft wesentlich vereinfacht. Diese wird mit der Hälfte der übrigbleibenden Menge, also mit etwa einem Drittel oder Viertel der
Substanz, vorgenommen. Dabei versucht man, die Bestandteile
möglichst quantitativ zu trennen. Man kontrolliere die richtige
Ausführung der Analyse dadurch, daß die Summe der abgetrennten
Substanzmengen gleich der Gesamtmenge des in Arbeit genommenen Gemisches sein muß. Quantitative Trennungen sind meist
schwer durchführbar. Größere Gewichtsdifferenzen können jedoch
darauf hinweisen, daß ein Bestandteil des Gemisches übersehen
worden ist. Das Gewicht der isolierten Stoffe ist zunächst im rohen
Zustand, dann nach dem Umkristallisieren bzw. nach der Destillation zu bestimmen. Dabei sind beim Umkristallisieren die Mutterlaugen aufzuarbeiten, um zu erkennen, ob ein einheitlicher Stoff
vorliegt. Die endgültigen Gewichtsangaben sollen sich nur auf Substanzen beziehen, die man durch Bestimmung von Schmelzpunkt,
Dichte, Refraktion usw. auf Reinheit geprüft und die man identifiziert hat (vgl. S. 73ff.). Da von jedem Stoff mindestens 5 g
vorliegen sollen, so kann man wohl erkennen, ob ein Bestandteil
übersehen wurde oder verlorengegangen ist[1].

L.F. Leichtflüchtige Verbindungen
(organische Lösungsmittel)

Siedepunkt bis 160° C (bei Atmosphärendruck)

Unter leichtflüchtigen Substanzen werden hier organische Verbindungen verstanden, die bei Atmosphärendruck unter 160° C sieden. Diese Temperatur wird deshalb gewählt, weil die bis zu dieser
Temperatur siedenden Substanzen unter Verwendung des Vakuums
einer Wasserstrahlpumpe (etwa 12 mm Hg) aus einem Gemisch
entfernt werden können, ohne daß dieses über 100° C erwärmt zu
werden braucht.

Ein Grund für das Abdestillieren der leichtflüchtigen Bestandteile ist vor allem, daß sich viele tiefsiedende Flüssigkeiten von
Äther nicht oder nur mit Verlust abtrennen lassen; die weitere

---

[1] Bei Abgabe eines Analysenresultates ist nicht der Prozentgehalt an
einzelnen Substanzen zu berechnen; es ist vielmehr anzugeben, in welchen
Gewichtsmengen sie in dem ursprünglichen Gemisch enthalten waren.

Trennung beruht aber darauf, daß die schwerflüchtigen Anteile nach ihrer Löslichkeit in Äther und in Wasser in die verschiedenen Hauptgruppen zerlegt werden. Dagegen wird für die Trennung der leichtflüchtigen Anteile Äther als Lösungsmittel meist nicht benötigt. Fast alle leichtflüchtigen Substanzen sind flüssig und haben einen charakteristischen Geruch.

Trennung der leichtflüchtigen von den schwerflüchtigen Verbindungen

Bei der *Voranalyse* destilliert man zuerst diejenigen leichtflüchtigen Anteile ab, die unter Erwärmen auf dem Wasserbad abgetrieben werden können. Höher siedende Anteile (bis $\sim$ 160° C) trennt man dann im Vakuum der Wasserstrahlpumpe ab, wobei die Vorlagen gewechselt werden müssen, damit tiefsiedende Bestandteile nicht verlorengehen. Bei der Vakuumdestillation müssen die Vorlagen mit Kältemischung gekühlt werden. Dabei mache man sich zur Regel, daß die Dämpfe der im Vakuum destillierenden Stoffe mindestens 150° C unterhalb ihres Siedepunktes bei gewöhnlichem Druck kondensiert werden müssen, da der Siedepunkt bei 12 Torr um etwa 100° C gegenüber Normaldruck erniedrigt wird. Äthanol ist also z. B. in einer mit Methylenchlorid- oder Aceton-Trockeneis gekühlten Spiralvorlage oder Stockschen Vorlage aufzufangen. Man erhitzt den Claisen-Kolben bei der Vakuumdestillation allmählich im Wasserbad bis auf etwa 80—90° C; die übergehenden Dämpfe dürfen bei etwa 12 Torr eine Temperatur bis höchstens 70° C besitzen. Die so abgetrennten leichtflüchtigen Teile werden unter Atmosphärendruck fraktioniert destilliert (Substanzen, die sich bei einer solchen Destillation zersetzen, werden im vorliegenden Analysengang nicht berücksichtigt). Diese Trennung ist natürlich nicht scharf; destilliert man die tiefsiedenden Anteile ab, so werden auch höher siedende Substanzen mit übergehen, die bei der nachträglichen Fraktionierung unter Normaldruck getrennt werden müssen. Es ist zweckmäßig, bei der angegebenen Temperatur möglichst vollständig abzudestillieren, damit nicht leichtflüchtige Anteile bei den schwerflüchtigen bleiben und verlorengehen können. Es ist zu beachten, daß der Siedepunkt von Stoffen in Mischungen verändert werden kann und evtl. erst nach mehrmaligem Fraktionieren richtig beobachtet wird.

Die abdestillierte Flüssigkeit prüft man auf Elemente, ferner ob sie mit Wasser mischbar bzw. in Wasser leicht löslich (L.F. II) oder ob sie schwer oder praktisch unlöslich (L.F. I) ist. Man achte darauf, ob beim Durchschütteln mit der gleichen Menge Wasser eine Erwärmung[1] erfolgt; dann handelt es sich um Substanzen, die durch Wasser zersetzt werden (L.F. V).

Bei der *Hauptanalyse* wird in der gleichen Weise verfahren: die unter 160° C siedenden Anteile werden gewogen, die über 160° C siedenden zu dem schwerflüchtigen Rückstand gegeben.

Liegt ein Gemisch von leichtflüchtigen Substanzen vor, so gelingt die Zerlegung in manchen Fällen durch fraktionierte Destillation. Eine exakte Trennung durch mehrmalige fraktionierte Destillation ist nur in der Hauptanalyse durchzuführen, da sie bei den kleinen Substanzmengen der Voranalyse oft nicht einwandfrei durchführbar ist. Jede der Fraktionen wird dann gesondert untersucht.

Trennung der leichtflüchtigen Verbindungen in die Hauptgruppen L.F. I und L.F. II

Bei der *Voranalyse* prüfe man, ob neben wasserunlöslichen auch wasserlösliche bzw. mit Wasser in jedem Verhältnis mischbare Substanzen vorliegen. Dazu schüttle man in einem engen Reagenzglas etwa 2 ml mit der gleichen Menge Wasser und beobachte, ob sich das Volumen der organischen Flüssigkeit stark vermindert. Dabei beachte man, daß eine ganze Reihe von Substanzen der Gruppe L.F. I, z. B. Äther, Ester, Acetale, Paraldehyd und hauptsächlich die höheren Alkohole und Ketone, in Wasser beträchtlich löslich sind.

Ferner ist zu beachten, daß die Löslichkeit eines in Wasser schwer löslichen Stoffes, wie die von Äther und Essigester, durch in Wasser leicht lösliche Stoffe, z. B. durch Äthanol oder Aceton, erhöht werden kann. Bei der *Hauptanalyse* kann man dann, um vollständige Trennung zu erreichen, mit konz. Kochsalzlösung ausschütteln. Der wasserunlösliche Teil (L.F. I) wird nach dem Trocknen gewogen und destilliert. Die wäßrige Lösung wird nach L.F. II untersucht.

---

[1] Niedere Alkohole, Aldehyde und Ketone mischen sich mit Wasser unter schwacher Erwärmung; diese Erwärmung infolge Hydratbildung darf nicht mit der Reaktionswärme zersetzlicher Substanzen verwechselt werden.

Liegen *Säuren oder Amine neben in Wasser schwer löslichen Anteilen vor*, so läßt sich deren Abtrennung durch Ausschütteln mit Sodalösung bzw. mit verd. Salzsäure noch leichter als durch Wasser erreichen.

Trennungen der Gruppe L.F. V von Verbindungen der Gruppe L.F. I

Um die Anwesenheit von Verbindungen der Gruppe L.F. V (Säurechloride, Säureanhydride) zu erkennen, prüft man, ob bei Zusatz von Wasser Zersetzung unter Erwärmung eintritt und ob mit Anilin heftige Umsetzung erfolgt. Die Verbindungen dieser Gruppe können natürlich nicht mit solchen Stoffen vermischt sein, die mit ihnen reagieren (Alkohole, primäre oder sekundäre Amine[1] u. a.), sondern nur mit indifferenten Stoffen. Die Abtrennung ist in den meisten Fällen, sollte sie nicht durch Destillation gelingen, dadurch leicht möglich, daß man die Verbindungen der Gruppe L.F. V durch Zersetzen mit Wasser in solche überführt, die in Wasser leicht löslich sind und so abgetrennt werden können. Eventuell kann man auch mit Anilin charakteristische Reaktionsprodukte herstellen, die schwer löslich und schwer flüchtig sind.

L.F. I. In Äther lösliche, in Wasser schwer lösliche Verbindungen

A. Säuren. Carbonsäuren sind hier nicht vorhanden. S-haltig: Mercaptane; schwache Säuren, in Natronlauge löslich. Zur Charakterisierung eignen sich p-Nitrobenzoylderivate nach der Schotten-Baumannschen Reaktion oder 2.4-Dinitrophenylthioäther nach Umsetzung der Mercaptide mit 2.4-Dinitrochlorbenzol[2].

B. Phenole sind hier wegen ihres hohen Siedepunktes nicht vorhanden.

C. Amine sind hier nicht vorhanden.

Alle leichtflüchtigen Säuren und Basen sind wasserlöslich; alle Phenole sind schwer flüchtig.

D. Neutralstoffe. Ester, höhere Ketone, Äther, Acetale, höhere Alkohole, Kohlenwasserstoffe usw.

---

[1] Essigsäureanhydrid kann neben Essigsäure und tertiären Aminen (Pyridin) anwesend sein.

[2] Vgl. zur Identifizierung isolierter Verbindungen, 14a), Thiole (Mercaptan und Thiophenole), S. 224.

Die Substanz wird auf Einheitlichkeit geprüft (vgl. S. 73). Dies läßt sich häufig nicht mit Sicherheit an kleinen Proben feststellen; man führe dann und bei Vorliegen von mehreren Stoffen den Analysengang, Trenntab. 2, S. 98, durch.

D. Neutralstoffe

a) Enthalten nur Kohlenstoff, Wasserstoff, evtl. Sauerstoff

1. Aliphatische Ester[1] (zur Identifizierung: S. 203). Die Substanz wird durch Erhitzen mit Kalilauge verseift und dadurch wasserlöslich. Die Verseifung darf wegen des Nachweises der alkoholischen Komponente nicht in alkoholischer Lösung vorgenommen werden; es wird mit etwa der fünffachen Menge 20%iger wäßriger Kalilauge (alkoholfrei, also nicht „Alkohol depuratum") $^{1}/_{2}$ Std unter Rückfluß erhitzt. Nachdem völlige Lösung eingetreten ist (evtl. nach Zusatz von Wasser), werden etwa zwei Drittel bis drei Viertel der zur Neutralisation notwendigen Menge verdünnter Schwefelsäure zugegeben; es wird aber keineswegs vollständig neutralisiert oder gar sauer gemacht. Dann werden einige Milliliter der alkalischen Lösung abdestilliert und so die niederen Alkohole übergetrieben. Höhere Alkohole (in Wasser schwer löslich) lassen sich aus der alkalischen Lösung durch Ausäthern gewinnen. Zur Identifizierung werden diese mit p-Nitrobenzoylchlorid (S. 196) oder Phenylisocyanat[2] (vgl. S. 197) umgesetzt und danach charakterisiert.

Zur Isolierung der Säuren wird nach Entfernung der Alkohole die wäßrige Lösung mit 2n Schwefelsäure angesäuert und im Extraktionsapparat von KUTSCHER-STEUDEL[3] mit Äther extrahiert. Durch vorsichtiges Abdestillieren des Äthers können die Säuren oder nach S. 99 ihre Natriumsalze gewonnen werden; die Säuren werden entsprechend S. 211 charakterisiert. FINK[4] trennt die Methylester der Säuren durch Überführung in die Hydroxamsäuren papierchromatographisch (Anfärbung mit $FeCl_3$).

---

[1] Zur Identifizierung der Säuren von Estern ist ihre Umsetzung mit Hydrazin zu den Säurehydraziden gut geeignet. Vgl. P. P. T. SAH: Rec. Trav. chim. Pays-Bas **59**, 1036 (1940).

[2] Die Alkohole müssen zur Überführung in Phenylurethane sorgfältig mit Kaliumcarbonat getrocknet werden.

[3] Vgl. KUTSCHER, FR., u. STEUDEL, H.: Hoppe-Seylers Z. physiol. Chem. **39**, 473 (1903). — Ferner KEIL, R.: Laboratoriumstechnik der organischen Chemie, S. 467. Berlin: Akademie-Verlag 1961.

[4] FINK, K., and R. M. FINK: Proc. Soc. Exptl. Biol. Med. **70**, 654 (1949).

2. Aliphatische Acetale und Paraldehyd, höhermolekulare Ketone (von C_4—C_6). Die ersten werden von verdünnter Kalilauge nicht angegriffen, beim Erwärmen mit verdünnter Salzsäure aber sehr leicht gespalten und in wasserlösliche Produkte verwandelt. Methylal und Acetal werden durch Erwärmen mit einer wäßrigen Lösung von p-Nitrophenylhydrazinhydrochlorid rasch, Paraldehyd wird langsamer in die entsprechenden p-Nitrophenylhydrazone übergeführt. Der Nachweis der abgespaltenen Alkohole erfolgt durch Abdestillieren, nachdem die Aldehyde als Nitrophenyl-hydrazone abgetrennt wurden; Charakterisierung nach S. 206f.

Ketone werden durch kurzes Erwärmen mit verdünnter Salz-säure nicht verändert; Charakterisierung als Nitrophenylhydrazone oder Semicarbazone[1]. Methylketone(C_3—C_{18}) lassen sich als 2.4-Dinitrophenylhydrazone durch chromatographische Verteilung trennen[2] (Nitromethan an Silicagel, Petroläther). Leichtflüchtige Ketone sind als 2.4-Dinitrophenylhydrazone papier-, dünnschicht- und gaschromatographisch zu trennen (s. Anm. 3, S. 207).

Hierher gehören auch aliphatische α-Diketone: Geruch; Farbe; sehr reaktionsfähig.

3. Aliphatische Äther (Identifizierung, S. 204). Die Flüssigkeit wird von verdünnten Alkalien und von verdünnten Säuren nicht angegriffen, in konz. Salzsäure dagegen gelöst (Oxoniumsalze[3]; Unterschied zu Kohlenwasserstoffen) und auf Zusatz von Wasser wieder ausgeschieden. Sie reagiert nach dem Trocknen mit wasser-freiem Natriumsulfat nicht mit Natrium (Unterschied zu Alko-holen). Die Identifizierung durch Überführen in feste Derivate ist schwierig. Physikalische Charakterisierung durch Refraktion und Dichte nach dem Trocknen mit Natrium. Äther können gas-chromatographisch getrennt und identifiziert werden[4].

4. Höhermolekulare aliphatische Alkohole (Identifizierung: S. 195) Butyl-, Amylalkohole. Charakteristischer Geruch; sie rea-gieren nicht mit verdünnten Alkalien oder Säuren (Unterschied zu Estern und Acetalen); dagegen wirkt metallisches Natrium nach gutem Trocknen mit wasserfreiem Natriumsulfat bei primären Alkoholen stürmisch ein (Unterschied zu Äthern und Kohlen-

---

[1] Zur Identifizierung isolierter Verbindungen, 7b) Ketone, S. 208.

[2] KRAMER, P. J. G., et H. VAN DUIN: Rec. Trav. chim. Pays-Bas **73**, 63 (1954).

[3] Höhere Äther, z. B. Amyläther, lösen sich nicht in konz. Salzsäure.

[4] BAYER, S. 132.

wasserstoffen), bei sekundären dagegen langsamer und bei tertiären schwach, so daß die Probe bei den beiden letzten unsicher ist.

Zur Charakterisierung primärer und sekundärer Alkohole werden entweder die p-Nitrobenzoate (S. 196) oder Dinitrobenzoate (S. 196, z. T. nicht bekannt) oder nach sorgfältigem Trocknen Urethane mit Phenylisocyanat oder α-Naphthylisocyanat hergestellt[1]; ferner kann die Oxydation mit Kaliumhydrogenchromat zu Säuren bzw. Ketonen durchgeführt werden.

Alkohole können auch gaschromatographisch getrennt und identifiziert werden (BAYER, S. 126f.).

VAN DUIN[2] trennt papierchromatographisch die Ester der Alkohole mit 4-Dimethylamino-3.5-dinitrobenzoesäure und MEIGH[3] die Ester der Dinitrobenzoesäure. Die letztgenannten Ester sind auch dünnschichtchromatographisch zu trennen und zu identifizieren (RANDERATH, S. 259).

5. Kohlenwasserstoffe (Identifizierung: S. 192f.). Sie reagieren nicht mit verdünnten Säuren, Alkalien und metallischem Natrium.

α) *Ungesättigte aliphatische und ungesättigte aromatische Kohlenwasserstoffe.* Amylen, Isopren[4], Cyclohexen, Styrol[5] reagieren sofort mit einer $^1/_2$n Lösung von Brom in Schwefelkohlenstoff. Die Anzahl der Doppelbindungen läßt sich durch Titration mit einer solchen Bromlösung bestimmen[6]. Verdünnte Kaliumpermanganatlösung wird beim Schütteln sofort unter Braunsteinausscheidung entfärbt.

Auch die quantitative Hydrierung[7] erlaubt die Bestimmung der Doppelbindungszahl.

Die Überführung in kristallisierte Derivate ist z. T. schwierig; evtl. Ozonisation bzw. Oxydation mit Kaliumpermanganat und Identifizierung der Spaltstücke. Verbindungen mit konjugierten Doppelbindungen geben mit Maleinsäureanhydrid kristallisierte Additionsprodukte.

---

[1] Zur Identifizierung isolierter Verbindungen, 2. Alkohole, S. 195.

[2] VAN DUIN, H.: Rec. Trav. chim. Pays-Bas **73**, 68 (1954).

[3] MEIGH, D. F.: Nature **169**, 706 (1952).

[4] Wird bei längerem Schütteln mit konz. Salzsäure verändert.

[5] Styrol polymerisiert beim Stehen.

[6] Ausführung der Bromtitration: S. 193. Genauere Verfahren, die neben dem addierten Brom die Menge des substituierten zu bestimmen gestatten, s. MEYER, S. 804.

[7] WEYGAND-HILGETAG, S. 1043.

β) Aromatische Kohlenwasserstoffe sind beständig gegen verdünnte sodaalkalische Kaliumpermanganatlösung in der Kälte, bei kurzer Einwirkung auch in der Wärme; sie entfärben Brom in Schwefelkohlenstoff nicht. Sie gehen beim Schütteln und schwachen Erwärmen mit etwa 10%igem Oleum unter Bildung von Sulfonsäuren in Lösung; sie reagieren mit Nitriersäure (Gemisch von 1 Teil konz. Salpetersäure, spez. Gewicht 1,405 [68%], und 1 Teil konz. Schwefelsäure), wobei sie nitriert werden.

Zur Identifizierung können die Kohlenwasserstoffe in kristallisierte Polynitro- oder in (meist flüssige) Mononitroderivate übergeführt werden, die sich dann zu Aminen reduzieren lassen; Nachweis der primären Amine als Acetyl- oder Benzoylderivate (vgl. S. 129f. und 216f.). Die Zahl und Stellung der Seitenketten wird durch Oxydation zu Carbonsäuren am besten durch längeres Kochen mit schwach sodaalkalischer, 5%iger Kaliumpermanganatlösung oder durch Oxydation mit Chromsäure oder verd. Salpetersäure festgestellt (Nachweis der 3 Xylole).

γ) Paraffinkohlenwasserstoffe und Cycloparaffine (Cyclohexan) reagieren nicht mit Kaliumpermanganat, konz. Schwefelsäure oder Nitriersäure. Es liegt häufig ein Gemisch vor (Petroläther, Benzin); Bestimmung des Siedepunktes, spez. Gewichtes und der Refraktion. Wichtig ist die Untersuchung von Benzin auf ungesättigte Bestandteile (mit Bromlösung oder Permanganatlösung) und auf aromatische Bestandteile (mit Nitriersäure nach Entfernen der ungesättigten Anteile[1]).

Olefine, Aromaten und gesättigte Kohlenwasserstoffe lassen sich durch Adsorption an Aktivkohle, Silicagel oder Al_2O_3 trennen[2], besser noch mit Hilfe der Gaschromatographie[3].

---

[1] Über die Trennung der Paraffinkohlenwasserstoffe von aromatischen Kohlenwasserstoffen und Olefinen mit Dimethylsulfat vgl. BERL-LUNGE, Bd. IV, S. 737, ferner BAYER, S. 97.

[2] HIBSHMAN, H. J.: Ind. Eng. Chem. **42**, 1310 (1950). — TENNEY, H. M., u. F. E. STURGIS: Anal. Chem. **26**, 946 (1954).

[3] BAYER, S. 83f.; Bestimmung mehrkerniger Kohlenwasserstoffe im Staub der Luft: CANTUTI, V., G. P. CARTONI, A. LIBERTI, and A. G. TORRI: J. Chromatog. **17**, 60 (1965); JACOBS, E. S.: Bestimmung von Kohlenwasserstoffen in Abgasen. Anal. Chem. **38**, 43 (1966).

b) Enthalten weiter Stickstoff

Ester der salpetrigen Säure[1] und der Salpetersäure. Ferner *aliphatische Nitroverbindungen* (Identifizierung: S. 220), *Pyrrol.* Neutrale Verbindungen. Bei der Prüfung auf Stickstoff beachte man, daß solche Stoffe (außer Pyrrol) beim Erhitzen mit Alkalimetallen, besonders mit Kalium, detonieren können.

Durch Einwirken von Alkalien werden die Ester leicht verseift, die Nitroverbindungen verändert. Prüfung auf Alkohole entsprechend L.F. II D, S. 102. Unterscheidung von primären, sekundären und tertiären Nitroverbindungen mit salpetriger Säure. Charakterisierung durch Reduktion mit Zinn und Salzsäure und Umsetzung der entstehenden Amine mit p-Nitrobenzoylchlorid (wie mit Benzoylchlorid, S. 217). Pyrrol wird durch die Fichtenspanreaktion erkannt und als 2-Acetylpyrrol charakterisiert.

c) Enthalten weiter Halogen

Man prüfe auf die Art des Halogens (Chlor, Brom, Jod) durch Erhitzen mit Natrium, vgl. S. 82. Zur Identifizierung: S. 200f.

1. Jodhaltig. In Betracht kommen nur nichtcyclische Alkyljodide. Zur Charakterisierung von Methyl- bis zum n-Heptyljodid Anlagerung an Anilin[2], Dimethylanilin[3], evtl. an Trimethylamin, das reaktionsfähiger als Dimethylanilin ist. Bestimmung des Schmelzpunktes der Phenylalkylammoniumjodide. Bei einigen Alkyljodiden ist die Darstellung von p-Nitrobenzoylderivaten durch Umsetzung mit p-nitrobenzoesaurem Silber in trockenem Äther geeignet.

2. Chlor- oder bromhaltig. Man kocht kurze Zeit mit einer halogenfreien, etwa 5%igen Lösung von methanolischer Natronlauge (am besten herzustellen durch Eintragen von Natrium in Methanol und nachherigem Zusatz von etwas Wasser[4]), setzt danach verdünnte Salpetersäure zu und prüft mit Silbernitrat.

---

[1] Die Ester der salpetrigen Säure werden, hauptsächlich bei Anwesenheit von anorganischen Säuren, leicht verseift.

[2] Handbook of tables for organic compound identification. 3rd ed., p. 60. Cleveland: Chemical Rubber Co. 1967.

[3] Vgl. WILLSTÄTTER, R., u. M. UTZINGER: Liebigs Ann. Chem. **382**, 148 (1911).

[4] Die Lösungen von Natrium- oder Kaliumhydroxid in Methanol sind beständiger als solche in Äthanol; letztere färben sich beim Stehen durch Autoxydation dunkel.

α) *Kein Halogen nachweisbar:* Aromatische Halogenverbindungen, z. B. Chlorbenzol, Brombenzol. Überführung in kristallisierte Polynitroverbindungen.

β) *Halogen nachweisbar:* Aliphatische Halogenverbindungen; hierher gehört eine große Reihe wichtiger Lösungsmittel, wie Chloroform, Tetrachlorkohlenstoff, Äthylenchlorid, Dichloräthylen, Trichloräthylen und andere halogensubstituierte aliphatische Kohlenwasserstoffe; ferner Epichlorhydrin. Man bestimme den Siedepunkt; Geruch. Zur Identifizierung werden in der Regel nach dem Trocknen mit Calciumchlorid (nicht mit metallischem Natrium, da z. B. Chloroform und Tetrachlorkohlenstoff mit Natrium detonieren können[1]) das spezifische Gewicht und die Refraktion bestimmt. Ungesättigte Halogenverbindungen, wie Trichloräthylen, Perchloräthylen, reagieren im Gegensatz zu ungesättigten Kohlenwasserstoffen nicht mit Bromlösung, da ihre Doppelbindungen gegen dieses Reagenz reaktionsträge sind[2]. Die Überführung in feste Derivate gelingt meist nicht leicht. Aus Alkylbromiden lassen sich durch Erhitzen mit p-nitrobenzoesaurem Silber im Bombenrohr auf 120—150° C kristallisierte Ester gewinnen. Alkylhalogenide können ferner mit Phthalimid-kalium[3] oder 3-Nitro-phthalimid-kalium[4] in feste und charakteristisch schmelzende Derivate übergeführt werden. Durch Behandlung der Alkylhalogenide mit Mg in Äther und Umsetzung der so gewonnenen Mg-organischen Verbindungen mit Phenylisocyanat werden Anilide von Alkylcarbonsäuren erhalten[5]. 6-Nitro-2-mercaptobenzthiazol gibt mit Alkylhalogeniden in alkalischer Lösung beim Kochen gut kristallisierte 6-Nitrobenzthiazol-alkyl-sulfide[6]; Umkristallisation aus Methanol. Mit Permanganat in Eisessig entstehen die entsprechenden Sulfone, die ebenfalls charakteristische Schmelzpunkte besitzen. Über die Identifizierung der Halogenide als S-Alkylisothiuroniumpikrate und die Identifizierung von Polyhalogenverbindungen wie Äthylen-

---

[1] Vgl. STAUDINGER, H.: Über Explosionen mit Alkalimetallen. Z. Elektrochem. **31**, 549 (1925).

[2] Dagegen werden diese Halogenverbindungen leicht autoxydiert; vgl. BAUER, H.: J. prakt. Chem. [2] **72**, 201 (1905).

[3] GABRIEL, S.: Ber. Deut. Chem. Ges. **20**, 2224 (1887).

[4] SAH, P. P. T., u. T. S. MA: Ber. Deut. Chem. Ges. **65**, 1630 (1932).

[5] SCHWARTZ, A. M., and I. R. JOHNSON: J. Am. Chem. Soc. **53**, 1063 (1931).

[6] CUTTER, H. B., and H. R. GOLDEN: J. Am. Chem. Soc. **69**, 831 (1947); Angew. Chem. (A) **60**, 82 (1948): siehe ferner VOGEL, S. 289 ff.

bromid: s. S. 200f. Mit Wasser sich nur langsam zersetzende Verbindungen wie Chlorameisensäureester und Chloressigsäuremethylester können als feste Derivate charakterisiert und identifiziert werden (S. 201).

Zur Trennung und Identifizierung halogenierter Kohlenwasserstoffe ist die Gaschromatographie sehr geeignet[1].

d) Enthalten weiter Chlor und Stickstoff

Chlorpikrin: Geruch.

e) Enthalten weiter Schwefel

Unterscheiden sich im Geruch.

1. Schlecht riechend. Dialkylsulfide. Charakterisieren des Dimethylsulfids durch Anlagerung von Methyljodid als tertiäres Sulfoniumsalz (vgl. auch S. 225), ferner Oxydation zu Sulfonen (S. 224).

2. Nicht unangenehm riechend. Schwefelkohlenstoff und Thiophen. Unreine Produkte können unangenehm riechen. Zur Identifizierung führt man Schwefelkohlenstoff in Xanthogenate oder in Diphenylthioharnstoff, Thiophen in Quecksilberdoppelsalze über. Organische Schwefelverbindungen können gaschromatographisch[2] getrennt und identifiziert werden.

f) Enthalten weiter Schwefel und Stickstoff

Senföle (Rhodanester). Charakterisierung durch Überführung in Thioharnstoffderivate.

Trennungen verschiedener in Wasser schwer löslicher Verbindungen Gruppe L.F. I

1. *Allgemeiner Trennungsgang* vgl. Trenntab. 2, L.F. I, S. 98.

2. *Höhere Alkohole* (Nachweis neben anderen Neutralstoffen S. 90). Sie lassen sich in Gegenwart von Estern, Äthern, Kohlenwasserstoffen und anderen Neutralstoffen von L.F. I durch 3- bis 4stündiges Kochen bzw. Erhitzen auf 130° C mit einem Überschuß von Phthalsäureanhydrid (bei Zugabe von wenig Kaliumcyanid als

---

[1] BAYER, S. 110f.

[2] BAYER, S. 135f.; WALLACE, T. J., and J. J. MAHON: Nature **201**, 817 (1964).

Katalysator) in saure Phthalate[1] überführen[2] (dabei tritt zuweilen geringe Umesterung bei Gegenwart von anderen Estern ein). Zur Abtrennung von den sauren Phthalsäureestern und von Phthalsäureanhydrid werden die übrigen leichtflüchtigen Stoffe evtl. im Vakuum abdestilliert oder nach dem Versetzen mit verdünntem Alkali ausgeäthert und weiter untersucht. Zur Gewinnung der Alkohole werden die sauren Phthalsäureester mit 20%iger Natronlauge 1—2 Std gekocht und die Alkohole abdestilliert bzw. ausgeäthert.

3. *Gemische von Estern mit Äthern bzw. Kohlenwasserstoffen* lassen sich leicht trennen, da nur erstere durch Alkalien verseift und in wasserlösliche Produkte[3] verwandelt werden. Man kocht, wie bei der Verseifung der Ester angegeben, 1—2 Std (manchmal ist längeres Erhitzen notwendig) lebhaft mit 20—25%iger Kalilauge und beobachtet, ob dabei das Volumen der in Wasser unlöslichen Schicht abnimmt[4], ob also Ester anwesend sind. Die alkalische Lösung wird abgetrennt; durch mehrmaliges Ausschütteln mit wenig Wasser werden der wasserunlöslichen Schicht die niederen Alkohole vollständig entzogen. Die wäßrig-alkalische Lösung wird auf Alkohole und Säuren nach L.F. II geprüft; der wasserunlösliche Teil wird nach L.F. I D a 3 oder a 5 untersucht. Über die Abtrennung der höheren Alkohole s. S. 95.

Bei Gegenwart von aliphatischen Halogenverbindungen ist die Verseifung der Ester mit konz. Salzsäure vorzunehmen.

4. Die *Ketone* dieser Gruppe lassen sich mit konz. Natriumhydrogensulfitlösung der ätherischen Lösung der übrigen Neutralstoffe entziehen. Man kann auch die Semicarbazone oder p-Nitrophenylhydrazone herstellen und die übrigen leichtflüchtigen Anteile (im Vakuum) abdestillieren (vgl. S. 103).

---

[1] Nimmt man 3-Nitrophthalsäureanhydrid, so kann man die entstehenden Phthalate auch zur Identifizierung der Alkohole benützen. Vgl. NICOLET, B. H., and I. SACKS: J. Am. Chem. Soc. **47**, 2348 (1925); **53**, 4458 (1931); Darstellung des Reagenzes nach Org. Synth. coll. vol. I, 2nd ed., 410 (1964).

[2] Bei Anwesenheit niedrigsiedender anderer Verbindungen verläuft die Umsetzung mit Phthalsäureanhydrid nicht vollständig und muß evtl. wiederholt oder im Einschlußrohr bei 150—180° C vorgenommen werden.

[3] Einige höher siedende Ester, z. B. Amylacetat, geben bei der Verseifung in Wasser schwer lösliche Alkohole.

[4] Bei Gegenwart tiefsiedender Bestandteile (z. B. Petroläther, Äther) ist ein guter Rückflußkühler erforderlich.

5. *Aliphatische Acetale* sind gegen Alkalien beständig; sie werden beim Kochen mit verdünnter Salzsäure gespalten. Die Spaltprodukte (niedere Aldehyde und Alkohole) lösen sich in der wäßrigen Salzsäure; ihre Trennung und Identifizierung erfolgt nach L.F. II, S. 101f. und 103.

6. *Äther und Kohlenwasserstoffe* lassen sich in der Regel durch Behandeln mit konz. Salzsäure, in der Diäthyläther leicht löslich ist, trennen. Man schüttle mehrmals unter Kühlung mit dem gleichen Volumen konz. Salzsäure aus; dabei muß, hauptsächlich anfangs, die Salzsäure vorsichtig zugegeben werden, damit nicht durch die auftretende Erwärmung Verluste entstehen. Die salzsaure Lösung wird sofort nach dem Abtrennen in einem Fraktionierkolben vorsichtig mit Natronlauge versetzt und der ausgeschiedene Äther abdestilliert. Höhere Äther sind in konz. Salzsäure nicht mehr löslich; sie können mit käuflicher 57%iger Jodwasserstoffsäure (Dichte 1,70) gespalten werden.

7. Für die Trennung der *Halogenverbindungen von Kohlenwasserstoffen und von Äthern* kann kein allgemeingültiges chemisches Verfahren angegeben werden; sie ist aber gaschromatographisch möglich. Die aliphatischen Halogenverbindungen lassen sich häufig durch Behandeln mit methanolischem Natriumhydroxid verseifen und so entfernen; danach können Kohlenwasserstoffe und Äther getrennt und charakterisiert werden. Dabei entzieht sich aber oft die Halogenverbindung dem Nachweis. Man muß damit rechnen, daß bei der Verseifung einfache niedere Alkohole aus Alkylmonohalogeniden entstehen, wasserlösliche Glykole, Aldehyde oder Ketone aus Dihalogeniden, Ameisensäure aus Chloroform usw. Ferner tritt als Nebenreaktion bei der Verseifung häufig Abspaltung von Halogenwasserstoff ein, wodurch ungesättigte, sehr leicht flüchtige Verbindungen entstehen können. Diese Bildung ungesättigter Produkte kann durch Verseifung mit wäßriger Sodalösung zurückgedrängt werden. In manchen Fällen gelingt eine Trennung auf anderem Wege; es kommen hierfür die unter L.F. I D c 1 oder 2, S. 93ff., genannten Methoden in Betracht.

8. *Sonstige Trennungen.*
Oft kann die Trennung einer Mischung von Kohlenwasserstoffen, Halogenverbindungen oder Äthern mit Estern, Acetalen oder höheren Alkoholen auch so durchgeführt werden, daß die in Wasser etwas löslichen Bestandteile durch häufiges Ausschütteln

Trenntabelle 2. *L.F. I. In Äther löslich, in Wasser schwer löslich.* (Vgl. S. 95ff.)
Höhere Alkohole, Ester, höhere Ketone, Acetale, Äther, Kohlenwasserstoffe, Alkyl- und Arylhalogenide

Umsetzung mit Phthalsäureanhydrid, Abdestillieren (S. 95f) (oder Ausäthern)

Rückstand | Destillat

Saure Phthalate der Alkohole (S. 95f., 90f.)

Alles übrige *Verseifen mit Kalilauge (S. 89, 96f.)*[1]

Rückstand | Alkalische Lösung

Höhere Alkohole aus den Estern[2], alles übrige (soweit nicht in wäßr. Lsg.) *Ausschütteln mit Hydrogensulfitlösung*[3] *(S. 96)*

Verseifungsprodukte der Ester: Säuren L.F. II (S. 99f.) und niedere Alkohole L.F. II (S. 102f.)

Niederschlag und wäßrige Lösung | Rückstand

Hydrogensulfitverbindungen der Ketone (S. 90)

Alles übrige *Spaltung der Acetale durch Kochen mit verdünnter Salzsäure (S. 97)*

Rückstand | Salzsaure Lösung

Äther, Kohlenwasserstoffe, Halogenverbindungen *Ausschütteln mit konz. Salzsäure (S. 97f.)*

Niedere Aldehyde und Alkohole *aus Acetalen*

Rückstand | Salzsaure Lösung

Kohlenwasserstoffe, Alkyl- und Arylhalogenide *Verseifen mit alkohol. Natronlauge, Versetzen mit viel Wasser (S. 97f.)*

Äther (S. 90)[4]

wäßrige Lösung | Rückstand

Verseifungsprodukte der Alkylhalogenide (S. 93f., 97)

Kohlenwasserstoffe, Arylhalogenide *Sulfonierung (S. 91f., 97, 156f.)*

Schwefelsaure Lösung | Rückstand

Sulfonsäuren (S. 169) von aromat. Kohlenwasserstoffen (S. 92) und Arylhalogeniden (S. 93f.)

Aliphat. Kohlenwasserstoffe (S. 91f.)

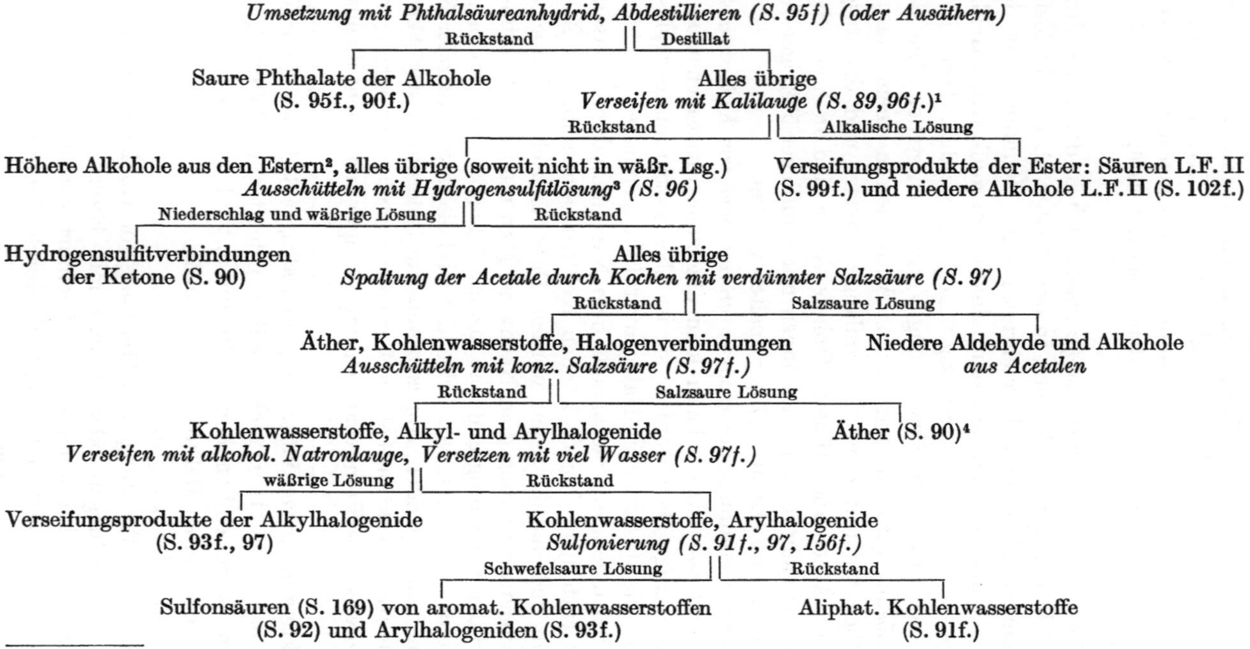

[1] Bei Gegenwart von Alkylhalogeniden (Probe! S. 93) verseift man mit konz. Salzsäure; hierbei werden auch Acetale gespalten. — [2] Entfernung wie oben. — [3] Ist Äther abwesend, so nimmt man zur Vermeidung von Verlusten zuvor in Äther auf. Im Falle seiner Anwesenheit trennt man ihn von den höheren Ketonen möglichst vorher durch Destillation. Acetale werden von Hydrogensulfit nur langsam zersetzt. — [4] Höhere Äther lösen sich nicht in konz. Salzsäure.

mit Wasser von den wasserunlöslichen Substanzen getrennt werden. Durch Erhitzen der sehr verdünnten wäßrigen Lösungen sind die Ester, Acetale und Alkohole wieder auszutreiben, oder sie sind durch Extraktion mit wenig Äther zu gewinnen.

Gaschromatographisch können Gemische aus Alkoholen, Estern und Ketonen getrennt werden[1].

L.F. II. In Äther und in Wasser leicht lösliche Verbindungen

A. Säuren. Niedere Fettsäuren.

B. Phenole sind hier nicht anwesend, da sie über 160° C sieden.

C. Amine. Pyridin, aliphatische Amine, Morpholin.

D. Neutralstoffe. Aldehyde, niedere Ketone und Alkohole, Nitrile, Dimethylformamid (vgl. S. 162), Dioxan, Tetrahydrofuran (204 f.).

In dieser Gruppe ist es meist leicht festzustellen, welche Untergruppen vorhanden sind: bei Säuren oder Aminen durch die Reaktion gegen Lackmus, bei den letzteren auch stets durch den Geruch, bei Aldehyden und Ketonen mit p-Nitrophenylhydrazin (S. 101).

A. Säuren

a) Enhalten nur Kohlenstoff, Wasserstoff und Sauerstoff

Die wäßrige Lösung reagiert sauer: niedere Fettsäuren. Man erhält sie aus ihrer alkalischen Lösung nach dem Ansäuern mit verd. Schwefelsäure durch Extraktion mit Äther im Apparat von KUTSCHER-STEUDEL und vorsichtiges Abdampfen des Äthers nach dem Trocknen mit wasserfreiem Natriumsulfat. Um Verluste zu vermeiden, kann man auch, besonders bei der Hauptanalyse, die ätherische Lösung mit verdünnter Natronlauge bis zur Neutralisation (Zusatz von Phenolphthalein) versetzen, dann Äther und Wasser abdampfen und die zurückbleibenden Salze untersuchen.

Zur Charakterisierung der Säuren eignen sich die Anilide und p-Toluidide[2] (S. 212), die man durch einstündiges Erhitzen der freien Säuren mit etwas mehr als der berechneten Menge der Amine im Ölbad auf 120° C erhält. Am leichtesten reagiert Ameisensäure,

---

[1] DRAWERT, F., u. A. RAPP: Chemiker-Ztg. 88, 267 (1964).

[2] p-Toluidide kristallisieren besser als Anilide. Zur Identifizierung isolierter Verbindungen, 9. Carbonsäuren, S. 210.

7*

am schwersten Propionsäure. Essigsäure und Propionsäure können auch über die Säurechloride in die Anilide übergeführt werden.

Die Umsetzung der Säuren (mit Ausnahme der Ameisensäure) mit Carbodiimiden[1], insbesondere mit Di-p-dimethylaminophenyl-carbodiimid zu basischen, acylierten Harnstoffderivaten ist zur Identifizierung geeignet (vgl. S. 115f.). Bei höherer Temperatur zerfallen die acylierten Harnstoffe in Isocyanate und Säurearylide, die auch aus den Säurehalogeniden mit aromatischen Aminen gewonnen werden können.

Wurden die Säuren in Alkalisalze übergeführt, so trocknet man diese, setzt vorsichtig unter Kühlung trockenen Äther und Thionylchlorid zu und versetzt alsbald wie oben mit dem Amin.

Ameisensäure kann als Bleisalz charakterisiert werden. Die Zersetzung des Silbersalzes und des Quecksilbersalzes erfolgt nur glatt in neutraler Lösung und kann durch Anwesenheit von Salzen behindert werden; diese Reaktionen sind also nicht eindeutig. Nachweis der Ameisensäure[2] durch Oxydation mit Kaliumpermanganat.

Niedere Fettsäuren sind papier-[3], dünnschicht-[4] sowie gaschromatographisch[5] als freie Säuren sowie als Methylester zu trennen und zu identifizieren.

b) Enthalten weiter Schwefel

Thiosäuren, z. B. Thioessigsäure. Geruch.

Halogen- und stickstoffhaltige Säuren kommen bei den leicht flüchtigen Substanzen nicht vor.

B. Phenole

Können hier nicht vorkommen.

C. Amine

(Enthalten Stickstoff)

Zur Untersuchung der Amine kann meistens direkt die wäßrige Lösung der Chlorhydrate dienen. Zur Gewinnung der freien Amine

---

[1] ZETZSCHE, F., u. Mitarb.: Ber. Deut. Chem. Ges. 71, 1088, 1516 (1938).

[2] Um die Ameisensäure von den niederen Fettsäuren abzutrennen, kann sie mit konz. Schwefelsäure bei nicht zu hoher Temperatur zersetzt werden.

[3] CRAMER, S. 154.

[4] RANDERATH, S. 263.

[5] BAYER, S. 114.

wird mit konz. Kalilauge versetzt und destilliert oder bei höher siedenden Aminen ausgeäthert.

1. Die wäßrige Lösung reagiert neutral: Pyridin und Homologe. Zur Charakterisierung von Pyridinbasen eignen sich die Pikrate und andere Salze. Pyridinbasen wurden papier-[1], dünnschicht-[2] und gaschromatographisch[3] analysiert. Alkylpyridine können mit SeO_2 zu Säuren oxydiert[4], papierchromatographisch getrennt und identifiziert werden.

2. Die wäßrige Lösung reagiert alkalisch: Aliphatische Amine und Piperidin. Unterscheidung von primären, sekundären und tertiären Aminen mit salpetriger Säure; Trennung mit Benzolsulfochlorid oder p-Toluolsulfochlorid (S. 132f.). Primäre und sekundäre Amine werden nach der Schotten-Baumannschen Reaktion durch Schütteln der wäßrigen Lösung mit p-Nitrobenzoylchlorid unter Zusatz von Äther und Natronlauge als p-Nitrobenzamidderivate[5] identifiziert. Viele, insbesondere tertiäre Amine geben gut kristallisierte Pikrate[6], Styphnate oder Pikrolonate (vgl. S.F. I C).

Aliphatische und cyclische Amine sind papier-[7], dünnschicht-[8] und gaschromatographisch[9] trennbar und zu identifizieren.

D. Neutralstoffe

a) Enthalten nur Kohlenstoff, Wasserstoff und Sauerstoff

1. Niedere aliphatische Aldehyde und Ketone. Unterscheidung mit ammoniakalischer Silbersalzlösung. Identifizierung und fast quantitative Abscheidung in wäßriger Lösung mit p-Nitrophenyl-

---

[1] CRAMER, S. 162.

[2] STAHL, S. 479.

[3] BAYER, S. 125; J. JANÁK, M. HOLIK u. M. FERLES: Coll. Czechoslovak. Chem. Comm. **31**, 1273 (1966).

[4] JERCHEL, D., u. W. JACOBS: Angew. Chem. **65**, 342 (1953).

[5] Zur Identifizierung isolierter Verbindungen, 10. Amine, S. 215.

[6] Über die Zerlegung von Pikraten mit Lithiumhydroxid: BURGER, A.: J. Am. Chem. Soc. **67**, 1615 (1945).

[7] BREMNER, J. M., u. R. H. KENTEN: Biochem. J. **49**, 651 (1951); s. Anm. 3, S. 105.

[8] RANDERATH, S. 109; STAHL, S. 470; GNEHM, R., H. U. REICH u. P. GUYER: Chimia (Aarau) **19**, 585 (1965).

[9] BAYER, l. c., S. 123f.; METCALFE, L. D., u. A. A. SCHMITZ: J. Gas Chromatog. **2**, 15 (1964); VANDEN HEUVEL, W. J. A., W. L. GARDINER, and E. C. HORNING: Anal. Chem. **36**, 1550 (1964).

hydrazinchlorhydrat (in Wasser gelöst und filtriert). Aldehyde geben sofort eine Fällung, Ketone nach kurzem Erwärmen. Zur Identifizierung isolierter Verbindungen, 7. Carbonylverbindungen, S. 206.

2. Niedere aliphatische Alkohole. Bei Abwesenheit von Aldehyden und Ketonen prüft man die wäßrige Lösung mit Kaliumpermanganat und mit Bromwasser, ob in der Kälte momentan Braunsteinausscheidung bzw. Entfärbung eintritt. Unterscheidung der ungesättigten Alkohole (Allylalkohol) von den gesättigten, die allerdings beim Stehen, hauptsächlich beim Erwärmen, ebenfalls reagieren.

Zum Charakterisieren der Alkohole in wäßriger Lösung eignet sich besonders p-Nitrobenzoylchlorid[1], ferner 3.5-Dinitrobenzoylchlorid[2,3]. Die Herstellung der Ester wird S. 196 beschrieben.

Es ist nicht notwendig, die Alkohole vor der Umsetzung zu den Nitrobenzoesäureestern zu trocknen. Niedere Alkohole kann man einfach aus ihrer wäßrigen Lösung durch Sättigen mit Kaliumcarbonat aussalzen und von einer kleinen Probe (0,2—0,5 ml) des abgeschiedenen, noch wasserhaltigen Alkohols nach diesem Verfahren die Menge reinen Alkohols bestimmen (vgl. ferner die Bestimmung neben anderen Stoffen, S. 103).

Zur bloßen Identifizierung leichtflüchtiger Alkohole nimmt man nur eine kleine Menge Säurechlorid, kocht einige Minuten, verdampft den überschüssigen Alkohol, löst in Äther und verfährt dann wie S. 196 beschrieben. Zur Charakterisierung sind die Phenyl- und Naphthylurethane geeignet (S. 197).

3. Niedere aliphatische Ester bis zum Äthylacetat zeigen eine erhebliche Löslichkeit in Wasser, so daß sie mindestens teilweise in L.F. II aufgefunden werden. Vgl. den Nachweis und die Identifizierung unter L.F. I D, S. 89. Zur Trennung der niederen Ester ist insbesondere die Destillation geeignet.

---

[1] Zur Identifizierung isolierter Verbindungen, 2. Alkohole, S. 195.

[2] Vgl. T. REICHSTEIN: Helv. Chim. Acta **9**, 799 (1926). — RENFROW, W. B., and A. CHANEY: J. Am. Chem. Soc. **68**, 150 (1946). — Siehe ferner die Umsetzung der Alkohole mit Anthrachinon-β-carbonsäurechlorid: REICHSTEIN, T.: Helv. Chim. Acta **9**, 803 (1926).

[3] Man prüfe die Reinheit der Säurechloride; um Hydrolyse bei der Lagerung zu vermeiden, kann man Nitrobenzoylchloride unter Petroläther aufbewahren.

b) Enthalten weiter Stickstoff

Niedere aliphatische Nitrile. Identifizierung, die S. 221 ausführlich behandelt wird, erfolgt nach Verseifen mit 18%iger Salzsäure oder 20%iger Kalilauge; Nachweis von Ammoniak (S. 174 f.), Prüfung auf die Säure (S. 99 f.). Die Umsetzung von Nitrilen mit Arylmagnesiumhalogeniden liefert Ketone, die entweder als solche oder als Semicarbazone zur Identifizierung dienen können. Ferner können zur Identifizierung[1] die Bestimmung der Dichte und des Brechungsindex beitragen.

Trennungen verschiedener wasserlöslicher Verbindungen. L.F. II

1. *Allgemeiner Trennungsgang*, vgl. Trenntab. 3, L.F. II, S. 104.

2. *Säuren, Amine und neutrale Stoffe* lassen sich in einfacher Weise dadurch trennen, daß man Säuren durch Zusatz von verdünnter Natronlauge oder Sodalösung (Prüfung mit Phenolphthalein) bzw. Amine mit Salzsäure, evtl. Schwefelsäure (Prüfung mit Tropäolin) jeweils in Salze überführt und die nicht salzartig gebundenen Bestandteile abdestilliert. Liegen höher siedende Substanzen vom Siedepunkt etwa 100—160° C vor, so kann der nicht salzartig gebundene Anteil durch mehrmalige Extraktion mit wenig Äther gewonnen werden.

3. Erwärmt man ein *Gemisch von Aldehyden, Ketonen und Alkoholen* mit einem Überschuß von p-Nitrophenylhydrazinchlorhydrat, so lassen sich die Alkohole von den gebildeten Hydrazonen durch Abdestillieren (evtl. im Vakuum) trennen.

Bei Abwesenheit von Aldehyden kann man das Gemisch auch mit einem Überschuß von p-Nitrobenzoylchlorid kochen (S. 196) und danach die Ketone abdestillieren (Bestimmung der ungefähren Gewichtsmenge von Methyl- und Äthylalkohol neben Aceton). Über die Phthalsäureestermethode s. S. 95 f.

4. *Aldehyde* können *von Ketonen* durch vorsichtige Oxydation mit Kaliumpermanganat oder Chromsäure getrennt werden; sie unterscheiden sich auch durch ihre verschiedene Reaktionsfähigkeit mit Nitrophenylhydrazin und Semicarbaziden (S. 200).

Der Nachweis von *Aldehyden neben Ketonen*, ferner von Formaldehyd neben Acetaldehyd gelingt gut mit der Vorländerschen Dimedon-Reaktion[2] (s. S. 206).

---

[1] VOGEL, S. 412.

[2] Vgl. MEYER, H.: Nachweis und Bestimmung organischer Verbindungen. S. 50. Berlin: Springer 1933.

Trenntabelle 3. *L.F. II. In Äther und in Wasser löslich.* (Vgl. S. 103f.)

Säuren, Amine[1], Aldehyde, Ketone, Alkohole

Ansäuern mit Salzsäure und Destillieren oder Ausäthern (K.St.[2]) (S. 103)

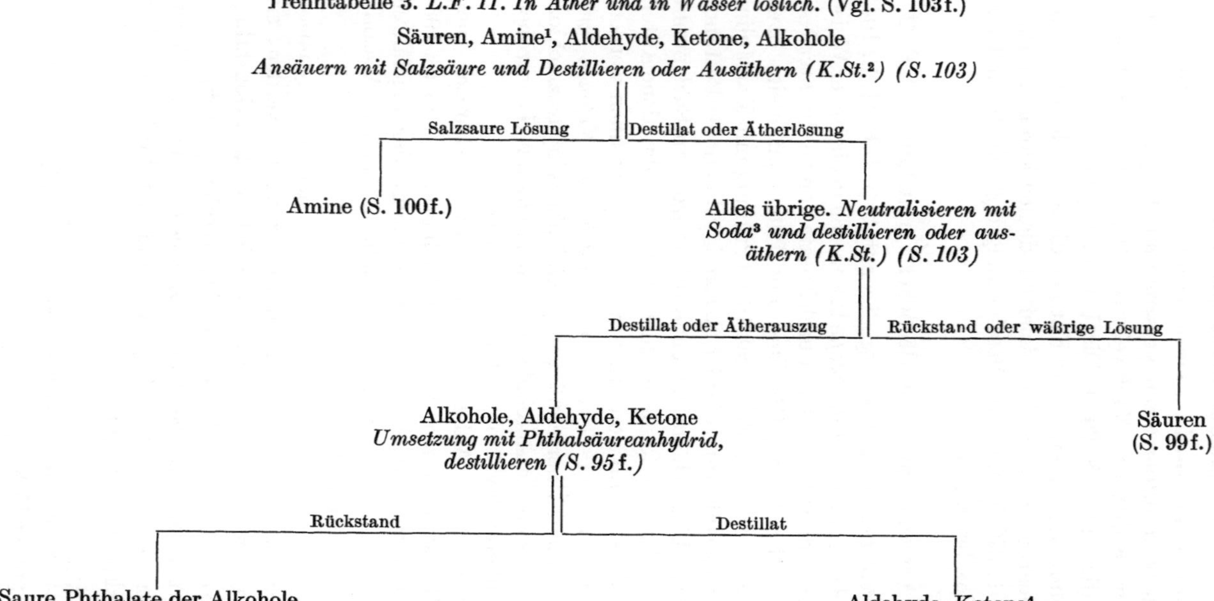

[1] Säuren und Amine können hier nicht gleichzeitig vorhanden sein.

[2] Im Extraktionsapparat (KUTSCHER-STEUDEL oder THIELEPAPE) mit Frittenplatte.

[3] Alkalische Reaktion ist zu vermeiden, da sie bei Aldehyden Aldolkondensation verursacht.

[4] Hier kann ferner Acetonitril vorliegen. In diesem Falle vermeidet man die obengenannte Destillation der sauren Lösung.

5. Sind *mehrere Säuren* vorhanden, so kann Ameisensäure neben Essigsäure leicht durch Oxydation mit Kaliumpermanganat nachgewiesen und bestimmt werden; dagegen ist Essigsäure von Propionsäure und letztere von den höheren Fettsäuren schwer mit Hilfe chemischer Reaktionen zu trennen. Auch die Destillation führt zu keinem einwandfreien Ergebnis; dagegen ist häufig eine Trennung durch sorgfältige Destillation der Methylester möglich, da die Siedepunktsunterschiede der Methylester meist größer als die der freien Säuren sind. Die freien Carbonsäuren bilden im Gemisch über Wasserstoffbrücken Doppelmoleküle gleicher und verschiedener Säuremoleküle, wodurch die Siedepunkte verwischt werden. Die niederen Fettsäuren[1] lassen sich ferner als Na-Salze papierchromatographisch trennen und identifizieren.

Über den Nachweis *mehrerer Alkohole* nebeneinander, speziell von Methanol neben Äthanol siehe[2].

6. *Trennung mehrerer Amine* (primäre, sekundäre und tertiäre), vgl. die Trennung von Aminen mit Benzol- oder mit p-Toluolsulfochlorid (S. 132f.).

Flüchtige Amine lassen sich als Chlorhydrate papierchromatographisch trennen[3].

L. F. III. In Äther unlösliche, in Wasser lösliche Verbindungen

Hierher gehört Wasser, auf das bei Anwesenheit wasserlöslicher Verbindungen besonders geachtet werden muß; es entzieht sich bei der Abtrennung der Hauptgruppen (Trenntab. 1, S. 84) dem Nachweis, da ja hierbei Wasser benützt wird. Seine Abtrennung gelingt mit wasserfreiem Natriumsulfat; die Verbindungen der Hauptgruppe L.F. II werden abdestilliert oder mit Äther abgetrennt. Zum Nachweis dient wasserfreies Kupfersulfat.

L.F. IV. In Äther und in Wasser unlösliche Verbindungen

Solche leichtflüchtigen organischen Verbindungen kommen nicht vor, da sie alle in Äther löslich sind.

---

[1] BROWN, F., and L. P. HALL: Nature **166**, 66 (1950).

[2] BAUER-MOLL, 5. Aufl., S. 89ff.; HOUBEN-WEYL-MÜLLER, Bd. II, S. 973f., 1953.

[3] SCHWYZER, R.: Acta Chem. Scand. **6**, 219 (1952). — STEINER, M., u. E. STEIN V. KAMIENSKI: Naturwissenschaften **40**, 483 (1953).

L.F. V. Durch Wasser zersetzliche Verbindungen

a) Enthalten nur Kohlenstoff, Wasserstoff und Sauerstoff

Essigsäureanhydrid. Überführung in Acetanilid.

b) Enthalten weiter Halogen

Aliphatische Säurehalogenide sind am Geruch zu erkennen und leicht in Anilide oder p-Toluidide überzuführen durch Zugabe der entsprechenden Amine nach dem Verdünnen mit trockenem Äther oder Benzol (Niederschlag: halogenwasserstoffsaures Anilin [bzw. Toluidin], das durch Zugabe von verdünnter Salzsäure gelöst wird).

c) Enthalten weiter Stickstoff

Isocyanate. Überführen in Harnstoffderivate oder Urethane (S. 222).

Trennungen in der Gruppe L.F.V

Gemische, z. B. Säurechloride und Anhydride, können durch fraktionierte Destillation oder auch durch Überführung in Derivate, z. B. als Säuren oder als Ester, getrennt werden. Die Abtrennung leichtflüchtiger, zersetzlicher Verbindungen von Substanzen der Hauptgruppen L.F. I und II ist meist so möglich, daß die zersetzlichen Verbindungen mit Wasser zersetzt und die Spaltprodukte abgetrennt und identifiziert werden.

S.F. Schwerflüchtige Verbindungen

Nach Abtrennung der leichtflüchtigen Anteile durch Destillation wird das zurückbleibende Gemisch gewogen. Bleiben bei der Fraktionierung der leichtflüchtigen Substanzen noch über 160° C siedende Anteile zurück, so werden sie, falls nicht größere Mengen einer einheitlich siedenden Flüssigkeit vorliegen, zu dem Gemisch der schwerflüchtigen Anteile zurückgegeben. Über die weitere Verarbeitung dieser schwerflüchtigen Anteile entscheidet eine sorgfältige Prüfung auf Löslichkeit.

Prüfung auf Löslichkeit (vgl. die Vorprüfung S. 83 und die Vorprüfung bei Substanzen von L.F. I und II, S. 87).

Man prüft mit kleinen Mengen, ob das Substanzgemisch ätherlöslich oder wasserlöslich ist; hauptsächlich aber achte man darauf, ob *äther- und wasserlösliche* Anteile (S.F. II) darin enthalten sind,

da diese sonst leicht während des weiteren Analysenganges verlorengehen.

1. Es liegen nur Verbindungen einer Hauptgruppe vor

S.F. I. Die Substanz ist in Äther leicht, in Wasser schwer oder nicht löslich

Säuren, Phenole, Amine, Aldehyde, Ketone, Alkohole, Äther, Ester,
Nitro-, Halogenverbindungen, Kohlenwasserstoffe

(Wichtigste Gruppe bei der Analyse einfacher organischer Verbindungen)

Man nimmt die Substanz in der 10—15fachen Menge Äther
auf; sind Verbindungen vorhanden, die sich nur in sehr viel
Äther lösen, so vermeidet man es trotzdem, mit allzu großen
Mengen Lösungsmittel zu arbeiten; man filtriert vielmehr den
schwerer löslichen Anteil ab und untersucht ihn nach S.F. IV.
Durch kontinuierliche Extraktion dieses Rückstandes mit Äther
können in Äther schwer lösliche von in Äther unlöslichen Stoffen
getrennt werden. Man muß aber damit rechnen, daß die mit Äther
extrahierbaren Stoffe sich auch in S.F. I vorfinden. Nur in Aus-
nahmefällen wird man die 20—30fache Menge Äther als Lösungsmittel verwenden. Dann wird die ätherische Lösung nach Trenntab. 4,
S. 112, in Säuren, Phenole, Amine und neutrale Bestandteile getrennt.

S.F. II. Die Substanz ist in Äther und in Wasser leicht löslich

Mittlere Fettsäuren, Dicarbonsäuren, Hydroxysäuren, mehrwertige
Phenole, ferner Amine u. a.

Zur Voranalyse wird in der Regel die Substanz in der 5—10fachen
Menge Wasser aufgenommen; bei der Hauptanalyse kann sofort
nach S. 157ff. und Trenntab. 6, S. 164, untersucht werden.

S.F. III. Die Substanz ist in Wasser leicht, in Äther schwer oder nicht löslich

Hydroxy-, Amino-, Sulfonsäuren, Hydroxy- und Polyamine. Polyhydroxyverbindungen. Salze.

Zur Voranalyse kann auch hier in der 5—10fachen Menge
Wasser, beim Vorliegen von schwer löslichen Stoffen auch in
größeren Mengen (20—30fach), evtl. unter schwachem Erwärmen,

gelöst werden. Bei der Hauptanalyse wird das feste Substanzgemisch nach S. 165ff. und Trenntab. 7, S. 180/181, geprüft.

S.F. IV. Die Substanz ist in Äther und in Wasser schwer oder nicht löslich

Höhermolekulare Substanzen, die wegen ihrer Schwerlöslichkeit nicht in den Gruppen I, II, III vorkommen, und Salze

Eine Trennung ist häufig durch erschöpfende Extraktion mit Äther, anschließend mit Wasser möglich. Man untersuche nach S. 182ff. und Trenntab. 8, S. 188.

S.F. V. Durch Wasser zersetzliche Substanzen

Säurehalogenide und andere empfindliche Halogenverbindungen, Säureanhydride, Isocyanate u. a.

Man prüft nach der Abtrennung der leichtflüchtigen Anteile das schwerflüchtige Substanzgemisch, ob beim Schütteln oder schwachen Erwärmen mit ungefähr der gleichen Menge Wasser Zersetzung eintritt[1]. Mit Anilin erfolgt lebhafte Reaktion. Hierher gehören auch solche Substanzen, die beim Trennungsverfahren, also durch die Behandlung mit verdünnten Säuren oder Alkalien, zerstört werden können: eine Reihe von Estern, Lactonen, Chinonen, Schiffschen Basen, Oximen usw. Weitere Untersuchung nach S. 189.

2. Es liegen Verbindungen aus verschiedenen Hauptgruppen vor

Trennungen der Gruppe S.F. (Schwerflüchtige Verbindungen) in die Hauptgruppen

Gemische von Verbindungen aus verschiedenen Gruppen sind wie folgt zu behandeln (vgl. Trenntab. 1, S. 84):

A. Trennung von Gemischen der Gruppen S.F. I, III und IV

Man extrahiert zuerst mit etwa 10—15 Teilen Äther und entfernt so die Substanzen der Gruppe I. Der mit wenig Äther gut ausgewaschene Rückstand wird mit etwa 10—15 Teilen Wasser, evtl. unter schwachem Erwärmen, behandelt; so werden die Substanzen der Gruppe III gelöst. Im Rückstand, der mit Wasser ausgewaschen

---

[1] Höhermolekulare, insbesondere aromatische Säurechloride, z. B. Benzoylchlorid, reagieren langsam mit Wasser.

wird, bleiben die Substanzen der Gruppe IV. Dabei ist eine scharfe Abtrennung der ätherlöslichen von den ätherunlöslichen, ebenso der wasserlöslichen von den wasserunlöslichen Substanzen nicht immer zu erreichen; die Voranalyse muß entscheiden, ob es zweckmäßig ist, durch Zugabe von viel Lösungsmittel das Gemisch in Lösung zu bringen — also in den Gruppen I oder III zu behandeln — oder mit wenig Lösungsmittel nur die ganz leicht löslichen Substanzen herauszunehmen und die schwerer löslichen in Gruppe IV zu untersuchen. Verwendet man größere Mengen von Äther bzw. Wasser, so ist natürlich zu beachten, daß dann geringe Mengen von Substanzen der Gruppe IV auch in den Gruppen I bzw. III enthalten sein können.

B. Trennung von Gemischen der Gruppen S.F. I und II

Besonderer Sorgfalt bedarf die Trennung der Substanzen der Gruppen S.F. I und II.

Man behandelt zuerst mit etwa 5—10 Teilen Wasser, filtriert die in Wasser unlöslichen festen Substanzen ab und wäscht mit Wasser nach. In Wasser nicht lösliche Flüssigkeiten der Gruppe S.F. I werden in Äther unter leichtem Umschütteln aufgenommen; dabei geht ein Teil der Substanzen der Gruppe II in die Ätherlösung und wird daraus durch öfteres Ausschütteln mit wenig Wasser wieder entfernt. Substanzen, die zwar in Wasser löslich sind, aber nur durch sehr häufiges Ausschütteln mit Wasser aus der ätherischen Lösung entfernt werden können, werden zweckmäßig bei S.F. I behandelt, also davon nicht abgetrennt. Man muß dabei aber beachten, daß solche Stoffe bei dem fortgesetzten Ausschütteln der ätherischen Lösungen mit wäßrigen Lösungen, wie sie im Trennungsgang verwendet werden, verlorengehen können. Um dies zu vermeiden, wird man immer die beim Trennungsgang erhaltenen wäßrigen Auszüge mehrmals mit wenig Äther ausschütteln und diese Ätherlösungen mit derjenigen vereinigen, die beim vorhergehenden Ausziehen mit diesen wäßrigen Lösungen erhalten wurde. In manchen Fällen kann zum Lösen der in Wasser unlöslichen Anteile tiefsiedender Petroläther oder Benzol verwendet werden. Diese beiden Lösungsmittel besitzen für die wasserlöslichen Stoffe der Gruppe II in der Regel ein geringeres Lösevermögen als Äther; die Trennung in die Gruppen I und II ist so vollständiger.

Bei Anwendung von tiefsiedendem Petroläther[1] ist zu beachten, daß sich auch sehr viele typisch organische Substanzen nur schlecht darin lösen. Benützt man Benzol als Lösungsmittel, so erfordert die Trennung von relativ flüchtigen Verbindungen, hauptsächlich bei Anwendung größerer Mengen von Benzol, große Aufmerksamkeit.

C. Trennung von Gemischen der Gruppen S.F. I, II, III und IV

Liegen endlich Substanzen der Gruppen I, II, III und IV vor, so extrahiert man die der Gruppen I und II zuerst mit Äther; dann wird die ätherische Lösung einige Male mit 10—15 ml Wasser ausgeschüttelt, um so die in Wasser leicht löslichen Substanzen der Gruppe II zu entfernen. Um die Trennung der Gruppen I und II vollständig zu machen, kann man den Äther abdestillieren und mit dem Rückstand nach der zuvor beschriebenen Trennung B verfahren. Über den einzuschlagenden Weg hat die Voranalyse zu entscheiden. Der ätherunlösliche Teil (III und IV) wird entsprechend Trennung A mit Wasser getrennt.

D. Trennung der Gruppe S.F. V von anderen Gruppen

Die Substanzen der Gruppe V besitzen meist typisch organischen Charakter und sind deshalb in Äther löslich. Säuren, Phenole, Alkohole und die meisten Amine können neben diesen Stoffen, die mit ihnen reagieren, nicht vorliegen; deshalb kommt nur die Trennung von indifferenten Bestandteilen der Gruppe I und evtl. IV in Betracht. Die in Äther unlöslichen Substanzen (S.F. IV) sind natürlich leicht abtrennbar. Ein Gemisch von ätherlöslichen mit ebensolchen zersetzlichen Stoffen kann dagegen häufig nur durch physikalische Methoden (Destillation, Kristallisation) zerlegt werden; in manchen Fällen kommt auch die Überführung der Stoffe der Gruppe S.F. V mit Wasser in Produkte, die leicht abgetrennt werden können, in Betracht, z. B. Säurehalogenide in Säuren. Recht schwierig ist die Abtrennung empfindlicher Ester, Chinone, Schiffscher Basen u. a. Hier hilft nur eine sorgfältige Untersuchung auf evtl. entstehende Spaltstücke. Dabei ist zu beachten, daß z. B. aus empfindlichen Estern der Gruppe S.F. I (wie Oxalsäurediäthyl-

---

[1] Dieser muß durch sorgfältiges Fraktionieren von höher siedenden Bestandteilen befreit werden.

ester) Säuren und Alkohole entstehen können, die ganz anderen Gruppen angehören (Oxalsäure S.F. III; Äthanol L.F. II).

S.F. I. In Äther leicht, in Wasser schwer oder nicht lösliche Substanzen

A. Säuren: Höhere Fettsäuren, aromatische Säuren, Nitrophenole u. a.

B. Phenole, Enole, Säureimide.

C. Amine: Hauptsächlich aromatische Amine.

D. Neutralstoffe: Aldehyde, Alkohole, schwach basische Amine, Säureamide und -anilide, Nitrile, Ester, Nitroverbindungen, Ketone, Äther, Kohlenwasserstoffe, Halogenverbindungen.

Die ätherische Lösung der Substanzen dieser Gruppe wird, wie unten eingehend beschrieben, nacheinander mit Natriumhydrogencarbonat, Sodalösung (S. 111), Natronlauge (S. 122), Salzsäure (S. 127) ausgeschüttelt.

Dabei ist zu beachten, ob nicht beim Schütteln mit Natronlauge oder mit Salzsäure, also bei der Abtrennung der Gruppen B und C, eine Zersetzung von empfindlichen Stoffen, z. B. eine Verseifung von leicht verseifbaren Estern, eintritt; so wird Oxalester schon beim Schütteln mit verdünnter Natronlauge verseift und in wasserlösliche Produkte verwandelt, die sich leicht der Beobachtung entziehen können (vgl. S. 110).

Auf solche Verluste wird man meist nur bei quantitativem Aufarbeiten des Analysengemisches aufmerksam werden. Man versuche dann, in einer weiteren Probe mit größeren Vorsichtsmaßregeln, evtl. mit sehr verdünnten Reagenzien, die Trennung durchzuführen.

Die Trennungen erfolgen nach den Trenntab. 4 und 5, S. 112 und 154f.

Gruppe A
Säuren und Phenole mit stark saurem Charakter

Bei der *Voranalyse* schüttelt man einen Teil der Ätherlösung mit konz. *Natriumhydrogencarbonatlösung* aus und einen weiteren Teil derselben Ätherlösung mit normaler *Sodalösung*; nach dem Abtrennen des Äthers säuert man die beiden wäßrigen Lösungen jeweils für

Trenntabelle 4. *S.F. I. In Äther löslich, in Wasser unlöslich.* (Vgl. S. 120, 126, 132 ff.)

Säuren, Phenole, Amine, Neutralstoffe

Ätherische Lösung mit Natriumhydrogencarbonatlösung ausschütteln (S. 111 ff.)

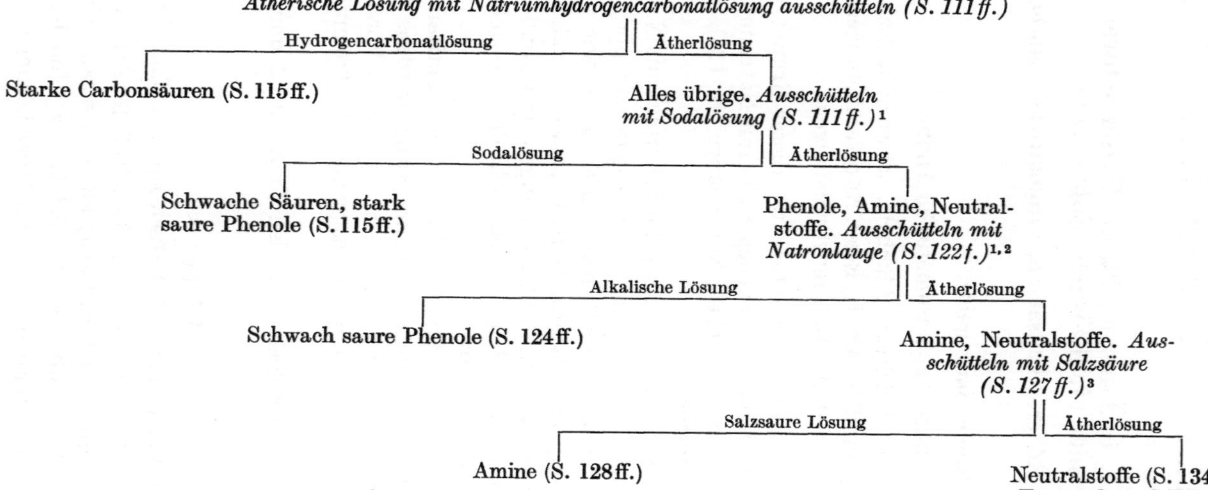

---

¹ Dabei können Ester und z. T. Halogenverbindungen verseift werden, z. B. Oxalester, Benzalchlorid u. a. Man säuert daher die alkalische Lösung mit Salzsäure an, filtriert Säuren und Phenole ab (Ausäthern) und macht mit Barytwasser alkalisch. Niederschlag der Bariumsalze von Säuren leicht spaltbarer Ester; man untersucht nach S. 175f. (Vgl. ferner S. 189f.)

² Die alkalische Lösung ist sogleich anzusäuern (S. 122).

³ Dabei können Säureamide und -anilide teilweise verseift werden, z. B. Formanilid.

sich mit 2 n Salzsäure oder Schwefelsäure an und beobachtet, ob Ausscheidung einer Säure eintritt; die wäßrigen Lösungen werden dann mit Äther ausgeschüttelt, auch wenn keine Ausscheidung erfolgt ist. Der Äther wird auf einem Uhrglas abgedunstet und der Rückstand untersucht. Läßt sich aus der Hydrogencarbonatlösung keine Säure erhalten und aus der Sodalösung nur geringe Anteile, so prüfe man diese mit Eisenchlorid, ob ein Phenol vorliegt. Ist dies der Fall, so trennt man die sodalöslichen Anteile nicht besonders ab, sondern bearbeitet die Phenole in der Gruppe S.F. I B[1].

Beim Ausschütteln mit Sodalösung achte man darauf, ob Färbung der alkalischen Lösungen auftritt. Die Salze der Nitrophenole (hauptsächlich des o-Nitrophenols) sind tiefer farbig als die freien Nitrophenole. Es kann auch durch Einwirken von Luftsauerstoff (Autoxydation) Dunkelfärbung eintreten, z. B. bei Gegenwart mehrwertiger Phenole (Vanillin, Protocatechusäure, Gallussäure); dann wird man in der Hauptanalyse die sehr empfindlichen alkalischen Lösungen möglichst rasch ansäuern.

Schwer lösliche Natriumsalze können sich bei Gegenwart von Polynitrophenolen oder höhermolekularen Fettsäuren[2] ausscheiden. Dabei treten häufig unangenehme Emulsionen auf, hauptsächlich bei Gegenwart von Fettsäuren, speziell von Ölsäure. Man versuche, mit 2 n Kaliumcarbonatlösung auszuschütteln. Häufig scheiden sich dabei die Kaliseifen als ölige Schicht zwischen der wäßrigen und ätherischen Lösung ab und sind so leicht zu entfernen[3].

Man kann auch versuchen, schwer lösliche Salze, z. B. Salze der Nitrophenole, durch öfteres Ausschütteln mit Wasser zu lösen. Bei Seifen treten dann häufig Emulsionen auf, die durch Zusatz einer Kochsalzlösung wieder verschwinden, da die Natronsalze der Fettsäuren dann ausgesalzen werden. Emulsionen können in manchen

---

[1] Bei Anwesenheit von Säuren oder stark sauren Phenolen nimmt bei einmaligem Ausschütteln der ätherischen Lösung von S.F. I die Sodalösung keine oder nur Spuren von Phenolen der Gruppe B auf, weil sich durch die frei werdende Kohlensäure Hydrogencarbonat bildet.

[2] Die Natriumsalze auch einiger anderer Säuren sind in Wasser schwer löslich, vor allem bei Gegenwart von Soda (z. B. Oxalsäure-monoanilid).

[3] Seifen lassen sich auch so abtrennen, daß man nach dem Schütteln mit Kaliumcarbonatlösung die kolloidlöslichen Kalisalze mit einer gesättigten Calciumchloridlösung in die unlöslichen Calciumsalze überführt, die abfiltriert werden können.

Fällen auch durch einige Tropfen Äthanol zerstört werden. Oft müssen aber die schwer löslichen Salze abgetrennt und gut mit Äther ausgewaschen werden; man zersetzt sie dann mit verdünnter Salzsäure; die in Freiheit gesetzte Säure wird abgetrennt oder in Äther aufgenommen und, wie unten angegeben, weiter untersucht.

Die Sodalösung wird schließlich mit 2 n Salzsäure oder Schwefelsäure[1] angesäuert; man vermeide, zu große Säuremengen zuzugeben[2]! (Prüfung mit Tropäolinpapier.)

Beim Vorliegen von Aminosäuren tritt nach vorsichtigem Zusatz von Salzsäure erst Fällung der freien Aminosäure ein und bei weiterem Zusatz wieder Lösung unter Salzbildung. Da es sich wegen ihrer Ätherlöslichkeit nur um aromatische Aminosäuren handeln kann, so können diese mit verdünnter Essigsäure ausgefällt werden.

Bei der *Hauptanalyse* wird sofort mit einem Überschuß von Natriumcarbonat- bzw. Kaliumcarbonatlösung (50—100 ml) ausgeschüttelt, falls die Voranalyse ergeben hat, daß kein Gemisch von starken Säuren mit schwachen Säuren und stark sauren Phenolen vorliegt. Andernfalls extrahiert man zunächst mit Hydrogencarbonatlösung die starken Carbonsäuren, mit Sodalösung dann die schwachen Säuren und die stark sauren Phenole[3]. Man überzeuge sich durch nochmaliges Ausschütteln der Ätherlösung mit etwa 5 ml Sodalösung und Ansäuern derselben, ob die Säuren völlig entfernt worden sind. Die vereinigten Sodalösungen werden durch Ausschütteln mit wenig Äther gereinigt. Wenn sich nach dem Ansäuern der

---

[1] Zum Ansäuern alkalischer Lösungen werden in der organischen Analyse 2 n Salzsäure oder Schwefelsäure verwendet. Tritt beim Ansäuern eine Fällung, die durch Filtrieren abgetrennt wird, ein, so ist Salzsäure zu bevorzugen. Wenn nämlich aus Niederschlägen Spuren von Schwefelsäure nicht vollständig ausgewaschen werden, so können diese beim Trocknen Zersetzung unter Färbung der Präparate hervorrufen; bei Salzsäure ist diese Gefahr weniger groß. Muß dagegen die in Freiheit gesetzte Säure mit Äther aufgenommen oder extrahiert werden, so ist zum Ansäuern Schwefelsäure geeigneter, da diese nicht in den Äther geht, während Salzsäure in geringer Menge mit Äther extrahierbar ist.

[2] Ein gutes Gelingen der Analyse ist nur dann möglich, wenn man möglichst geringen Überschuß von jedem Reagenz anwendet.

[3] Man kann auch bei Anwesenheit von Gemischen von Säuren und stark sauren Phenolen mit Sodalösung extrahieren; dann wird in die abgetrennte Sodalösung bis zur Sättigung CO_2 eingeleitet; danach kann man die schwachen Säuren und stark sauren Phenole mit Äther ausziehen; in der Hydrogencarbonatlösung bleiben die starken Säuren.

Sodalösung mit Salzsäure bzw. Essigsäure ein fester Niederschlag ausscheidet, wird filtriert und danach das Filtrat zweimal mit etwa 15—20 ml Äther extrahiert; auf diese Weise gewinnt man auch die in Wasser löslichen Säuren[1]. Ist die Säure flüssig oder kristallisiert sie schlecht, so wird in Äther aufgenommen. Nach dem Trocknen mit wasserfreiem Natriumsulfat[2] wird der Äther abdestilliert. Die zurückbleibende Säure wird entweder durch Vakuumdestillation oder, wenn sie fest ist, durch Kristallisation gereinigt. Man beachte beim Umkristallisieren aus Alkohol, daß Veresterung eintreten kann, besonders dann, wenn eine anorganische Säure zum Ausfällen benutzt und nicht genügend entfernt wurde.

1. Die Säure ist flüssig oder tiefschmelzend (unter 100° C)

a) Enthält nur Kohlenstoff, Wasserstoff und Sauerstoff

α) *Gesättigte Säuren* (Zur Identifizierung: S. 210f.). Die Lösung der Säuren in Soda entfärbt Kaliumpermanganat nicht.

α_1) *Fettsäuren von mittlerem Molekulargewicht und aliphatisch-aromatische Säuren.* Die Natronsalze sind in Wasser leicht löslich.

Unterscheidung und Trennung eines Gemisches dieser Säuren durch Destillation oder Chromatographie[3]. Sie werden charakterisiert durch Überführen ihrer Säurechloride[4] (Kochen mit einem Überschuß von Thionylchlorid) in die Säureanilide oder die p-Toluidide (S. 212). Dabei ist es nicht nötig, das unverbrauchte Thionylchlorid zu entfernen, weil seine Reaktionsprodukte mit Anilin bzw. Toluidin beim Schütteln mit Salzsäure (zum Entfernen des überschüssigen Arylamins) zerstört werden. Die Fettsäuren lassen sich ferner als Amide (S. 211) charakterisieren oder als Ester des p-Nitrobenzylalkohols (S. 213) und des p-Bromphenacylalkohols (S. 212) durch Umsetzung mit den ent-

---

[1] In vielen Fällen kann dieser Ätherextrakt vernachlässigt werden; es empfiehlt sich aber, zur Kontrolle der Analyse diese Extraktion auszuführen, hauptsächlich deshalb, weil bei unvollkommener Trennung der Gruppen S.F. I und II auch in Wasser lösliche Substanzen, die sich leicht in Äther lösen, hier aufgefunden werden können.

[2] Calciumchlorid kann mit Säuren Anlagerungsverbindungen geben, wodurch Verluste auftreten.

[3] Papierchromatographisch: CRAMER, S. 154f.; dünnschichtchromatographisch: RANDERATH, S. 163; gas-chromatographisch (frei oder als Methylester): BAYER, S. 114.

[4] MEYER, H.: Mh. Chem. **22**, 415 (1901); ferner S. 211.

8*

sprechenden Halogenverbindungen. Die Überführung der Säuren mit Carbodiimiden[1] in acylierte Harnstoffderivate geschieht durch 6—8 stündiges Kochen in abs. Äther oder Aceton (geringer Überschuß des Carbodiimides); meist scheiden sich die Ureide kristallin aus; Umkristallisation aus Methanol oder Äthanol. Beim Erhitzen der Ureide in sekundärem Octylalkohol tritt in wenigen Minuten Zerfall in Isocyanate und Säurearylide ein; Reinigung der basischen Säurearylide (aus basischem Carbodiimid) durch Lösen in verdünnter Salzsäure und Ausfällen mit verdünnter Natronlauge.

α_2) *Höhere Fettsäuren*[2]. Bei Zusatz von viel Sodalösung werden schwer lösliche Natronsalze ausgeschieden; Seifen. Charakterisierung der Säuren als Säureamide oder als Säureanilide nach Überführen in die Säurechloride (S. 211 f.).

β) *Ungesättigte Säuren*. Bei Zusatz von Kaliumpermanganat zu der Sodalösung tritt sofort Entfärbung unter Braunsteinausscheidung ein. Wesentlich sind hier Ölsäure und andere ungesättigte höhermolekulare Fettsäuren sowie ungesättigte aliphatisch-aromatische Fettsäuren, die durch die Löslichkeit ihrer Natriumsalze unterschieden werden können. Charakterisierung der Ölsäure durch die Löslichkeit einiger Salze, z. B. des Pb-Salzes in Äther, ferner durch Überführung in Elaidinsäure. Bestimmung der Zahl der Doppelbindungen in ungesättigten Fettsäuren durch die Jodzahl[3].

Höhere Fettsäuren und ungesättigte Fettsäuren sind papierchromatographisch (CRAMER, S. 159); dünnschicht- (RANDERATH, S. 163) und gaschromatographisch als Methylester (BAYER, S. 119) trennbar.

b) Enthält weiter Halogen: Halogensubstituierte höhere Fettsäuren und Halogenphenole (S. 120).

c) Enthält weiter Schwefel: Thiophenole, Geruch (Charakterisierung und Identifizierung: S. 224 f.).

---

[1] Besonders geeignet ist das Di-p-dimethylaminophenyl-carbodiimid, vgl. F. ZETZSCHE u. a.: Ber. Deut. Chem. Ges. **71**, 1088, 1516 (1938).

[2] Über die Bestimmung von Palmitin- und Stearinsäure nebeneinander a) auf Grund des Schmelzdiagramms (Eutektikum): HOLDE, D., u. W. BLEYBERG: Z. Angew. Chem. **43**, 897 (1930); b) durch potentiometrische Titration mit $AgNO_3$ (neben anderen Fettsäuren): HARVA, O., u. P. EKWALL: Acta Chem. Scand. **2**, 713 (1948).

[3] Vgl. MEYER, S. 806 ff. — BERL-LUNGE, Bd. 4, S. 447.

2. Die Säure ist fest und höher schmelzend (über 100° C)

a) Enthält nur Kohlenstoff, Wasserstoff und Sauerstoff

α) *Die Säure zeigt keine Eisenchloridreaktion.*

α_1) Gesättigte Säuren. Die Säure ist beständig gegen sodaalkalisches Kaliumpermanganat: Aromatische Säuren, Äther, evtl. Ester von Phenolcarbonsäuren, ferner aromatische Hydroxysäuren, aliphatisch-aromatische Säuren und aromatische Ketosäuren. Unterscheidung dieser Säuren durch physikalische Eigenschaften: Schmelzpunkt, Löslichkeit. Bei Äthern von aromatischen Phenolcarbonsäuren wird die Alkoxylgruppe nach der Zeiselschen Methode[1] nachgewiesen und identifiziert. Die Ester (Acetylsalicylsäure) werden verseift. Acetylsalicylsäure ist gegen konz. Hydrogencarbonatlösung unbeständig, was bei der Abtrennung beachtet werden muß. Weitere Möglichkeiten zur Charakterisierung: Herstellung von Säurechloriden (Kochen mit Thionychlorid) und Überführung derselben in Säureanilide oder Säureamide (S. 211f.). Auch die p-Nitrobenzyl- oder p-Bromphenacylester (vgl. S. 212f.) sind geeignet. Umsetzung mit Carbodiimiden vgl. S. 116f. Papierchromatographische Trennung: CRAMER, S. 156. Dünnschichtchromatographische Trennung[2]: STAHL, S. 620 und 666. Gaschromatographische Trennung[3].

α_2) Ungesättigte Säuren. Die Sodalösung entfärbt Kaliumpermanganat[4]. Dagegen ist die Prüfung mit einer Lösung von Brom in Schwefelkohlenstoff in vielen Fällen nicht eindeutig, da viele $\alpha.\beta$-ungesättigte aromatische Säuren nicht momentan Brom addieren, z. B. Zimtsäure.

Zur Charakterisierung: Herstellung von Bromadditionsprodukten oder von Säureamiden oder Aniliden. Bei der Darstellung der Säurechloride ungesättigter Säuren verwende man Thionylchlorid in Petroläther oder Benzol, da sonst Anlagerung von Chlorwasser-

---

[1] Vgl. dazu die Untersuchung von Phenoläthern, S. 142.

[2] Siehe weiter: MAKSIMOV, O. B., u. L. S. PANTIUKHINA: J. Chromatog. **20**, 160 (1965).

[3] Aromatische Säuren: HILL, J. T., and I. D. HILL: Analytic. Chem. **36**, 2504 (1964); Phenolcarbonsäuren und Derivate: GUTNICK, D. L., u. G. ZWEIG: J. Chromatog. **13**, 319 (1964); LACH, J. L., and J. S. SAWARDEKER: J. pharm. Sci. **54**, 424 (1965).

[4] Solche Prüfungen mit Permanganatlösung dürfen nur an reinen Substanzen ausgeführt werden.

stoff an die Doppelbindung und evtl. Verharzung eintreten kann. Umsetzung mit Carbodiimiden zu Ureiden vgl. S. 116f. Zur chromatographischen Trennung: s. Abschn. β, S. 116.

β) *Die Säure zeigt Eisenchloridreaktion.* Entfärbung von Permanganat und von Brom erfolgt auch bei Abwesenheit von Doppelbindungen. Phenolcarbonsäuren und stark saure Phenole (Vanillin). Man beachte, daß eine Reihe von Phenolcarbonsäuren, z. B. die p-Hydroxybenzoesäure, keine charakteristische Eisenchloridreaktion gibt. Das Erkennen der Hydroxylgruppe in solchen Phenolcarbonsäuren ist schwierig; sie kann entweder durch Acetylieren mittels Essigsäureanhydrid oder durch Umsetzen in alkalischer Lösung mit Chlorkohlensäureester bzw. Benzoylchlorid charakterisiert werden. Chromatographische Trennung: s. Abschn. α_1, S. 117.

β_1) Phenolcarbonsäuren: in Natriumhydrogencarbonat löslich. Die alkalische Lösung gibt beim Schütteln mit Benzoylchlorid bzw. Chlorkohlensäuremethylester keine Ausscheidung; erst beim Ansäuern fallen die benzoylierten Säuren neben Benzoesäure (Trennung mit Petroläther bzw. heißem Wasser) bzw. die Carboxymethylderivate aus, die zur Charakterisierung der Säuren dienen. Säurechloride lassen sich meist nicht direkt gewinnen[1].

β_2) Phenole mit stark saurem Charakter sind nur in wäßriger Soda löslich; sie werden beim Schütteln in alkalischer Lösung mit Benzoylchlorid in neutrale Produkte verwandelt, die sich ausscheiden. Hierher gehört auch Alizarin (in Äther schwer löslich; vgl. Gruppe S.F. IV). Papierchromatographische Trennung: CRAMER, S. 149f. Dünnschichtchromatographische Trennung: RANDERATH, S. 214f; STAHL, S. 642 (phenolische Antioxydantien)[2]. Gaschromatographische Trennung, BAYER, S. 129f[3].

b) Enthält weiter Stickstoff

α) *Aromatische Aminocarbonsäuren*[4] *sind in verdünnter Salzsäure löslich,* in verdünnter Essigsäure unlöslich; z. B. Anthranilsäure.

---

[1] Vgl. FISCHER, E.: Ber. Deut. Chem. Ges. **46**, 3253 (1913); **41**, 2875 (1908).

[2] Siehe ferner: SEEBOTH, H., u. H. GÖRSCH: Chem. Tech. (Berlin) **15**, 294 (1963); Alkylphenole: CRUMP, G. B.: Anal. Chem. **36**, 2447 (1964).

[3] Tert.-butylierte Phenole: KRUMBHOLZ, K., u. U. VOLLERT: Chem. Tech. (Berlin) **17**, 693 (1965).

[4] Aminobenzoesäuren sind in Wasser etwas löslich, treten z. T. also in S.F. II auf.

Zur Charakterisierung dienen Acetyl-, Benzoyl- bzw. p-Toluol-sulfonylderivate, ferner Phenylharnstoffderivate, die man mit Phenylisocyanat erhält (zu den einzelnen Derivaten: S. 218f.).

β) Aromatische Nitrocarbonsäuren und schwach basische Amino-carbonsäuren sind in verdünnter Salzsäure unlöslich. Beim Erhitzen der Säuren erfolgt Kohlendioxidabspaltung. Zur Identifizierung der Nitrocarbonsäuren kommen ihre Ester in Betracht, ferner die Reduktion zu Aminosäuren und deren Überführung in Derivate (S. 220).

γ) Nitrophenole und Nitronaphthole sind gelb, ihre Salze meist tiefer farbig. Mononitroverbindungen geben Eisenchloridreaktion[1] und werden nach der Schotten-Baumannschen Reaktion durch Überführen in Benzoylderivate charakterisiert (S. 199). Polynitro-verbindungen wie Pikrinsäure geben keine typische Eisenchlorid-reaktion und in alkalischer Lösung keine Benzoylderivate. Zur Charakterisierung dieser Substanzen, hauptsächlich der Pikrin-säure, kann die Herstellung von schwerlöslichen Salzen mit ter-tiären Aminen, wie z. B. mit Dimethylanilin, dienen (vgl. Anm. 3, S. 130). Pikrinsäure gibt auch mit Naphthalin eine z. B. in Äthyl-acetat schwer lösliche Molekülverbindung, Schmp. 152 bis 152,5° C[2].

δ) Amid- und Anilidderivate von Di- evtl. Polycarbonsäuren, Oxalsäure-monoanilid, Phthalsäure-monoanilid sind meist farblos und in verdünnter Salzsäure unlöslich. Sie werden durch längeres Kochen mit Säuren oder Alkalien verändert. Man verseift durch Kochen mit 2 n Kalilauge oder 18%iger Salzsäure[3] und bestimmt danach die Dicarbonsäure neben dem Amin. Letzteres kann ent-weder als aliphatisches Amin aus der alkalischen Lösung abdestil-liert oder, z. B. bei Vorliegen eines aromatischen Amins, durch Ausäthern gewonnen werden. Fällt die Säure nach dem Ansäuern der alkalischen Lösung aus, so wird sie abfiltriert oder durch Aus-äthern gewonnen; sie gehört zu Gruppe S.F. I bzw. IV, wenn sie in Äther unlöslich ist; falls kein Niederschlag entsteht, sich aber eine Säure ausäthern läßt, gehört diese zu Gruppe S.F. II. Ist die Säure in Äther unlöslich, aber in Wasser löslich, so muß sie als Calcium- oder Bleisalz ausgefällt werden (vgl. Säuren der Gruppe S.F. III).

---

[1] Evtl. in alkoholischer Lösung.

[2] BADDAR, F. G., and H. MIKHAIL: J. Chem. Soc. **1949**, 2927.

[3] 18%ige Salzsäure = 1 Teil konz. Salzsäure + 1 Teil Wasser.

c) Enthält weiter Halogen

α) Halogensubstituierte Phenole geben mit Benzoylchlorid unlösliche Benzoylderivate (S. 199). Die Eisenchloridreaktion ist hier
nicht charakteristisch; sie bleibt z. B. beim Trichlorphenol aus.

β) Halogensubstituierte Säuren. Das Halogen kann aromatisch
oder aliphatisch gebunden sein; Prüfung auf seine Bindungsart
durch Kochen mit verdünnter methanolischer Natronlauge (vgl.
S. 93 f.).

d) Enthält weiter Schwefel

Thiosalicylsäure, Thionaphthole. (Sulfonsäuren können in dieser
Gruppe nicht vorkommen, da sie in Äther unlöslich sind.)

3. In Äther sehr leicht, in Wasser lösliche Säuren bzw. Phenole

Diese Substanzen gehören in die Gruppe S.F. II, können aber,
wenn die Trennung der Gruppen I und II nicht völlig gelingt, sich
auch teilweise in Gruppe S.F. I vorfinden: z. B. mehrwertige
Phenole, hauptsächlich Hydrochinon, Hydroxysäuren, wie Mandelsäure (vgl. S.F. II, S. 157). Darum muß hier auf diese Stoffe geprüft werden, und zwar durch Ausäthern der angesäuerten Sodalösung nach dem Abfiltrieren der schwerlöslichen Säuren (evtl. im
Apparat von KUTSCHER-STEUDEL).

Trennungen in der Gruppe S.F. I A[1]

1. Häufig wird eine Trennung durch Unterschiede in den physikalischen Eigenschaften möglich sein, also durch fraktionierte
Destillation oder Kristallisation; hauptsächlich kann die verschiedene Löslichkeit der Salze, z. B. der Calcium- oder der Bleisalze,
benützt werden.

In manchen Fällen führt auch die Wasserdampfdestillation zum
Ziel; z. B. lassen sich o- und p-Nitrophenol, o- und p-Hydroxybenzoesäure[2] so unterscheiden und trennen.

2. Vielfach können Unterschiede in der Säurestärke zur Trennung verwandt werden. Man kann aus einer Lösung der Natriumsalze in Wasser durch vorsichtigen Zusatz von verd. Salzsäure

---

[1] Ein allgemeiner Trennungsgang in Form einer Tabelle wird hier nicht
angegeben.

[2] Trennung der Salicylsäure von anderen nichtflüchtigen Verbindungen.

einzelne Fraktionen ausfällen, die getrennt untersucht werden; man kann auch eine ätherische Lösung der freien Säuren fraktionierend mit Hydrogencarbonatlösung ausziehen; die aufeinanderfolgenden Auszüge werden getrennt aufgearbeitet.

Auf diese Weise lassen sich Carbonsäuren von vielen sauren Phenolen dieser Gruppe trennen. Mit Hydrogencarbonat werden vor allem die Carbonsäuren extrahiert, während die schwächer sauren Phenole nur beim Schütteln mit Sodalösung Salze bilden. Diese Trennung ist aber nicht in allen Fällen anwendbar, z. B. nicht bei Pikrinsäure, da sie zu stark sauer ist.

3. Aromatische Aminocarbonsäuren lassen sich von anderen Säuren durch Lösen in 2 n Salzsäure abtrennen. Die unlöslichen Anteile werden abfiltriert oder in Äther aufgenommen[1]. Aus der salzsauren Lösung kann die Aminosäure durch Überführen in ein Benzoylderivat isoliert werden, das keine basischen Eigenschaften mehr besitzt. Nach dem Schütteln mit Benzoylchlorid fällt die benzoylierte Säure, verunreinigt mit Benzoesäure, aus (vgl. S. 118, β_1 und S. 218f.).

4. Die Trennung eines Gemisches von Phenolcarbonsäuren und anderen Säuren kann durch Verestern mit etwa 3%iger methanolischer Salzsäure gelingen; dabei reagiert nur die Carboxylgruppe, nicht aber die phenolische Hydroxylgruppe. Man erhält also ein Gemisch von neutralen Estern und Phenolcarbonsäureestern, die sich nach dem Lösen in Äther mit verdünnter Natronlauge trennen lassen. Zur Gewinnung der freien Säuren aus den Estern s. Verseifung der Ester S. 138ff.

5. Vielfach lassen sich chromatographische Verfahren zur Trennung anwenden. Dazu kann man die freien Fettsäuren[2] oder aber ihre p-Phenylazophenacylester[3] (an SiO_2) benützen. Phenolcarbonsäuren lassen sich sehr einfach papierchromatographisch trennen[4] und identifizieren. Weitere Angaben zur chromatographischen Analyse befinden sich auf S. 115f.

---

[1] Ist die Säurekonzentration zu gering, so gehen infolge Hydrolyse auch die Aminosäuren z. T. in den Äther.

[2] KAUFMANN, H. P.: Fette, Seifen, Anstrichmittel **52**, 331, 713 (1950). — CLAESSON, S.: Rec. Trav. Chim. Pays-Bas **65**, 571 (1946). — LOVERN, J. A.: Ann. Rev. Biochem. **18**, 97 (1949).

[3] IKEDA, R. M., A. D. WEBB u. R. E. KEPNER: Anal. Chem. **26**, 1228 (1954).

[4] BRAY, H. G., W. V. THORPE u. K. WHITE: Biochem. J. **46**, 271 (1950).

Gruppe B. Phenole, Naphthole und Enole
sowie Säureimidderivate mit saurem Charakter

Die nach dem Abtrennen der Säuren verbleibende ätherische Lösung schüttelt man in der Voranalyse mit 10—20 ml 2 n *Natronlauge* aus. Man achte darauf, ob sich die alkalische Lösung rasch dunkel färbt (mehrwertige Phenole und Aminophenole[1]). Alsdann muß in der Hauptanalyse rasch angesäuert werden; am besten läßt man die alkalische Lösung sofort in verd. Salzsäure einlaufen. In manchen Fällen scheiden sich die Phenolate als voluminöse Niederschläge aus. Man kann sie nach Ablassen der Natronlauge evtl. durch Zugabe von Wasser lösen; falls dabei aber Hydrolyse eintritt, filtriert man und wäscht zur Entfernung der Basen und neutralen Anteile gut mit Äther nach. Danach werden die Phenolate durch Zugabe von verdünnter Salzsäure zersetzt. Manchmal scheiden die Phenole sich dabei in fester Form aus und können abfiltriert werden, sehr häufig aber als milchige Trübung, die in Äther aufgenommen wird; in wenigen Fällen erfolgt keine Ausscheidung (Aminophenole).

Bei Enolen und Säureimidderivaten können Spaltungen eintreten, wenn die alkalische Lösung längere Zeit stehenbleibt.

Bei der Hauptanalyse schüttelt man die ätherische Lösung mit 50—100 ml 2 n Natronlauge aus[2], schüttelt sie dann mehrmals mit 3—5 ml Lauge und prüft durch Ansäuern, ob die Extraktion beendet ist. Die alkalischen Lösungen werden, evtl. nach dem Abfiltrieren von ausgeschiedenen Natriumsalzen, durch Schütteln mit wenig Äther (etwa 10 ml) gereinigt und wie oben aufgearbeitet. Auch nach dem Abtrennen fester Phenole wird die Mutterlauge ausgeäthert und der Äther nach dem Trocknen mit wasserfreiem Natriumsulfat abdestilliert.

Die flüssigen Produkte dieser Gruppe werden durch Vakuumdestillation, die festen Phenole durch Kristallisation gereinigt (Lösungsmittel: Petroläther, Alkohol oder Wasser) und mit wäßriger Eisenchloridlösung geprüft. In manchen Fällen erfolgt ein charakteristischer Farbumschlag bei nachträglichem Zusatz von Sodalösung. Oft, hauptsächlich bei Enolen, ist eine Lösung von

---

[1] Diese finden sich meist in Gruppe S.F. II.

[2] Das Ausschütteln mit Lauge muß so vorsichtig vorgenommen werden, daß Emulsionsbildung vermieden wird.

Eisenchlorid in Methanol vorzuziehen. (Thymol gibt keine charakteristische Eisenchloridreaktion.)

Für Phenole und Naphthole gibt es zahlreiche Möglichkeiten der Identifizierung: z. B. Urethane (S. 198), (substituierte) Benzoesäureester (S. 199), 2.4-Dinitrophenyläther und Substitutionsderivate mit Brom (S. 199).

1. Beim Ansäuern tritt eine Ausscheidung ein

a) Enthält nur Kohlenstoff, Wasserstoff und Sauerstoff

α) *Reagiert mit Phenylhydrazin:* Phenolaldehyde und Enole. Mit Phenylhydrazin tritt Umsetzung unter Bildung von kristallisierten Derivaten ein; Phenolaldehyde geben Phenylhydrazone, β-Dicarbonylverbindungen (Acetessigester und sonstige β-Ketocarbonsäureester und β-Diketone) gut kristallisierte Pyrazolon- bzw. Pyrazolderivate. Acetessigester kann durch das Semicarbazon charakterisiert werden; kennzeichnend sind auch unlösliche Kupfersalze (mit Kupferacetat zu erhalten). Man beachte die Keton- bzw. Säurespaltung von Acetessigester und Acetessigesterderivaten, die durch Untersuchung der Spaltstücke zur Konstitutionsaufklärung führen kann.

β) *Reagiert nicht mit Phenylhydrazin:* Phenole und Naphthole, Phenolcarbonsäureester und saure Äther von mehrwertigen Phenolen.

β_1) Durch Alkalien verseifbar. Ester der Phenolcarbonsäuren. Sie werden mit 20%iger wäßriger Kalilauge unter Luftausschluß verseift; Bestimmung des Alkohols durch Abdestillieren, der Säure durch Ansäuern der alkalischen Lösung und Extraktion mit Äther.

β_2) Durch Alkalien nicht verseifbar. Phenole, Naphthole, Hydroxyanthrachinone, die durch den Schmelzpunkt der Benzoyl- und Nitrobenzoylderivate oder durch Überführung in Urethane, Nitroderivate oder Bromsubstitutionsprodukte charakterisiert werden können (S. 198f.). Bei sauren Methyläthern von mehrwertigen Phenolen [4-Hydroxy-3-methoxy-toluol (Kreosol), Guajacol] Bestimmung des Methoxyls nach ZEISEL. Das Methyljodid wird durch Auffangen in Dimethylanilin als Trimethylphenylammoniumjodid identifiziert (vgl. S. 141f.). Naphthole geben gut kristallisierte Pikrate.

Ungesättigte Seitenketten in Phenolen (Eugenol) lassen sich nicht mit Bromlösung oder Kaliumpermanganat erkennen, da auch die einfachen Phenole damit reagieren.

Zur chromatographischen Analyse: s. Abschn. β_2, S. 118.

b) Enthält weiter Stickstoff

α) *Nitrophenole*, speziell die schwach sauren, z. B. m-Nitrophenol (p-, besonders aber o-Verbindungen, sind so stark sauer, daß sie leicht mit Sodalösung extrahiert werden können[1]; s. Gruppe S.F. I A).

β) *Einfache Hydroxyazoverbindungen*. Man beachte Farbe und Farbänderung bei Zusatz von Alkalien. Konstitutionsaufklärung durch Spaltung mit Zinn und Salzsäure, mit Natriumhyposulfit[2] oder mit Wasserstoff/Raneynickel bei Zimmertemperatur und gewöhnlichem Druck[3] zu aromatischen Aminen und Aminophenolen; erstere lassen sich häufig aus alkalischer Lösung durch Wasserdampfdestillation abtrennen und dann bestimmen. Die Aminophenole werden, ohne sie zu isolieren, in Benzoylderivate übergeführt (vgl. S. 163).

γ) *Säureanilidderivate mit schwach saurer Amidgruppe*. Diese zerfallen beim Kochen mit Alkalien in die Komponenten[4]. Die primäre Base wird mit Äther aufgenommen (S. 127 ff.). Die Säure, meist eine Fettsäure, wird durch Ansäuern in Freiheit gesetzt und mit Äther extrahiert (vgl. S. 99).

c) Enthält weiter Halogen

Einfache Halogenphenole[1] (Polyhalogenphenole finden sich in der Gruppe S.F. I A). Prüfung auf die Art des Halogens; Über-

---

[1] Bei Nitrophenolen, ebenso bei Chlorphenolen, hängt es von der Menge und der Konzentration der Alkalilösung ab, wieviel von dem Phenol bei den Säuren in der Gruppe S.F. I A gefunden wird. Die Trennung ist hier nicht scharf, weil die Säurestärke dieser Phenolderivate zwischen der der eigentlichen Phenole und der der Säuren liegt. Das gleiche gilt auch noch für andere komplizierte Phenolderivate.

[2] Vgl. GRANDMOUGIN, E.: Ber. Deut. Chem. Ges. **39**, 2494 (1906).

[3] WHITMORE, W. F., and A. J. REVUKAS: J. Am. Chem. Soc. **62**, 1687 (1940).

[4] Vgl. KLEEMANN, S.: Ber. Deut. Chem. Ges. **19**, 336 (1886).

führung in feste Derivate z. B. mit Benzoylchlorid oder p-Nitro-benzoylchlorid.

d) Enthält weiter Schwefel und Stickstoff

α) *Sulfamidderivate, Sulfanilidderivate*, die durch Erhitzen mit konz. Salzsäure auf 150—160° C im Bombenrohr oder mit 80%iger H_2SO_4 auf 135—150° C verseifbar sind. Das primäre Amin ist meist leicht zu charakterisieren; es kann entweder nach Zusatz von Alkalien in Äther aufgenommen werden (vgl. Gruppe S.F. I C), oder es wird als flüchtiges Amin mit Wasserdampf übergetrieben (vgl. L.F. II, S. 100f.). Die Charakterisierung der Sulfonsäure ist dagegen schwierig (vgl. S.F. III, S. 169 und S. 227f.). Sulfonamide sind dünnschichtchromatographisch zu trennen und zu identi-fizieren[1].

β) *Thiosäureamide und -anilide:* Farbe.

2. Beim Ansäuern erfolgt keine Ausscheidung

Aminophenole und evtl. mehrwertige Phenole (Hydrochinon)[2].

Die alkalische Lösung färbt sich an der Luft rasch dunkel; man muß deshalb sofort ansäuern. Die mehrwertigen Phenole werden danach ausgeäthert und so von den Aminophenolen getrennt.

Die Charakterisierung von Aminophenolen, die in saurer Lösung nicht mit Äther extrahierbar sind, bereitet infolge ihrer großen Zersetzlichkeit Schwierigkeiten; sie können am Auftreten dunkel-farbiger Zersetzungsprodukte in alkalischer Lösung erkannt wer-den. Die Untersuchung der Aminophenole ist auch noch dadurch erschwert, daß sie sich in den Gruppen S.F. I oder II, evtl. auch IV vorfinden können. Häufig liegen ihre Salze vor, die in Gruppe S.F. III zur Untersuchung gelangen. Substituierte Aminophenole, wie das Dimethylaminophenol, sind in Äther leicht, in Wasser schwer löslich, gehören also in die Gruppe S.F. I. Das Benzoyl-und das p-Nitrobenzoylderivat des letzteren sind in Säure löslich, weil sie als tertiäre Amine basische Eigenschaften besitzen.

---

[1] Bičan-Fišter, T., u. V. Kajganovič: J. Chromatog. **11**, 492 (1963); Gräfe, G.: Deut. Apotheker-Ztg. **104**, 1763 (1964).

[2] Diese sind z. T. mit Soda extrahierbar (S.F. IA); sie gehören wegen ihrer Wasserlöslichkeit eigentlich zur Gruppe S.F. II; siehe Trennung von Gemischen der Gruppen S.F. I und II, S. 109.

Trennungen in der Gruppe S.F. I B[1]

1. Trennungen von Gemischen müssen hier häufig auf rein physikalischem Wege (fraktionierte Destillation, Kristallisation, Löslichkeitsunterschiede in Wasser, Petroläther, Chromatographie usw.) ausgeführt werden. So lassen sich ein- und mehrwertige Phenole häufig mit Petroläther trennen, worin letztere unlöslich sind; auch die verschiedene Löslichkeit der Erdalkalisalze von ein- und mehrwertigen Phenolen ist dazu geeignet. Chemische Reaktionen können zur Trennung von Phenolaldehyden, Phenolcarbonsäureestern, Enolen und einfachen Phenolen herangezogen werden, z. B. die Herstellung von Phenylhydrazonen oder Semicarbazonen und Trennung dieser in Alkohol und in Äther schwer löslichen Produkte von den darin leicht löslichen Phenolen.

2. Phenolaldehyde lassen sich durch Schütteln mit Natriumhydrogensulfitlösung von Phenolen abtrennen; aus der Hydrogensulfitlösung kann dann durch Erwärmen mit verdünnter Schwefelsäure der Aldehyd in Freiheit gesetzt werden.

3. Phenolcarbonsäureester werden verseift (evtl. unter Luftausschluß) und so in Phenolcarbonsäuren verwandelt. Diese lassen sich von den einfachen Phenolen wie Carbonsäuren von Phenolen (S.F. I. A von B) durch Schütteln der ätherischen Lösung mit Sodalösung trennen.

4. Kresole lassen sich von Phenol dadurch trennen, daß man mit Dimethylsulfat in alkalischer Lösung veräthert und dann mit sodaalkalischer Permanganatlösung oxydiert. Die entstehenden Methoxybenzoesäuren können vom Anisol leicht getrennt werden.

5. Naphthole werden durch Kochen mit methanolischer Salzsäure oder Schwefelsäure veräthert und unterscheiden sich so von den Phenolen; man erhält neutrale Äther neben den schwach sauren Phenolen.

6. Auch bei den Phenolen lassen sich vorteilhaft papierchromatographische Methoden[2] zur Trennung und Identifizierung anwenden. Zur Sichtbarmachung dient die Eisenchlorid- oder die Kupplungsreaktion[3]. (Siehe die Hinweise bei Abschn. β_2, Phenole, S. 118.)

---

[1] Ein Trennungsgang in Form einer Tabelle wird hier nicht gegeben.

[2] DURANT, J. A.: Nature **169**, 1062 (1952). — WEN-HUA CHANG, R. L. HOSSFELD, and WM. M. SANDSTROM: J. Am. Chem. Soc. **74**, 5766 (1952). — EVANS, R. A., W. H. PARR, and W. C. EVANS: Nature **164**, 674 (1949).

[3] FREEMAN, J. H.: Anal. Chem. **24**, 955, 2001 (1952); — REESE, J.: Angew. Chem. **66**, 170 (1954).

Gruppe C. Amine

Die nach dem Abtrennen der Säuren und Phenole verbleibende ätherische Lösung wird mit etwas Wasser gewaschen. Bei der *Voranalyse* schüttelt man darauf mit 5—10 ml 2 n Salzsäure[1] und beobachtet, ob sich evtl. schwerlösliche Chlorhydrate ausscheiden, z. B. Phenylhydrazin- oder Benzidin-chlorhydrat. In diesem Fall wird abfiltriert und mit Äther gewaschen; der Niederschlag wird also nicht durch Zusatz von Wasser in Lösung gebracht, weil solche Chlorhydrate sehr schwer löslich sein können. Außerdem würde durch starkes Verdünnen partielle Hydrolyse der Salze von schwach basischen Aminen eintreten, so daß sich diese z. T. wieder in Äther lösen. Das salzsaure Filtrat wird mit einem Überschuß von 2 n Natronlauge alkalisch gemacht. Die Amine scheiden sich dabei als milchige Trübung oder in festem Zustand aus und werden in Äther aufgenommen. Tritt keine Ausscheidung ein, so prüfe man durch Ausäthern, ob ein in Wasser lösliches Amin vorhanden ist, das sich in Gruppe S.F. II befinden sollte.

Die ursprüngliche ätherische Lösung wird wiederholt mit 2—3 ml 2 n Salzsäure geschüttelt und die saure Lösung jedesmal auf Amine geprüft. Um die schwach basischen Amine vollständig zu extrahieren, muß man meist mehrmals ausschütteln; man kann dazu auch etwas stärkere, 3 n (etwa 10%ige) Salzsäure verwenden. Die Grenze zwischen diesen und den nicht extrahierbaren Aminen, deren Salze völlig hydrolysiert sind, ist nicht scharf (geradeso wie die Grenze zwischen Phenolen und Säuren). Durch noch stärkere, etwa 18%ige Säure wird eine Reihe sehr schwacher Basen, wie o-Nitroanilin, Diphenylamin, Dichloranilin, endlich auch Acetanilid extrahiert; die Chlorhydrate scheiden sich dabei z. T. in fester Form aus. Bei der Voranalyse überzeugt man sich durch Schütteln mit 18%iger Salzsäure[2], ob solche ganz schwach basischen Stoffe vorhanden sind; man beachte dabei, daß sich darin Äther unter Erwärmen erheblich löst und deshalb auch Neutralstoffe

---

[1] Schwefelsäure wird in der Regel nicht verwandt, weil die Sulfate schwerer löslich sind als die Chlorhydrate; Essigsäure, deren Salze leicht löslich sind, ist zu schwach sauer und extrahiert die Amine nur unvollständig. Auch lösen sich einige Neutralstoffe der Gruppe S.F. ID in Essigsäure schon beträchtlich.

[2] Hergestellt durch Vermischen von 1 Vol. konz. Salzsäure mit 1 Vol. Wasser.

der Gruppe S.F. I D in die salzsaure Lösung gelangen; natürlich kann dabei auch Zersetzung solcher Stoffe eintreten.

Bei der *Hauptanalyse* schüttelt man die ätherische Lösung gründlich mit etwa 50 ml 2 n Salzsäure durch. Ein ausgeschiedenes, schwer lösliches Salz filtriert man auf einer Nutsche und wäscht gut mit verdünnter Salzsäure und Äther nach. Die ätherische Lösung wird, je nach dem Ergebnis der Vorprüfung, noch einige Male mit etwa 5—10 ml 2 n oder 3 n Salzsäure extrahiert. Die vereinigten salzsauren Lösungen werden zur Reinigung mit wenig Äther geschüttelt. Dann werden nach Zusatz von 2 n Natronlauge die freien Amine in Äther aufgenommen. Die unlöslichen Chlorhydrate werden gleichfalls unter Erwärmen mit Natronlauge zersetzt und die freien Amine, auch wenn sie fest sind, in Äther gelöst, um zu sehen, ob die Salze völlig zerlegt sind.

Die ätherische Lösung der Amine wird mit etwas festem Kaliumhydroxid oder wasserfreiem Kaliumcarbonat getrocknet; nach dem Abdestillieren des Äthers werden sie durch Vakuumdestillation oder Kristallisation gereinigt. Als Lösungsmittel dienen hier Petroläther (aus dem sich tiefschmelzende Amine umkristallisieren lassen), Äthanol, evtl. Benzol. Man prüfe, ob außer Stickstoff noch Halogen vorhanden ist. Ungesättigte Amine können in schwach schwefelsaurer Lösung mit Permanganat erkannt werden.

1. Stark basische Amine, in Wasser schwer löslich

Die wäßrige Lösung der Amine reagiert alkalisch (Prüfung mit Phenolphthalein), die der Chlorhydrate neutral; höhere aliphatische, aliphatisch-aromatische und alicyclische Amine; Charakterisierung durch das Verhalten gegen salpetrige Säure (S. 215f.). Aliphatisch-aromatische Amine sind infolge ihrer Löslichkeit in Wasser auch in Gruppe S.F. II zu finden.

2. Schwach basische Amine[1], in Wasser schwer löslich

Aromatische Amine und aromatische Hydrazinderivate; cyclische Amine.

Die wäßrige Lösung der Chlorhydrate reagiert sauer: Versetzt man etwa 0,25 ml des Amins mit etwas Wasser und 2—3 Tropfen

---

[1] Die Trennung ist auch hier nicht scharf; Phenylendiamine, vor allem die m-Derivate, reagieren schwach alkalisch. Sie sind in Wasser z. T. löslich, gehören also in die Gruppe S.F. II. Sie nehmen in bezug auf Basizität und Löslichkeit eine Mittelstellung ein, was ihre Einordnung und Abtrennung erschwert.

2 n Salzsäure, so reagiert die Flüssigkeit schon sauer (Prüfung mit Lackmuspapier).

Unterscheidung der aromatischen Amine mit salpetriger Säure

Man löst etwa 0,1 bis 0,2 g des festen oder flüssigen Amins in 2—3 ml 2 n Salzsäure; ist das Chlorhydrat in der Kälte schwer löslich, so löst man unter Erwärmen und erhält durch rasches Abkühlen und Aufgießen auf ein Stückchen Eis einen Kristallbrei, der sich leicht mit Nitrit umsetzt. Das Chlorhydrat wird nach Zufügen von wenig Eis mit etwa 2 ml einer 1 n Lösung von Natriumnitrit langsam versetzt.

a) Primäre aromatische Amine

Die Lösung bleibt bei Zusatz von Nitrit klar[1] und trübt sich bei vorsichtigem Zusatz eines Überschusses von verdünnter Natronlauge unter Eiskühlung nicht[2]. Die alkalische Lösung wird mit einer alkalischen β-Naphthol- oder R-Salzlösung versetzt (evtl. Tüpfelprobe auf Filtrierpapier): es erfolgt Farbstoffbildung. Primäre Amine lassen sich auch mit der Isonitrilreaktion erkennen, die aber bei schwerflüchtigen Aminen nicht immer deutlich ist. Ferner geben sie mit Bindon[3] in Eisessig eine blaue (bei sehr geringer Konzentration eine grüne) Färbung[4].

α) *Enthält Kohlenstoff, Wasserstoff, Stickstoff, evtl. Sauerstoff.*

α_1) *Anilin und seine Homologe,* Naphthylamine, p-Phenylendiamin, Benzidin, Aminophenoläther, Aminocarbonsäureester, ferner Aminoazoverbindungen (meist schwer löslich, Gruppe S.F. IV).

Für diese Verbindungen sind zahlreiche Derivate zur Identifizierung bekannt: als Acetyl- und Benzoylderivate (S. 216f.), als p-Toluolsulfonamide (S. 217) und als Phenylthioharnstoffe und Nitroaniline (S. 217f.).

---

[1] m-Phenylendiamine, die in Wasser löslich sind (Gruppe S.F. II), geben sofort Farbstoffe, o-Phenylendiamine innere Kondensationsprodukte (Benztriazol).

[2] Natürlich nur dann, wenn bei der Diazotierung genügend Nitrit (Prüfung mit Jodkalistärkepapier) und genügend Salzsäure zugegeben wurde; andernfalls scheiden sich nicht diazotierte Amine bzw. Diazoaminoverbindungen aus.

[3] Vgl. WANAG, G.: Z. Anal. Chem. **113**, 21 (1938); **123**, 292 (1942).

[4] Mit aliphatischen primären und mit alicyclischen Aminen tritt eine violette Färbung auf. Primäre aliphatische und aromatische Di- und Polyamine zeigen mit Bindon die gleiche Reaktion wie die Monoamine.

α_2) *Nitroaniline* sind fest; charakteristische Farbe. Hier finden sich nur Mononitro-, und zwar m-, evtl. p-, nicht aber o-Derivate; diese sind wie die Polynitroaniline zu schwach basisch[1]. Charakterisierung wie unter α_1; nur reagiert die Aminogruppe langsamer. Nachweis der Nitrogruppe durch Reduktion mit Zinn und Salzsäure und Charakterisierung des entstehenden Diamins.

β) *Enthält weiter Halogen:* Halogenaniline[2]. Bestimmung des Halogens; Identifizierung durch Überführen in feste Derivate wie unter α_1.

b) Sekundäre aromatische Amine

Die wäßrig-salzsaure Lösung trübt sich bei Zusatz von Natriumnitrit; es scheidet sich das Nitrosamin als fester oder flüssiger neutraler Stoff aus, der in Äther löslich ist (vgl. Absatz d, S. 131; ferner die Spaltung der Nitrosamine, S. 132). Es liegen in der Regel die Methyl-, Äthyl-, evtl. Benzylderivate der in Absatz a) genannten primären Amine vor; man achte ferner auf Tetrahydrochinolin. Zur Identifizierung der sekundären Amine (S. 216f.), die größtenteils flüssig sind, kann man sie durch Erwärmen mit Essigsäureanhydrid in Acetylderivate überführen. Man kann auch Benzoylderivate, p-Nitrobenzoylderivate, Phenylharnstoff- oder Phenylthioharnstoffderivate darstellen. Charakteristisch sind ferner die Benzol- bzw. p-Toluolsulfamidderivate, die als neutrale Verbindungen zum Unterschied von den entsprechenden Derivaten der primären Amine in Natronlauge unlöslich sind. Es können auch Pikrate[3] als kristallisierte Derivate hergestellt werden.

c) Tertiäre aromatische und cyclische Amine

Bei Zusatz der Nitritlösung zur Lösung der Chlorhydrate tertiärer aromatischer Amine kann ein Niederschlag eintreten; z. B. ist das Chlorhydrat von p-Nitrosodimethylanilin schwer löslich; das von p-Nitrosodiäthylanilin ist dagegen löslich. Die

---

[1] Über die Basizität des o-, m- und p-Nitroanilins vgl. LELLMANN, E.: Ber. Deut. Chem. Ges. **17**, 2719 (1884); ferner LÖWENHERZ, R.: Z. Physik. Chem. **25**, 417 (1898).

[2] Die Substitution durch Halogen schwächt den basischen Charakter der Aminogruppe, besonders in o-Stellung, so daß 2.6-Dichloranilin mit verdünnter Salzsäure keine Salze mehr bildet.

[3] Vgl. VOGEL, S. 656; Vorsicht bei Schmelzpunktbestimmungen der Pikrate von Aminen, da diese explodieren können!

Chlorhydrate der p-Nitrosoderivate sind aber als Salze zum Unterschied von den neutralen Nitrosaminen der sekundären Amine in Äther unlöslich; ferner schlägt bei Zusatz von Natronlauge die Farbe unter Bildung der freien Nitrosoverbindungen in ein charakteristisches Grün um.

Auf cyclische Amine (Chinolin, Acridin) und p-substituierte tertiäre aromatische Amine wirkt salpetrige Säure nicht ein; die Lösung bleibt klar. Bei Zusatz von Natronlauge scheidet sich das Amin wieder aus, zum Unterschied von primären Aminen; mit R-Salz tritt keine Farbstoffbildung ein. Tertiäre Amine reagieren in der Regel nicht mit Benzoylchlorid oder Benzolsulfochlorid[1].

Die tertiären Amine lassen sich entweder durch Anlagerung von Methyljodid als gut kristallisierte quartäre Ammoniumsalze (S. 216) oder als Pikrate charakterisieren[2]. Aus Dialkylanilinderivaten lassen sich ferner gut kristallisierte Nitroprodukte gewinnen, zum Unterschied von Chinolin, das sich nur schwer nitrieren läßt.

d) Phenylhydrazin und dessen Substitutionsprodukte mit freier NH₂-Gruppe

Die saure Lösung bzw. Suspension[3] des Chlorhydrats trübt sich bei Zusatz von Nitrit unter Bildung von Nitrosophenylhydrazin bzw. Phenylazid[4], so daß man das Vorliegen eines sekundären Amins vermuten könnte. Die Hydrazine lassen sich aber von den sekundären Aminen außer durch ihr Verhalten gegen Fehlingsche Lösung auch durch Zusatz einiger Tropfen Benzaldehyds leicht unterscheiden (S. 218), womit sich sofort gut kristallisierte Hydrazone bilden, während sekundäre Amine sich nur langsam umsetzen.

3. Amine, die in Wasser und in Äther leicht löslich sind

(Siehe Gruppe S.F. II C, S. 160f.)

Diese Produkte, die in die Gruppe S.F. II gehören, können sich z. T. auch hier vorfinden und werden durch Extraktion (KUTSCHER-

---

[1] Vgl. die Reaktion zwischen Chinolin und Benzoylchlorid. REISSERT, A.: Ber. Deut. Chem. Ges. **38**, 1603 (1905).

[2] Vgl. Anm. 3, S. 130.

[3] Die Chlorhydrate sind in Wasser meist wenig löslich.

[4] Vgl. FISCHER, E.: Liebigs Ann. Chem. **190**, 90 (1878).

STEUDEL) der alkalischen Lösung mit Äther gewonnen; hierher gehören stark basische Amine, deren wäßrige Lösungen alkalisch reagieren, z. B. Benzylamin und dessen Derivate, ferner Verbindungen mit schwächer basischen Eigenschaften, z. B. die Phenylendiamine.

Trennungen in der Gruppe S.F. I C[1]

1. Primäre, sekundäre und tertiäre Amine lassen sich, wie in Abschnitt 2a), b) und c), S. 129ff. geschildert, nebeneinander mit salpetriger Säure nachweisen; dagegen ist dieses Verfahren weniger geeignet, um die Amine zu trennen und zu identifizieren. Relativ leicht gelingt es, so sekundäre Amine aus einem Gemisch zu isolieren. Man behandelt die Lösung der Chlorhydrate[2] mit einer genügenden Menge Natriumnitrit (Prüfung mit Jodkalistärkepapier) und trennt dann das neutrale Nitrosamin durch Ausäthern ab; durch Kochen desselben mit starker Salzsäure oder durch Reduktion mit Zinn und Salzsäure wird das sekundäre Amin regeneriert. In der ausgeätherten wäßrigen Lösung kann durch Verkochen die Diazoverbindung zersetzt und das ursprünglich vorliegende primäre Amin durch Isolierung und Charakterisierung des entstandenen Phenols nachgewiesen werden; dabei treten aber leicht Nebenreaktionen ein. Zur Trennung der Amine eignen sich besser folgende Verfahren:

2. Liegt ein Gemisch von einem primären oder sekundären mit einem tertiären Amin, also nur zwei Amine vor, so kann dieses Gemisch nach Umsetzen mit Essigsäureanhydrid getrennt werden. Man erhitzt etwa 1 Std auf dem Wasserbad mit der gleichen Menge Essigsäureanhydrid, gießt in verdünnte Salzsäure und äthert aus; so erhält man das primäre bzw. sekundäre Amin als neutrales Acetylderivat. Das unveränderte tertiäre Amin wird nach Zusatz von überschüssiger Natronlauge mit Äther extrahiert und wie oben charakterisiert. Die Identifizierung des primären bzw. sekundären Amins gelingt mit Hilfe des kristallisierten Acetylderivates.

3. Liegt ein Gemisch von primären, sekundären und tertiären Aminen vor, so trennt man nach dem von HINSBERG angegebenen

---

[1] Ein allgemeiner Trennungsgang in Form einer Tabelle wird hier nicht gegeben.

[2] Wenn aus den primären Aminen Phenole gewonnen werden sollen, sind die Sulfate besser geeignet.

Verfahren[1] mit Benzolsulfochlorid bzw. p-Toluolsulfochlorid. Man schüttelt die stark alkalische[2] (12%ige Kalilauge) Lösung oder Suspensionen der Amine mit dem Sulfochlorid und zerstört einen geringen Überschuß des Säurechlorids durch längeres Schütteln. Man äthert aus oder filtriert und gewinnt so die tertiären Amine, die nicht angegriffen werden, ebenso das neutrale Sulfamidderivat des sekundären Amins.

Aus der ätherischen Lösung kann das tertiäre Amin durch Ausschütteln mit 2 n Salzsäure isoliert werden; durch Zusatz von Lauge wird es in Freiheit gesetzt und nach Abschnitt c, S. 130f. charakterisiert.

Im Äther verbleibt, wenn es darin löslich ist, das neutrale Sulfamidderivat des sekundären Amins, das nach dem Abdampfen des Äthers in Kristallen erhalten wird und direkt zur Identifizierung geeignet ist.

In der ausgeätherten alkalischen Lösung findet sich schließlich das Sulfamidderivat des primären Amins, das schwach saure Eigenschaften besitzt; es wird durch Ansäuern ausgeschieden und durch Schmelzpunkt und Mischprobe (wie das Sulfamidderivat des sekundären Amins) identifiziert.

Eine Regenerierung der Amine durch nachträgliche Spaltung der Sulfamidderivate ist nicht notwendig, wenn Schmelzpunkt und Mischprobe die Identifizierung ermöglichen. Sonst erhitzt man im Bombenrohr etwa 6 Std mit 5—10 Teilen konz. Salzsäure[3] auf 150—160° C oder besser mit 80%iger Schwefelsäure[4], macht den Rohrinhalt alkalisch und gewinnt durch Ausäthern das primäre bzw. sekundäre Amin zurück, das dann durch Überführung in andere Derivate charakterisiert werden muß[5].

4. Liegen mehrere primäre bzw. sekundäre oder tertiäre Amine nebeneinander vor, so ist die Trennung natürlich sehr viel schwie-

---

[1] Über die Arbeitsweise vgl. MEYER, S. 630. — Ferner über die Anwendung vgl. HINSBERG, O., u. J. KESSLER: Ber. Deut. Chem. Ges. **38**, 906 (1905).

[2] Wird in zu verdünnter Lauge oder in saurem Medium gearbeitet, so geben primäre Amine leicht Disulfonyl-amide, die neutral sind und deshalb sekundäre Amine vortäuschen: S. 215.

[3] Vgl. HINSBERG, O.: Liebigs Ann. Chem. **265**, 178 (1891).

[4] WITT, O. N., u. D. UERMENYI: Ber. Deut. Chem. Ges. **46**, 296 (1913).

[5] Nitrobenzolsulfanilide sind leichter spaltbar als nicht nitrosubstituierte Arylsulfanilide; vgl. SCHREIBER, R. S., and R. L. SHRINER: J. Am. Chem. Soc. **56**, 114 (1934).

riger; in manchen Fällen wird das Vorliegen eines solchen Gemisches nur bei sehr sorgfältigem Arbeiten zu erkennen sein. Man beobachte vor allem, ob die Derivate einen scharfen Schmelzpunkt haben; man untersuche ferner mikroskopisch die Einheitlichkeit der Kristalle. Zur Trennung müssen in solchen Fällen physikalische Methoden (Destillation, Kristallisation und Chromatographie) herangezogen werden. In manchen Fällen eignen sich auch chemische Methoden, z. B. für die Trennung von Dimethylanilin und Chinolin die Einwirkung von konz. Salpetersäure.

Die chromatographische Trennung verschiedener aromatischer Amine findet sich bei LEDERER[1], ferner bei SEASE[2] an fluoreszierendem Silicagel. Amine sind papierchromatographisch trennbar; CRAMER, S.161f., ferner dünnschichtchromatographisch: RANDERATH, S. 109f. und STAHL, S. 470f. und 479f., sowie gaschromatographisch: BAYER, S. 123.

5. Liegen Amine mit verschiedener Basizität vor, so können sie durch fraktioniertes Ausfällen aus ihren wasserlöslichen Salzen getrennt werden. Aliphatische und aromatische Amine lassen sich durch Sättigen der wäßrigen Emulsionen mit Kohlendioxid voneinander trennen; durch Ausschütteln mit Äther erhält man die aromatischen Amine, während die aliphatischen als Carbonate im Wasser gelöst bleiben.

6. Gemische verschiedener primärer aromatischer Amine wie Anilin und die Toluidine lassen sich nach Acetylierung der Aminogruppe und nachfolgender Oxydation der CH_3-Gruppen trennen.

7. Die verschiedene Löslichkeit der Salze eignet sich zur Trennung von Aminen meistens schlecht. Zwar sind die Salze der sekundären und tertiären Amine meist viel leichter löslich als die der primären Amine; die Trennung ist aber unvollkommen und gelingt nur mit größeren Mengen. Dagegen kommt die Abscheidung der tertiären Amine als schwerlösliche ferrocyanwasserstoffsaure Salze in Frage[3].

Gruppe D. Neutrale organische Substanzen und sehr schwach basische Verbindungen

Nach dem Abtrennen der Säuren, Phenole und ausreichend basischen Amine verbleiben im Äther neutrale Stoffe bzw. sehr

---

[1] LEDERER, S. 132; ferner HOUBEN-WEYL-MÜLLER, XI/1, S. 1028, 1957.
[2] SEASE, J. W.: J. Am. Chem. Soc. **70**, 3630 (1948).
[3] Vgl. FISCHER, E.: Liebigs Ann. Chem. **190**, 184 (1878).

schwach basische Amine. Nach dem Auswaschen mit wenig Wasser wird die ätherische Lösung mit wasserfreiem Natriumsulfat getrocknet und der Äther abdestilliert. Nun wird geprüft, ob der Rückstand entweder durch Destillation (im Vakuum) oder Kristallisation gereinigt werden kann. Zum Umkristallisieren der neutralen Stoffe können fast alle organischen Lösungsmittel in Betracht kommen. Es wird weiter geprüft, welche Elemente anwesend sind. Ergibt sich beim Destillieren oder Umkristallisieren (Kristallform, Aufarbeiten der Mutterlaugen, Papier- oder Dünnschichtchromatographie), daß mehrere Substanzen anwesend sind, so prüfe man auf die möglichen Verbindungstypen nach dem Trennungsgang (Trenntab. 5, S. 154f.).

a) Enthalten nur Kohlenstoff, Wasserstoff, evtl. Sauerstoff

Sauerstoff kann man in organischen Substanzen nicht einfach wie andere Elemente als solches nachweisen, sondern nur durch Charakterisierung funktioneller Gruppen oder durch Elementaranalyse. In manchen Fällen läßt er sich leicht erkennen, z. B. bei Aldehyden oder Alkoholen, weniger leicht bei Ketonen oder Estern und schwer bei Äthern.

1. Reagieren sofort mit Phenylhydrazin

α) *Aromatische Aldehyde*, Äther von Hydroxyaldehyden, gesättigte und ungesättigte aliphatisch-aromatische Aldehyde und höhermolekulare aliphatische Aldehyde reagieren mit Natriumhydrogensulfit unter Bildung wasserlöslicher, in konz. Hydrogensulfitlösung schwer löslicher Salze (Zur Regenerierung vgl. S. 151).

Zur Identifizierung dienen Phenylhydrazone oder Semicarbazone[1] (S. 206f.). Zur Darstellung der ersteren versetzt man die wäßrige Suspension oder die alkoholische Lösung der Substanz mit einer frisch hergestellten Mischung aus gleichen Raumteilen reinen Phenylhydrazins und 50%iger Essigsäure, fällt danach das Phenylhydrazon durch Zusatz der dreifachen Menge Wasser aus (vgl. S. 137f.) und kristallisiert aus Alkohol, evt. unter Zusatz von Wasser, um. Auf Grund ihrer besseren Kristallisationsfähigkeit werden häufig p-Nitrophenylhydrazone und 2.4-Dinitro-

---

[1] Vgl. die Schmelzpunkte dieser Derivate in den Kempf-Kutterschen Tabellen, S. 596, oder anderen Tabellenwerken (vgl. S. 44).

phenylhydrazone[1] zur Identifizierung bevorzugt. Aromatische Aldehyde sind oft als 2.4-Dinitrophenylhydrazone papierchromatographisch (CRAMER, S. 190) und dünnschichtchromatographisch (RANDERATH, S. 262 und STAHL, S. 213) sowie auch in freier Form gaschromatographisch (BAYER, S. 131) trennbar.

Das Semicarbazon scheidet sich meist direkt aus, wenn man den Aldehyd mit einer Lösung von 1 Teil Semicarbazidchlorhydrat und 1 Teil Natriumacetat in 3 Teilen Wasser, evtl. unter Zusatz von etwas acetonfreiem Methanol, schüttelt.

Neben den einfachen Semicarbazonen dienen auch die Thiosemicarbazone[2], die 2.4-Dinitrophenylsemicarbazone[3] und die Oxime (vgl. S. 153) zur Identifizierung, ferner die Kondensationsprodukte mit Dimedon, S. 206f.

β) *Chinone.* Die einfachen Chinone reagieren heftig mit Phenylhydrazin, werden aber dabei reduziert, ebenso durch Natriumhydrogensulfit. Kristallisierte Derivate erhält man mit substituierten Phenylhydrazinen und mit Semicarbazid.

Chinone werden durch Alkalien meist rasch unter Dunkelfärbung zersetzt; deshalb ist ihre Abtrennung von Phenolen nach dem Analysengang für S.F. I nicht möglich. Auch tritt mit Phenolen Chinhydronbildung ein. Die Chinone gehören also zur Gruppe S.F. V.

2. Reagieren nicht oder nur langsam mit Phenylhydrazin

Man beachte, daß sich einige reaktionsfähige Ester, vor allem Oxalester, schon bei schwachem Erwärmen mit Phenylhydrazin unter Ausscheidung von schwerlöslichen Säurephenylhydraziden umsetzen.

α) **Ketone.** Diese reagieren langsam mit Phenylhydrazin. Zur Orientierung prüfe man auch das Verhalten gegen ammoniakalische Silbersalzlösung, was in vielen Fällen eine Unterscheidung von Aldehyden und Ketonen ermöglicht; die Reaktion ist aber nicht eindeutig, weil auch andere leicht oxydierbare Verbindungen eine Silberausscheidung hervorrufen.

---

[1] Siehe S. 206f.

[2] CHERONIS-ENTRIKIN, S. 393f. Die Thiosemicarbazone geben schwerlösliche Schwermetallsalze, die sich zur Charakterisierung besonders eignen.

[3] MCVEIGH, J. L., and J. D. ROSE: J. Chem. Soc. **1945**, 713.

α_1) *Die aromatischen Ketone* liefern in der Regel bei mehrstündigem Erwärmen oder bei mehrtägigem Stehen mit überschüssigem Phenylhydrazin in alkoholischer Lösung gut kristallisierte Phenylhydrazone[1]. Bei Gegenwart anderer Neutralstoffe erhält man häufig keine Ausscheidung, da viele Hydrazone in organischen Lösungsmitteln löslich sind. Man beachte, daß in essigsaurer Lösung sich leicht Acetylphenylhydrazin (Schmp. 128—129° C) bilden kann, das sich beim Abkühlen ausscheidet.

Die Semicarbazone lassen sich folgendermaßen darstellen:
Man erhitzt eine Probe des Ketons in der 10fachen Menge Äthanol mit einer Mischung von 1 Teil Semicarbazidchlorhydrat und 1,2 Teilen Natriumacetat in 3—4 Teilen Wasser 6 Std auf dem Wasserbad. Nach Abkühlen und Wasserzusatz scheidet sich das Semicarbazon kristallin ab.

Die Charakterisierung als Oxime ist bei asymmetrischen Ketonen weniger geeignet, da sich Isomere bilden können. Dagegen eignen sich die Oxime zur Abtrennung der Ketone von anderen Neutralstoffen (vgl. S. 153). Zur chromatographischen Trennung: siehe Abschnitt α) Aromatische Aldehyde, S. 135.

α_2) *Aliphatisch-aromatische Ketone* sind als Phenylhydrazone, noch günstiger als Semicarbazone charakterisierbar. Die Kondensation einer reaktionsfähigen Methylengruppe solcher Ketone mit aromatischen Aldehyden führt zu gut kristallisierten Produkten (z. B. Benzalacetophenon).

α_3) *Cyclische Ketone* (ferner Ketone der Terpenreihe) liefern häufig gut kristallisierte Oxime und Semicarbazone. Die Carbonylgruppe ist in manchen Fällen (z. B. bei Cyclohexanon) sehr reaktionsfähig (reagiert mit Bisulfit), in anderen sehr reaktionsträge (z. B. bei Campher, vor allem bei Fenchon) wegen „sterischer Hinderung"[2]. Zum Nachweis der $-CH_2-C=O$-Gruppe dienen insbesondere deren Benzalverbindungen.

---

[1] Man beachte die Autoxydation der Phenylhydrazone.

[2] Der Einfluß von Substituenten auf die Reaktionsfähigkeit des Carbonyls ist sehr bedeutend; es ist aber fraglich, ob Atomgruppen allein durch ihre Raumerfüllung Reaktionen behindern; so ist z. B. Fenchon oximierbar, reagiert aber nur sehr schwer mit Semicarbazid. Vgl. HÜCKEL, W.: Theoretische Grundlagen der organischen Chemie, 8. Aufl., Bd. II., S. 625. Leipzig: Akademische Verlagsgesellschaft 1957.

α_4) *Diketone.* α-Diketone[1]. Man beachte die Farbe, ferner die Kondensationsreaktionen mit o-Phenylendiaminen; die recht reaktionsfähigen CO-Gruppen sind durch Überführung in Hydrazone bzw. Phenylhydrazone charakterisierbar; es können aber dabei leicht Gemische von Mono- und Bisderivaten (Osazone[2]) entstehen. β-Diketone haben schwach saure Natur und finden sich in Gruppe S.F. I B; sie geben eine Farbreaktion mit methanolischer Eisenchloridlösung. γ-Diketone bilden mit NH_3 Pyrrolderivate. 2.3-Diketone sind sehr genau gaschromatographisch zu bestimmen[3].

α_5) *Ungesättigte Ketone, speziell $\alpha.\beta$-ungesättigte Ketone*; letztere zeigen häufig anormales Verhalten gegenüber Ketonreagenzien[4]. Zum Nachweis können die Färbungen mit konz. Schwefelsäure dienen (Halochromie).

β) **Ester oder Lactone.** Diese werden durch Kochen mit 25%iger Kalilauge oder mit 8—10%iger methanolischer Natronlauge verseift; die methanolische Natronlauge wird am einfachsten durch Eintragen von Natrium in Methanol unter nachträglichem Zusatz von etwa 5% Wasser hergestellt. Zur Voranalyse kocht man das zu prüfende Produkt etwa 1 Std mit ungefähr 5—10 Teilen methanolischer Natronlauge und prüft, ob bei Zusatz von Wasser klare Lösung eintritt (leicht verseifbare Ester von niederen Alkoholen). Liegt ein Ester eines in Wasser schwer löslichen Alkohols vor, dann scheidet sich bei Zusatz von Wasser der Alkohol aus, der oft nur schwer (evtl. am Geruch) von dem Ester — bzw. anderen neutralen Bestandteilen — unterschieden werden kann. In derartigen Fällen kann nur eine genaue Untersuchung entscheiden, ob ein Ester vorliegt. Es sind folgende Möglichkeiten zu beachten:

β_1) *Ester von in Wasser schwer löslichen Säuren mit flüchtigen Alkoholen.* Man verseift mit der 5—6fachen Menge etwa 25%iger Kalilauge durch Erhitzen unter Rückfluß (Siedeperlen, um das Stoßen zu vermeiden), bis völlige Verseifung des Esters eingetreten ist. Zum Nachweis des Alkohols destilliert man ungefähr ein Drittel der Flüssigkeit ab und identifiziert ihn im Destillat mit p-Nitrobenzoylchlorid oder 3.5-Dinitrobenzoylchlorid nach S. 196f.

---

[1] Reagieren z. T. leicht mit Phenylhydrazin.

[2] Osazone bilden sich auch aus Ketolen mit Phenylhydrazin (Benzoin).

[3] GUDZINOWICZ, B. J., and K. A. JOHNSON: Anal. Chem. 37, 1745 (1965).

[4] HARRIES, C.: Liebigs Ann. Chem. 330, 185 (1904).

Beim Ansäuern der alkalischen Lösung wird die Säure ausgefällt und abfiltriert oder in Äther aufgenommen; wenn sie in Äther löslich ist, wird sie nach Gruppe S.F. I A (in wenigen Fällen auch L.F. I A), wenn sie in Äther unlöslich ist, nach Gruppe S.F. IV untersucht.

β_2) *Ester von in Wasser und in Äther leicht löslichen Säuren mit flüchtigen Alkoholen.* Es wird mit Kalilauge verseift; die Alkohole werden wie unter β_1 erfaßt. Beim Ansäuern tritt keine Ausscheidung der Säure ein; zu ihrer Gewinnung muß Äther evtl. im Extraktionsapparat extrahiert werden (vgl. Gruppe S.F. II A, in wenigen Fällen auch L.F. II A).

β_3) *Ester von in Wasser leicht, in Äther schwer löslichen Säuren mit flüchtigen Alkoholen.* Der Nachweis des Alkohols gelingt leicht nach β_1. Der Nachweis einer Säure der Gruppe S. F. III A ist dagegen schwieriger.

Man versucht, die Säure entweder nach dem Ansäuern mit verdünnter Schwefelsäure durch tagelanges Extrahieren mit Äther (im Apparat von Kutscher-Steudel oder Thielepape) zu gewinnen oder sie nach genauem Neutralisieren mit verdünnter Salzsäure als Calcium-, Barium- oder Bleisalz auszufällen (letzteres vermischt mit Bleichlorid).

Zur Gewinnung der freien Säure verfahre man nach S. 173.

β_4) *Ester von Säuren mit schwerflüchtigen, in Wasser nicht löslichen, in Äther löslichen Alkoholen.* Zur Gewinnung des Alkohols wird mit der 6—10fachen Menge 10%iger methanolischer Natronlauge verseift, dann mit genügend Wasser verdünnt, der ausgeschiedene Alkohol in Äther aufgenommen und zur Entfernung des Methanols einige Male mit wenig Wasser ausgeschüttelt. Nach dem Abdestillieren des Äthers wird der schwerflüchtige Alkohol nach Abschnitt γ, S. 141 untersucht. Die alkalische Lösung säuert man nach dem Abdestillieren des Methanols an und isoliert die Säure nach β_1, β_2 bzw. β_3. Hier können auch leichtflüchtige aliphatische Säuren vorhanden sein, die durch Extraktion mit Äther gewonnen und entsprechend den Angaben auf S. 99f. charakterisiert werden. In diese Gruppe gehören auch die Wachse.

β_5) *Ester von Säuren mit Alkoholen, die in Wasser leicht, in Äther schwer löslich sind,* z. B. Glycerintriacetat, ferner Fette. Beim Verseifen mit methanolischer Natronlauge und anschließendem

Zusatz von Wasser tritt in der Regel völlige Lösung, evtl. Ausscheidung von Natronseifen ein. Die Gewinnung der Säure kann nach β_1 oder β_2 erfolgen, wenn sie den Gruppen S.F. I, II oder IV angehört[1]. Es können hier auch wasserlösliche, leichtflüchtige Säuren vorhanden sein (z. B. Essigsäure); diese können (s. S. 99f.) durch Extraktion mit Äther gewonnen werden. Die Identifizierung eines in Wasser löslichen Alkohols der Gruppe S.F. III ist schwierig. Sie gelingt nach Entfernung der organischen Säure und Abdestillieren des Methanols durch Überführung in ein in Wasser unlösliches Benzoat (Schütteln mit Benzoylchlorid und einem großen Überschuß von Natronlauge, vgl. S. 170). Zweckmäßigerweise wird der Ester durch Erhitzen mit Wasser im Bombenrohr auf 120° C unter Zusatz einer Spur Schwefelsäure verseift, die Säure in Äther aufgenommen und in der wäßrigen Lösung der wasserlösliche, schwerflüchtige Alkohol durch Überführung in das Benzoat charakterisiert.

β_6) *Ester von Säuren mit Phenolen.* Nach dem Verseifen mit methanolischer Natronlauge tritt bei Zusatz von Wasser klare Lösung ein (Unterschied zu β_4). Verseift man mit 25%iger Kalilauge, so ist kein Alkohol abdestillierbar (Unterschied zu den Fällen β_1, β_2, β_3). Durch Ansäuern werden die Säuren und Phenole bzw. Naphthole und mehrwertigen Phenole in Freiheit gesetzt. Man extrahiert mit Äther und prüft die ätherische Lösung mit Eisenchlorid in Methanol (Unterscheidung von Gruppe β_5). Die Trennung von Phenolen und Säuren hat nach S.F. I A und B zu geschehen. Hier können auch flüchtige Säuren (L.F. II) vorliegen, die durch Schütteln der ätherischen Lösung mit Hydrogencarbonat abgetrennt werden. Diese Säuren werden nach S. 99f. untersucht.

Bei Estern von mehrfachen Phenolen färbt sich die alkalische Lösung durch Autoxydation dunkel, wenn nicht unter Wasserstoff oder Stickstoff gearbeitet wird (evtl. Verseifen mit Salzsäure).

Zur papier- und dünnschichtchromatographischen Analyse hydrolysiert man zweckmäßigerweise und bestimmt die Alkohole oder Phenole für sich und die Säuren z. B. als Hydroxamsäuren. Bei der gaschromatographischen Trennung der Ester ist in der Regel keine Hydrolyse notwendig.

---

[1] Säuren der Gruppe S.F. III sind hier weniger wichtig.

β_7) *Lactone.* Sie werden ebenfalls mit methanolischer Natronlauge verseift. Beim Ansäuern kann das Lacton zurückgebildet werden; vgl. den Übergang von Cumarin in Cumarsäure (trans-Verbindung).

β_8) *Säureanhydride*[1] (S. 213f.). Manche Säureanhydride sind so beständig, daß sie beim vorsichtigen Schütteln mit verdünnter Sodalösung oder Natronlauge nur teilweise aufgespalten werden, sich also auch hier vorfinden können. Beim Kochen mit methanolischer Natronlauge werden sie in die Salze der Säuren verwandelt, beim Erhitzen mit Anilin in Säureanilide.

γ) **Alkohole.** Aliphatische Alkohole von mittlerem und hohem Molekulargewicht, gesättigte und ungesättigte Terpenalkohole, aliphatisch-aromatische Alkohole. (Geruch!)

Alkohole kann man neben Äthern und Kohlenwasserstoffen (bei Abwesenheit von Aldehyden, Ketonen und Estern) durch die Reaktion mit Natrium oder an der Chlorwasserstoffentwicklung mit Phosphorpentachlorid[2] erkennen. Sicher und allgemein anwendbar ist die Überführung in die sauren Phthalsäureester (S. 151). Zur Chrarakterisierung können Nitrobenzoylderivate bzw. Urethane mit α-Naphthyl- oder Phenylisocyanat (vgl. S. 91 u. S. 96, Anm. 1 sowie S. 195f.) hergestellt werden. Eine Unterscheidung von primären, sekundären und tertiären Alkoholen ist durch Oxydation mit Natriumhydrogenchromat in Eisessiglösung möglich. Um ungesättigte Alkohole zu erkennen, wird Brom in Schwefelkohlenstoff[3] zugesetzt.

Alkohole werden papierchromatographisch (CRAMER, S. 130) als Dinitrobenzoate, 3-Nitrophthalsäure- oder Diphensäure-halbester untersucht. Die 3.5-Dinitrobenzoate dienen auch zur dünnschichtchromatographischen Trennung (RANDERATH, S. 259). Zur gaschromatographischen Trennung siehe BAYER, S. 126f.

δ) **Äther.** Höhermolekulare aliphatische Äther und hauptsächlich Äther von Phenolen und Naphtholen.

---

[1] Die meisten Säureanhydride gehören in die Gruppe S.F. V, da sie im Analysengang verändert werden.

[2] Phosphorpentachlorid wirkt auf Phenoläther beim Erhitzen chlorierend ein. Vgl. Ber. Deut. Chem. Ges. **28**, R 612 (1895); AUTENRIETH, W.: Arch. Pharm. **233**, 26 (1894).

[3] Vgl. Anm. 6, S. 91.

Zur Identifizierung der letzteren dient die Aufspaltung durch Kochen mit Jodwasserstoffsäure nach ZEISEL[1]. In die Vorlage gibt man wenig Dimethylanilin; Methyljodid, langsamer Äthyljodid setzen sich unter Bildung quartärer Ammonuimsalze um[2], die sich bei Zusatz von Äther ausscheiden: Schmelzpunkt (vgl. S. 93); evtl. quantitative Bestimmung des Methoxyls bzw. Äthoxyls nach ZEISEL[3]. Ferner sind Arylalkyläther und Bisaryläther als Sulfonamide charakterisierbar (S. 205).

Aus der zurückbleibenden, durch Jod dunkel gefärbten Lösung kann das Phenol durch Zugabe von Wasser, Ausäthern und Schütteln mit Natriumhydrogensulfit (zur Entfernung des Jods) gewonnen werden; es wird durch Lösen in Natronlauge und Ausfällen mit Säure gereinigt und nach S.F. I B oder S.F. II B abgetrennt und identifiziert. Weiter können zur Charakterisierung der Phenoläther Nitroderivate hergestellt werden, die mit Zinn und Salzsäure zu Aminen reduziert werden; diese werden, ohne sie zu isolieren, nach SCHOTTEN-BAUMANN (S. 217) benzoyliert und so identifiziert.

Ferner können hier Allyläther, die sich mit Alkalien zu Propenylderivaten, beim Erhitzen zu Allylphenolen[4] umlagern, vorhanden sein. Die Prüfung auf Doppelbindungen mit Bromlösung ist nicht eindeutig, da auch Phenoläther mit gesättigten Alkylgruppen mit Brom reagieren.

Die gaschromatographische Trennung der Äther (BAYER, S. 132) bietet keine außergewöhnliche Schwierigkeiten.

ε) Kohlenwasserstoffe

ε_1) *Ungesättigte aliphatische Kohlenwasserstoffe*, vor allem der Terpenreihe, reagieren mit Kaliumpermanganat (evtl. in acetonischer Lösung) unter Zusatz von etwas Soda zur wäßrigen Lösung; sie entfärben momentan eine Lösung von Brom in Schwefelkohlenstoff. Mono- und bicyclische Terpene, z. B. Limonen und Pinen, können durch Titration mit einer Lösung von Brom in Schwefelkohlenstoff unterschieden werden. Man löse dazu 1—2 g des reinen Kohlenwasserstoffs in 10—20 ml reinem Schwefelkohlenstoff und

---

[1] Diphenyläther wird nicht angegriffen.

[2] Vgl. WILLSTÄTTER, R., u. M. UTZINGER: Liebigs Ann. Chem. **382**, 148 (1911).

[3] Vgl. PREGL-ROTH, S. 245.

[4] CLAISEN, L., u. O. EISLEB: Liebigs Ann. Chem. **401**, 21 (1913).

titriere unter Kühlung mit Eiswasser mit einer Lösung von Brom in Schwefelkohlenstoff (vgl. S. 91), bis die Farbe kurze Zeit bestehenbleibt[1]. Zur Überführung der Terpenkohlenwasserstoffe in kristallisierte Derivate (Limonen in das Tetrabromid bzw. Dipenten-bis-hydrobromid) siehe [2].

Terpene sind dünnschichtchromatographisch trennbar (RAN-DERATH, S. 266; STAHL, S. 207 und[3]). Zur gaschromatographischen Analyse: s. BAYER, S. 268, Tab. 53.

Man beachte, daß *Polyphenyläthylenderivate*, z. B. Stilben oder Tetraphenyläthylen[4], mit Brom nur langsam oder gar nicht reagieren.

ε_2) *Flüssige aromatische Kohlenwasserstoffe.* Höhere Homologe des Benzols, Tetralin, α-Methylnaphthalin sind am Verhalten gegen konz. Salpetersäure oder rauchende Schwefelsäure als aromatische Verbindungen zu erkennen; sie sind in manchen Fällen als Nitrate[5] charakterisierbar. Die Zahl und Stellung der Seitenketten wird nach Oxydation mit Kaliumpermanganat oder mit Chromsäure und Untersuchung der entstandenen aromatischen Carbonsäuren bestimmt.

ε_3) *Feste aromatische Kohlenwasserstoffe.* Kondensierte (z. B. anellierte) Kohlenwasserstoffe lassen sich meist als Pikrate oder andere Molekülverbindungen (S. 194f.) charakterisieren; auch können in vielen Fällen durch Oxydation mit Natriumhydrogenchromat in essigsaurer Lösung Derivate hergestellt werden.

ε_4) *Feste und flüssige gesättigte Kohlenwasserstoffe ohne aromatischen Charakter.* Höher siedende Paraffinkohlenwasserstoffe und Cycloparaffine (Dekalin) sind nicht leicht zu charakterisieren; man bestimme sorgfältig den Siedepunkt, evtl. den Schmelzpunkt, das spezifische Gewicht und die Refraktion.

Kohlenwasserstoffgemische verschiedener Art können leicht gaschromatographisch getrennt werden (BAYER, S. 83f.).

---

[1] Über die quantitative Bestimmung der Doppelbindung durch Titration mit Brom: S. 193.

[2] BEILSTEIN 3. E. III, Bd. 5, Teil 1, S. 353.

[3] ATTAWAY, J. A., L. J. BARABAS, and R. W. WOLFORD: Anal. Chem. **37**, 1289 (1965).

[4] In Äther schwer löslich; Gruppe S.F. IV.

b) Enthalten noch Stickstoff

1. Schwach basische Verbindungen, die aber mit 2 n Salzsäure keine Salze bilden. Diese lassen sich dadurch erkennen, daß mit konz. Salzsäure Salzbildung eintritt[1], in manchen Fällen unter Lösung, in anderen unter Ausscheidung eines schwer löslichen Chlorhydrates. Man leite in die getrocknete ätherische Lösung der Substanz Chlorwasserstoff bis zur Sättigung ein, wobei sich das Chlorhydrat als Niederschlag ausscheidet. Bei Anwesenheit von o- oder p-Nitroanilin entfärbt sich dabei die ätherische Lösung[2]. Auch Säureanilide, wie z. B. Acetanilid, geben so in Äther unlösliche Salze.

Diese schwach basischen Stoffe sind fest und werden durch Schmelzpunkt und Mischprobe identifiziert; Benzoylderivate können nach der üblichen Schotten-Baumannschen Reaktion nicht oder nur schwer gewonnen werden[3]. Die primären Amine lassen sich diazotieren; wegen der Hydrolyse der Ammoniumsalze muß aber in konz. salzsaurer oder schwefelsaurer Lösung gearbeitet werden. Die erhaltenen Diazoverbindungen kuppeln (auch in saurer Lösung) mit R-Salz.

2. Nitroverbindungen (in konz. Salzsäure unlöslich). Charakteristisch ist die Farbe und häufig auch der Geruch.

α) Aromatische Nitroaldehyde geben mit Phenylhydrazin kristallisierte Derivate[4], mit Anilin Schiffsche Basen. Hierher gehören auch Nitroketone, deren Carbonylgruppe schwerer nachweisbar ist.

β) Aromatische Nitrosäureester. Nach Verseifen mit 20- bis 25%iger Kalilauge wird der Alkohol durch Abdestillieren, die Säure nach dem Ansäuern abgetrennt (vgl. S. 119).

γ) Nitroalkohole; Oxydation zu Nitrosäuren.

δ) Mononitroverbindungen von Kohlenwasserstoffen und Phenoläthern sind meist flüssig oder tiefschmelzend. Sie werden zur

---

[1] Dabei tritt häufig teilweise Zersetzung ein, besonders bei Formanilid. Scheidet man dagegen die Chlorhydrate aus Lösungen der Anilide in trockenem Äther mit gasförmigem Chlorwasserstoff aus, so ist die Gefahr geringer.

[2] Die Salze der Nitroaniline sind zum Unterschied von den freien Aminen nur schwach farbig.

[3] Besser erhitzt man die Substanz mit Benzoylchlorid auf 130 °C, vgl. S. 217.

[4] Nitroverbindungen, vor allem Polynitroverbindungen, reagieren mit Phenylhydrazin. Vgl. WALTER, R.: Über Reduktionen mit Phenylhydrazin. J. Prakt. Chem. [2] **53**, 433 (1896).

Charakterisierung entweder in Polynitroverbindungen übergeführt oder besser mit Zinn und konz. Salzsäure zu primären Aminen reduziert (etwa 2 g der Nitroverbindung mit etwa 5 g Zinngranalien und 10—20 ml konz. Salzsäure). Nach dem Zusatz von zunächst verdünnter, dann konz. Kalilauge unter Kühlung bis zur Lösung des Zinnsäureniederschlags äthert[1] man das primäre Amin aus, das dann in etwas Salzsäure aufgenommen wird. Mit Benzoylchlorid wird es als Benzoylderivat charakterisiert. Einfacher ist häufig die katalytische Hydrierung (vgl. S. 221f.).

Nitroderivate des Toluols sind gaschromatographisch[2] trennbar.

ε) *Polynitroverbindungen* (Polynitraniline[3]) sind in der Regel gut kristallisiert und durch Schmelzpunkt und Mischprobe zu identifizieren.

Stellungsisomere Nitrophenole und Nitraniline sind dünnschichtchromatographisch trennbar (RANDERATH, S. 18).

3. Nitrile. Flüssig oder tiefschmelzend. Geruch! Zur Identifizierung verseift man sie durch Kochen mit 20%iger Schwefelsäure oder mit 10%iger methanolischer Natronlauge. Im letzteren Fall entweicht Ammoniak; der Alkohol wird abdestilliert und die Säure nach Zusatz von Wasser durch Ansäuern frei gemacht. Bei einigen einfachen Nitrilen, die hier in Betracht kommen, fällt die Säure aus oder läßt sich in Äther leicht aufnehmen und nach S.F. I A identifizieren; man kann auch die Nitrile zu primären (alkalisch reagierenden) Aminen reduzieren und diese dann identifizieren; siehe ferner S. 221.

4. Azoverbindungen und verwandte Verbindungen. Es kommen nur aromatische Derivate in Betracht, die fest sind und durch ihre Farbe auffallen (Azoxyverbindungen sind schwach farbig), ferner aromatische Hydrazoverbindungen, die in reinem Zustand farblos sind[4]. Alle diese Substanzen werden mit Hilfe des Schmelzpunktes identifiziert. Sie lassen sich durch Reduktion mit Zinn und Salzsäure oder mit Wasserstoff/Raneynickel bei Raumtemperatur und

---

[1] Man beachte die Komplexbildung von Aminen mit Zinnverbindungen.

[2] COURTIER, J.-C., L. ETIENNE, J. TRANCHANT et S. VERTALIER: Bull. Soc. Chim. France **1965**, 3181.

[3] Diese sind neutral, aber in Äther schwer löslich, gehören also in die Gruppe S.F. IV.

[4] Präparate, die an der Luft gestanden haben, sind mehr oder weniger zu Azoverbindungen autoxydiert.

normalem Druck in Amine überführen. Man beachte die Benzidin-umlagerung der Hydrazoverbindungen mit konz. Salzsäure.

Die papierchromatographische (CRAMER, S. 185) und dünn-schichtchromatographische (RANDERATH, S. 255 und STAHL, S. 583) Analyse synthetischer Farbstoffe ist besonders einfach, da keine Anfärbereaktion notwendig ist.

5. Säureamide, Säureanilide und ihre Derivate. Diese Verbindungen sind gut kristallisiert, oft in Äther und Wasser schwer löslich, so daß sie auch in der Gruppe S.F. IV aufgefunden werden. Manche Säureanilide haben schwach basischen Charakter und bilden, wie Acetanilid (vgl. S. 144), mit konz. Salzsäure Salze. Viele Substanzen sind durch den Schmelzpunkt identifizierbar; doch sind gerade hier viele Kombinationen der beiden Komponenten möglich, z. B. aliphatische oder aromatische Säuren mit den verschiedensten Aminen, so daß die Identifizierung durch den Schmelzpunkt allein oft nur schwer gelingt. Solche Produkte können durch 5—10 stündiges Kochen mit der zehnfachen Menge konz. Salzsäure gespalten werden. Bleibt das Produkt unverändert (Schmelzpunkt und Mischprobe), so wiederhole man die Spaltung durch Erhitzen im Bombenrohr auf 150° C. Beim Aufarbeiten können folgende Fälle eintreten:

α) Das Reaktionsprodukt ist nach Zusatz von Wasser löslich. Die saure Lösung wird dann mit Äther extrahiert und die so gewonnene Säure, meist eine leichtflüchtige Fettsäure, nach S. 99 f. untersucht.

Zur Gewinnung des Amins wird alkalisch gemacht; dabei kann sich dieses ausscheiden, und es löst sich dann in Äther (vgl. S. 127 ff.); oder es bleibt gelöst und ist flüchtig; Prüfung der Dämpfe mit Curcumapapier, Charakterisierung des leichtflüchtigen Amins bzw. des Ammoniaks als Nitrobenzoyl- oder p-Toluolsulfamidderivat (vgl. S. 101, 174 f.). Die Arylsulfamidderivate erlauben eine Unterscheidung von primären und sekundären Aminen (vgl. S.F. I C, S. 130).

β) Das Reaktionsprodukt ist nach Zusatz von Wasser z. T. ungelöst; dann kann eine schwer lösliche Säure, das schwer lösliche Chlorhydrat eines Amins oder ein Gemisch beider vorliegen. Man schüttelt mit Äther; falls dabei eine Säure der Gruppe S.F. I A in den Äther geht, prüfe man die salzsaure Lösung wie oben auf ein Amin oder Ammoniak. Im anderen Fall zersetzt man zunächst das Chlorhydrat des Amins mit Lauge, nimmt das freie Amin in

Äther auf und gewinnt danach durch Ansäuern und evtl. Äther-extraktion die Säure[1].

6. Säurehydrazide (Phenylhydrazide u. a.). Für die Analyse dieser Stoffe gilt das für die Amidderivate Gesagte. Nach dem Spalten der Hydrazide mit (meist) konz. Salzsäure lassen sich Hydrazin bzw. Hydrazinderivate meist leicht erkennen und charak-terisieren (Reduktion von Fehlingscher Lösung).

7. Cyclische Verbindungen. Indolderivate werden am Geruch erkannt. Für einfache Indolderivate, im Gegensatz zu den kom-plizierter gebauten Indolalkaloiden, ist die dünnschichtchromato-graphische Analyse besonders empfindlich (RANDERATH, S. 105 und STAHL, S. 449).

c) Enthalten weiter Halogen

Prüfung auf Art und Bindungsweise des Halogens durch Kochen mit einer etwa 2 n Lösung von methanolischer Natronlauge (vgl. L.F. I, S. 93f.).

1. Halogen im Kern aromatischer Verbindungen substituiert. Das Halogen ist nicht abspaltbar. Geruch!

α) *Halogen- und Polyhalogensubstitutionsprodukte aromatischer Kohlenwasserstoffe* sind zum Teil flüssig, zum Teil fest. Sie können häufig durch Nitrieren in feste Halogennitro- oder Halogenpoly-nitroderivate und mit Chlorsulfonsäure in Sulfonsäurechloride und anschließend Sulfonsäureamide (S. 201) verwandelt werden. Halogenderivate, die Seitenketten enthalten, z. B. Halogentoluole, lassen sich durch Kochen mit 5%iger sodaalkalischer Kalium-permanganatlösung in Halogenbenzoesäuren überführen und so charakterisieren. Bei flüssigen Substanzen werden das spezifische Gewicht und die Refraktion bestimmt. Brom- oder Jodverbindun-gen können mit Magnesium in Äther zu magnesiumorganischen Verbindungen und anschließend mit Phenylisocyanat zu Aniliden von Arylcarbonsäuren umgesetzt werden (vgl. L.F. I D c, S. 94).

Halogenierte aromatische Kohlenwasserstoffe sind gaschromato-graphisch trennbar (BAYER, S. 234, Tab. 30).

β) *Halogensubstituierte aromatische Aldehyde, Säureester, Alko-hole und Phenoläther.* Die Bindungsart des Sauerstoffs muß hier

---

[1] Weitere Fälle brauchen hier nicht berücksichtigt zu werden, weil kom-pliziert gebaute Anilide in Äther und Wasser schwer löslich sind, also in die Gruppe S.F. IV gehören.

10*

wie bei entsprechenden halogenfreien Verbindungen (S. 135 ff.) untersucht werden.

2. Halogen in der Seitenkette aromatischer Verbindungen substituiert. Das Halogen ist abspaltbar. Schon durch den unangenehmen Geruch und ihre stark die Augen reizende Wirkung können diese Stoffe von den im Benzolring substituierten Halogenderivaten, die angenehm aromatisch riechen, unterschieden werden. Bei der Oxydation dieser Verbindungen durch Kochen mit Kaliumpermanganatlösung erhält man Benzoesäure bzw. deren Substitutionsprodukte, z. B. halogensubstituierte Benzoesäuren, wenn Halogen im Ring und in der Seitenkette vorhanden ist. Man untersuche ferner die Produkte, die beim Kochen mit konzentrierter Kaliumcarbonatlösung entstehen; Unterscheidung von Benzylchlorid, Benzalchlorid, Benzotrichlorid. Zur weiteren Identifizierung: S. 200 f.

3. Rein aliphatische Halogenverbindungen. Geruch. Halogen ist durch Kochen mit methanolischer Natronlauge abspaltbar. Beim Kochen mit Kaliumpermanganatlösung erhält man keine aliphatischen Säuren. Hierher gehören polyhalogensubstituierte aliphatische Kohlenwasserstoffe, ferner Halogensubstitutionsprodukte höhermolekularer aliphatischer oder alicyclischer Kohlenwasserstoffe. Die ersteren werden durch Schmelzpunkt, spezifisches Gewicht und Refraktion identifiziert, letztere z. B. durch Verseifung zu Alkoholen und Oxydation derselben. Primäre, sekundäre und tertiäre Alkylhalogenide sind weiter als S-Alkylisothiuroniumpikrate zu identifizieren (S. 200 f.).

Gaschromatographische Trennung: BAYER, S. 110 und Tab. 29, S. 232 f.

Ester von halogensubstituierten Fettsäuren: die Halogenessigsäureester, die sehr unangenehm riechen, können mit Ammoniak in Halogenacetamide übergeführt und so charakterisiert werden.

d) Enthalten weiter Halogen und Stickstoff

Man prüfe wieder die Bindungsart des Halogens durch Kochen mit 2 n methanolischer Natronlauge. Folgende Stoffklassen kommen in Betracht:

1. Halogennitroverbindungen. Man beachte, daß das Halogen auch in aromatischer Bindung durch Eintritt von Nitrogruppen, hauptsächlich in o- und p-Stellung, beweglich wird, so daß Polynitrohalogenverbindungen ein leicht abspaltbares Halogen besitzen können. Es sind meist feste, schwach farbige Substanzen, die durch den Schmelzpunkt zu charakterisieren sind. Bei aromatischen kernhalogenierten Mononitroverbindungen reduziert man die Nitrogruppe und charakterisiert die erhaltenen Amine als Benzoylderivate[1].

2. Halogensubstituierte aromatische Amine mit schwach basischem Charakter. Durch Einleiten von Chlorwasserstoff in die trockene ätherische Lösung werden Salze abgeschieden, die nach dem Abtrennen durch Wasser hydrolysiert werden.

3. Säureanilidderivate von halogensubstituierten Aminen oder Säuren. Sie sind gut kristallisiert, zumeist schwer löslich und deshalb in der Gruppe S.F. IV enthalten. Durch Erhitzen mit Säuren werden sie gespalten (vgl. S. 146).

4. Amid- bzw. Anilidderivate aliphatischer halogensubstituierter Säuren. Das Halogen ist hier leicht abspaltbar. Die Produkte sind meist gut kristallisiert und haben einen charakteristischen Schmelzpunkt. Durch Verseifen ist der basische Bestandteil (vgl. die Spaltung der Säureamidderivate S. 146) leicht zu charakterisieren, schwerer dagegen die Säure.

e) Enthalten weiter Schwefel

1. Thioäther, Thioester. Sie sind meist flüssig und am Geruch zu erkennen; mit konz. Salpetersäure erfolgt heftige Reaktion. Zur Charakterisierung von Thioäthern ist ihre Überführung in Sulfone (S. 224) und in Sulfoniumperchlorate (S. 225), von Thioestern die Verseifung mit methanolischem Kaliumhydroxid geeignet.

2. Ester der Schwefelsäure[2]. Dimethylsulfat (giftig!), reaktionsfähig. Nach Verseifen durch Kochen mit Alkalien ist der Alkohol neben der Schwefelsäure nachzuweisen.

3. Ester von aliphatischen und aromatischen Sulfonsäuren[2]. Sie sind leicht verseifbar, so daß sie wie Dimethylsulfat neben den

---

[1] Bei aromatischen Nitroverbindungen, die in der Seitenkette halogensubstituiert sind, z. B. p-Nitrobenzylchlorid, liefert die Reduktion der Nitrogruppen sehr unbeständige Stoffe, die zur Identifizierung ungeeignet sind; die Oxydation der Seitenkette führt dagegen zu brauchbaren Nitrocarbonsäuren (vgl. Abs. 2, S. 148).

[2] Können auch in der Gruppe S.F. V untersucht werden, da sie beim Trennungsgang leicht verändert werden.

meisten Verbindungen der Gruppe S.F. I A, B und C nicht vorkommen können. Untersuchung durch Verseifen mit 20%iger Kalilauge, Bestimmung der flüchtigen Alkohole nach Abdestillieren, der nichtflüchtigen Alkohole nach Ausäthern; die Sulfonsäure läßt sich über das Sulfonsäurechlorid in Sulfamidderivate überführen und so identifizieren (vgl. S.F. III A c, S. 169). Zur Identifizierung geeignet sind auch die Salze mit S-Benzyl-isothiuroniumchlorid (S. 228f.).

f) Enthalten weiter Stickstoff und Schwefel

1. Senföle. Flüssig oder tief schmelzend, Geruch! Zur Charakterisierung führt man sie in Thioharnstoffderivate über. (Sie können in einer Mischung nur bei Abwesenheit von primären und sekundären Aminen vorhanden sein.)

2. Sulfonsäureamidderivate von sekundären Aminen. Sie sind häufig in Äther schwer löslich (S.F. IV) und gut kristallisiert. Um die Komponenten zu gewinnen, spaltet man sie durch Erhitzen mit konz. Salzsäure (vgl. S. 133 und 146).

Trennungen in der Gruppe S.F. I D

In Gemischen dieser Gruppe liegen die verschiedenartigsten Substanzen vor, die typisch organischen Charakter zeigen. Ein allgemeiner, für viele Mischungen gültiger Trennungsgang findet sich in Trenntab. 5, S. 154—155. Bei der Benützung dieser Tabelle beachte man, daß nicht mit jedem Gemisch alle Operationen, die in der Tabelle verzeichnet sind, vorgenommen werden müssen. Enthält das Gemisch z. B. keinen Stickstoff, so können Amine und Nitroverbindungen nicht vorliegen; Operationen, die zu ihrer Abtrennung dienen sollen, werden selbstverständlich nicht durchgeführt.

Bei Flüssigkeiten dieser Gruppe wird man oft schwer erkennen können, ob eine einheitliche Verbindung oder ein Gemisch vorliegt, besonders wenn die Substanzen ähnliche physikalische Eigenschaften haben (z. B. wird man leicht einen Anteil von Oxalester in Malonester übersehen, wenn man nicht quantitativ arbeitet); deshalb untersucht man in solchen Fällen, wenn eine Destillation ohne Zersetzung möglich ist, die Refraktion aller Fraktionen (vgl. S. 77f.); außerdem führt man die flüssige Substanz in feste Derivate über und prüft diese auf Einheitlichkeit.

Auf folgende wichtige Trennungsmethoden sei besonders eingegangen:

1. *Aldehyde und einige Ketone* (besonders hydroaromatische)
lassen sich von allen anderen Verbindungen dadurch abtrennen,
daß man die ätherische Lösung des Gemisches mit einer konz.
Natriumhydrogensulfitlösung schüttelt. Die Hydrogensulfitaddi-
tionsprodukte scheiden sich dabei meist fest aus und werden durch
Filtrieren von der wäßrigen und ätherischen Lösung getrennt und
mit Äther gut ausgewaschen. Aus diesen Additionsprodukten
können die Aldehyde und Ketone durch Erwärmen mit verdünnter
Schwefelsäure oder Sodalösung regeneriert und in Äther aufgenommen werden.

Die ätherische Lösung, die mit Hydrogensulfitlösung durchgeschüttelt wurde, enthält die übrigen Neutralstoffe und wird wei-
terverarbeitet. Die wäßrige Hydrogensulfitlösung wird mit verdünnter Schwefelsäure versetzt und ausgeäthert, um zu prüfen, ob
neben den unlöslichen auch noch lösliche Hydrogensulfitadditions-
produkte vorhanden sind.

2. Zur Abtrennung von *höheren primären und sekundären
Alkoholen* von anderen neutralen Verbindungen wird das Gemisch
3—4 Std mit Phthalsäureanhydrid und evtl. ein wenig Kaliumcyanid
als Katalysator am Steigrohr auf 130° C erhitzt. Dann wird in
Äther aufgenommen, und mit 2 n Sodalösung werden die entstandenen sauren Phthalsäureester von den Neutralstoffen getrennt.

Zur Gewinnung der Alkohole wird die alkalische Lösung der
sauren Phthalsäureester erhitzt, die Ester dadurch verseift, die
Alkohole in Äther aufgenommen und durch Derivate (z. B. als
p-Nitrobenzoate[1]) charakterisiert. Beim Erhitzen mit Phthalsäureanhydrid können auch schwach basische Amine[2] reagieren und empfindliche Ester umgeestert werden.

3. *Schwach basische Amine, Säureamide und Säureanilide* lassen
sich von den übrigen neutralen Stoffen dadurch abtrennen, daß

---

[1] Vgl. S. 91 und 196.

[2] Sind sehr schwach basische primäre Amine (Trichloranilin, Nitroaniline)
neben Alkoholen anwesend, so können diese bei der Abtrennung der Alkohole
mit Phthalsäureanhydrid Phthalimidderivate geben; es ist in diesem Falle
zweckmäßig, die Abtrennung der schwach basischen Amine als chlorwasser-
stoffsaure Salze durch Einleiten von Chlorwasserstoffgas in die getrocknete
Ätherlösung vor der Abtrennung der Alkohole als saure Phthalsäureester
vorzunehmen.

man in die getrocknete ätherische Lösung Chlorwasserstoff einleitet. Dabei scheiden sich die Chlorhydrate dieser schwachen
Basen in fester Form aus; sie werden abfiltriert, mit trockenem
Äther gewaschen und danach durch Wasser hydrolysiert; sie spalten häufig schon an der Luft HCl ab und gehen in die freien Basen
über. Diese Trennungsmethode ist natürlich nur mit großer Vorsicht anzuwenden, da beigemengte Ester leicht verseift werden,
hauptsächlich bei Zutritt von Feuchtigkeit.

4. Zum Abtrennen von *Estern* wird mit wäßriger oder methanolischer Alkalilauge verseift. Dabei werden auch Halogenderivate
hydrolysiert, soweit das Halogen aliphatisch oder in der Seitenkette
aromatischer Verbindungen gebunden ist; sie werden dabei in
Alkohole, Ketone, Aldehyde oder Säuren verwandelt. Die alkalische Verseifung der Ester kann deshalb nur dann ausgeführt werden, wenn bei der Vorprobe kein durch Alkali abspaltbares Halogen
nachgewiesen wurde. Die Verseifung verläuft leichter in alkoholischer Lösung als in wäßriger; in ersterem Fall kann aber nur auf
Säuren geprüft werden und nicht auf flüchtige Alkohole. Nach dem
Verseifen mit alkoholischer Alkalilauge (am besten arbeitet man
mit Methanol als Lösungsmittel) vertreibt man vorsichtig[1] einen
Teil des Lösungsmittels auf dem Wasserbad, verdünnt mit Wasser
und nimmt die neutralen, unverseifbaren Anteile in Äther auf. Die
alkalische Lösung wird auf Säuren geprüft, wobei sich die in Abschnitt β, S. 138ff. geschilderten Fälle ergeben können.

Zur Prüfung auf flüchtige Alkohole muß mit 25%iger Kalilauge
verseift werden. Die flüchtigen Alkohole werden abdestilliert, durch
Destillation gereinigt und als p-Nitrobenzoate oder 3.5-Dinitro-
benzoate charakterisiert (vgl. S. 91 u. 102 und S. 196f.). Höher
siedende, ätherlösliche Alkohole, die sich unter den Neutralstoffen
befinden, werden wiederum mit Phthalsäureanhydrid abgetrennt
(vgl. S. 151).

Beim Vorliegen von leicht spaltbaren Halogenderivaten verseift
man die Ester durch mehrstündiges Kochen mit konzentrierter
Salzsäure, macht schwach alkalisch, nimmt die neutralen Anteile in
Äther auf und isoliert die entstandenen Säuren aus der alkalischen
Lösung. In einer besonderen Probe muß durch Verseifen mit Alkali-

---

[1] Einige Neutralstoffe sind mit Methanol azeotrop flüchtig; das Destillat
wird durch Verdünnen mit Wasser auf wasserunlösliche Neutralstoffe geprüft.

lauge auf flüchtige Alkohole geprüft werden. Man beachte, daß bei beiden Verseifungsmethoden Säureamide und Nitrile ebenfalls gespalten werden.

5. *Nitroverbindungen* werden durch Reduktion mit Zinn und Salzsäure in die wasserlöslichen Salze von aromatischen Aminen verwandelt. Sie lassen sich so von den neutralen Bestandteilen, die von dieser Reaktion nicht angegriffen werden, also von Kohlenwasserstoffen, beständigen aromatischen Ketonen und Halogenverbindungen, ferner von Phenoläthern trennen. Ester werden hierbei verseift und müssen deshalb vorher abgetrennt werden.

Zur Aufarbeitung macht man nach der Reduktion das Gemisch stark alkalisch und nimmt mit Äther auf. Man erhält so im Äther ein Gemisch von primären Aminen mit neutralen Bestandteilen, das durch Ausschütteln mit verdünnter Salzsäure getrennt wird (vgl. Trennung von S.F. I C und S.F. I D).

6. Zur Abtrennung der *Ketone* von Neutralstoffen, z. B. von Phenoläthern und Kohlenwasserstoffen, kann man erstere in schwer lösliche Derivate, wie Phenylhydrazone oder Semicarbazone (S. 208), überführen und dann die indifferenten Bestandteile in Äther bzw. Petroläther aufnehmen; diese Trennung erfolgt meist nicht quantitativ. Besser stellt man ein Oxim des Ketons her (S. 208), nimmt es mit den anderen Neutralstoffen in Äther auf, schüttelt das Oxim mit Natronlauge aus der ätherischen Lösung aus und trennt so Ketone von den Neutralstoffen ab.

Zur Darstellung der Oxime wird das Gemisch in alkoholischer Lösung mit 1,5—2 Mol Hydroxylaminchlorhydrat und 4,5—6 Mol Kaliumhydroxid versetzt (dazu schätzt man das Molekulargewicht des Ketons aus den physikalischen Eigenschaften ungefähr ab und nimmt an, daß das gesamte Gemisch nur aus dem Keton bestände). Nach 3—10 stündigem Erwärmen auf dem Wasserbad wird der Alkohol abdestilliert und das Reaktionsprodukt nach Zusatz von Wasser angesäuert und ausgeäthert. Durch Schütteln der Ätherlösung mit 20%iger Natronlauge werden die Oxime abgetrennt; dabei muß wegen des schwach sauren Charakters der Oxime diese Behandlung mehrmals, zuletzt mit 40%iger Lauge durchgeführt werden. Nach dem Ansäuern fallen die Oxime entweder fest aus oder werden in Äther aufgenommen. Statt die Oxime mit Natronlauge der ätherischen Lösung zu entziehen, kann man auch nach dem Trocknen mit wasserfreiem Natriumsulfat Chlorwasserstoff

Trenntabelle 5. *S.F. I D. Neutralstoffe* (Fortsetzung von Trenntabelle 4, S. 112). (Vgl. S. 150ff.)

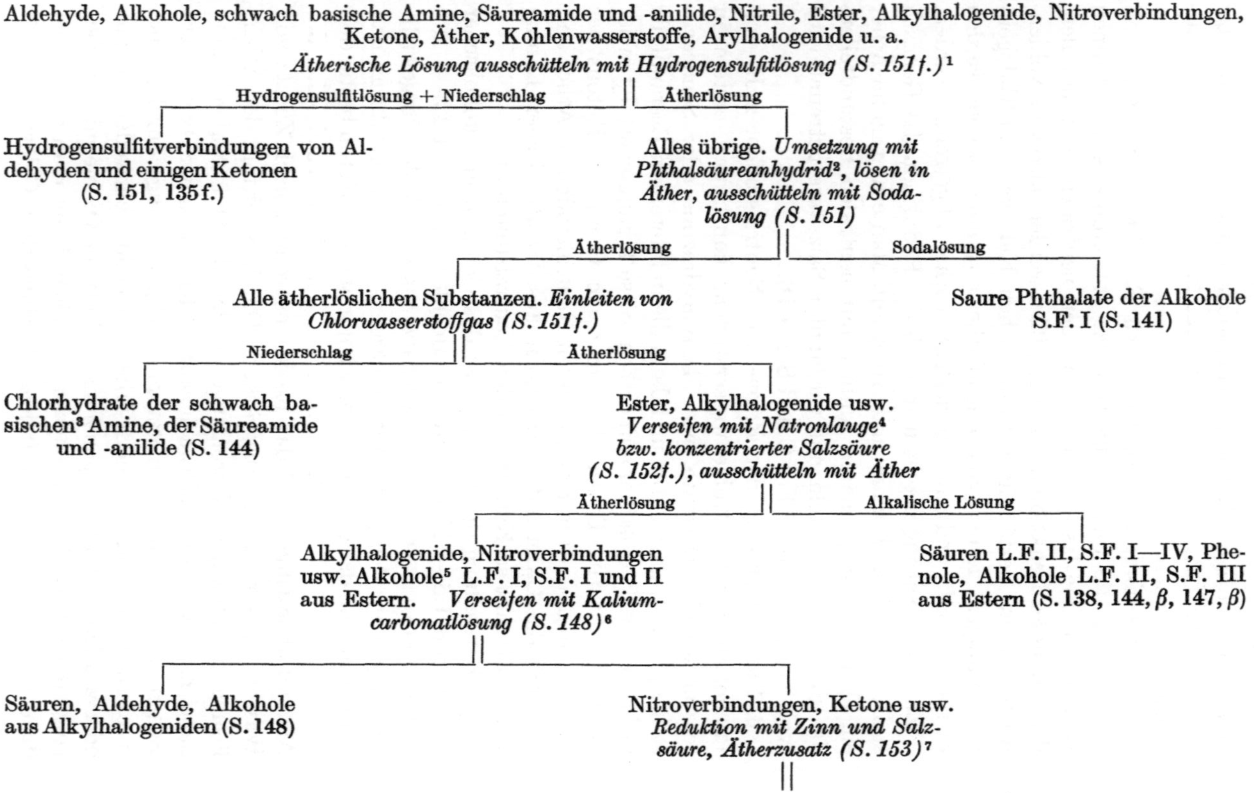

Aldehyde, Alkohole, schwach basische Amine, Säureamide und -anilide, Nitrile, Ester, Alkylhalogenide, Nitroverbindungen, Ketone, Äther, Kohlenwasserstoffe, Arylhalogenide u. a.

Ätherische Lösung ausschütteln mit Hydrogensulfitlösung (S. 151f.) [1]

— Hydrogensulfitlösung + Niederschlag →

Hydrogensulfitverbindungen von Aldehyden und einigen Ketonen (S. 151, 135f.)

— Ätherlösung →

Alles übrige. *Umsetzung mit Phthalsäureanhydrid* [2], *lösen in Äther, ausschütteln mit Sodalösung (S. 151)*

— Ätherlösung →

Alle ätherlöslichen Substanzen. *Einleiten von Chlorwasserstoffgas (S. 151f.)*

— Sodalösung →

Saure Phthalate der Alkohole S.F. I (S. 141)

— Niederschlag →

Chlorhydrate der schwach basischen [3] **Amine, der Säureamide und -anilide (S. 144)**

— Ätherlösung →

Ester, Alkylhalogenide usw. *Verseifen mit Natronlauge* [4] *bzw. konzentrierter Salzsäure (S. 152f.), ausschütteln mit Äther*

— Ätherlösung →

Alkylhalogenide, Nitroverbindungen usw. Alkohole [5] **L.F. I, S.F. I und II aus Estern.** *Verseifen mit Kaliumcarbonatlösung (S. 148)* [6]

— Alkalische Lösung →

Säuren L.F. II, S.F. I—IV, Phenole, Alkohole L.F. II, S.F. III aus Estern (S. 138, 144, β, 147, β)

— →

Säuren, Aldehyde, Alkohole aus Alkylhalogeniden (S. 148)

— →

Nitroverbindungen, Ketone usw. *Reduktion mit Zinn und Salzsäure, Ätherzusatz (S. 153)* [7]

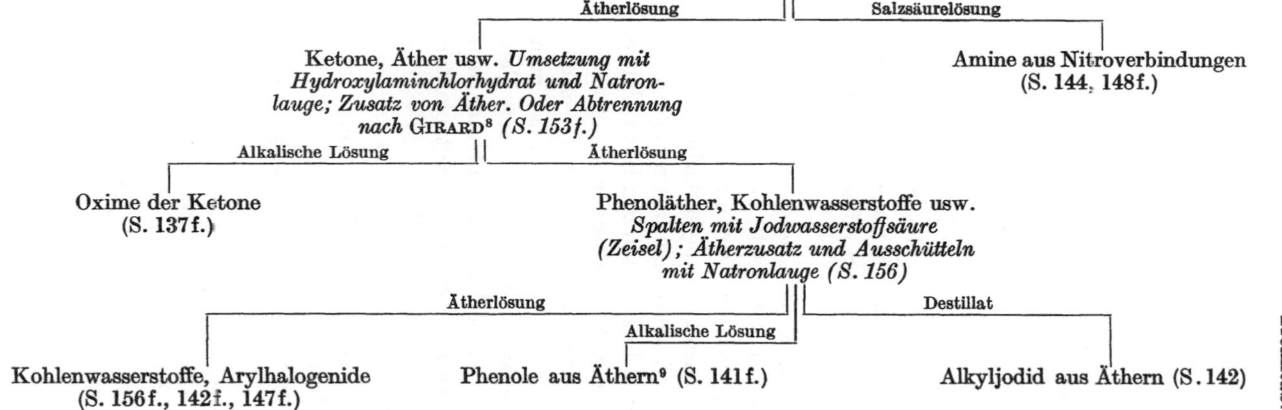

---

[1] Chinone (Geruch, Farbe) werden durch Hydrogensulfit reduziert (Chinon zu Hydrochinon).

[2] Tertiäre Alkohole geben mit Phthalsäureanhydrid keine Ester.

[3] Einige Amine bzw. Säureamidderivate sind so schwach basisch, daß sie nicht ausfallen; letztere werden dann beim Verseifen der Ester ganz oder teilweise gespalten. Abtrennung der Amine evtl. als Pikrate (zusammen mit einigen Kohlenwasserstoffen und Phenoläthern), der Amide durch Spaltung (S. 146). Chlorwasserstoff kann mit tertiären Alkoholen reagieren oder sich an Doppelbindungen anlagern; bei Hydrazoverbindungen erfolgt damit Benzidinumlagerung.

[4] Ist mit methanolischer Natronlauge Halogen abspaltbar, so wählt man die saure Verseifung. Sehr schwer verseifbare Ester sind mit methanolischer Natronlauge zu verseifen. [Säureanhydride (S. 141), Schwefelsäureester (S. 149).] Dabei können Nitroverbindungen verändert werden; Nitrile werden verseift (Ammoniakentwicklung). Reaktionen mit HCl-Gas bzw. konz. Salzsäure, s. Anm. 3.

[5] Abtrennung wie oben.

[6] Man schüttelt mit Äther aus; Säuren S.F. I (z. B. aus Benzotrichlorid) und Alkohole S.F. III bleiben in der Kaliumcarbonatlösung zurück; Aldehyde S.F. I und Alkohole S.F. I sind wie oben abzutrennen.

[7] Hier werden auch Azoverbindungen zu primären Aminen reduziert (S. 145).

[8] Abtrennung mit Girard-Reagenz, vgl. S. 156, GIRARD, A., u. G. SANDULESCO: Helv. Chim. Acta 19, 1095 (1936).

[9] Hier kommen im wesentlichen nur aromatische Äther in Betracht. Diphenyläther wird nicht gespalten.

einleiten, wobei die salzsauren Salze der Oxime häufig quantitativ ausfallen. Durch Erhitzen mit konz. Salzsäure werden die Ketone regeneriert und durch Überführung in andere Derivate charakterisiert.

In vielen Fällen eignen sich für die Abtrennung der Ketone die wasserlöslichen Chloride der Pyridinium-acet-hydrazone und der Trimethylammonium-acet-hydrazone (Girard-Reagenzien[1]). Die Bildung dieser Derivate erfolgt leicht; doch müssen bei der Isolierung die Darstellungsbedingungen genau eingehalten werden, da die Produkte sonst wieder gespalten werden. Die Ammonium-acet-hydrazone können entweder als schwer lösliche Salze abgetrennt oder aber in wäßriger Lösung gespalten und die so regenerierten Ketone mit Äther aufgenommen werden. Über die Arbeitsbedingungen vgl. Anm. 1.

7. Gemische von *Phenoläthern und Kohlenwasserstoffen* werden mit konzentrierter Jodwasserstoffsäure behandelt, evtl. im Zeisel-Apparat, wobei man das Alkyljodid auffängt. Der Inhalt des Zeisel-Kölbchens wird mit Natriumhydrogensulfitlösung entfärbt. Das bei der Spaltung entstandene Phenol und die Kohlenwasserstoffe werden in Äther aufgenommen. Durch Schütteln mit 2 n Natronlauge wird das Phenol von den verbliebenen Neutralstoffen abgetrennt.

8. Gemische von *aromatischen Kohlenwasserstoffen[2] und aromatischen Halogenderivaten* können dadurch getrennt werden, daß man die Seitenketten der Kohlenwasserstoffe durch Kochen mit Permanganat- oder Chromsäurelösung oxydiert und die entstandenen Carbonsäuren abtrennt. Halogenderivate, die keine Seitenketten haben, bleiben dabei unverändert. Aromatische Brom- oder Jodderivate lassen sich von Kohlenwasserstoffen durch Überführung in magnesiumorganische Verbindungen und Umsetzung mit Phenylisocyanat zu Arylcarbonsäureaniliden abtrennen; hierbei entstehen Derivate, die auch zur Identifizierung geeignet sind (vgl. L.F. I D c, S. 93f.).

---

[1] Die Reagenzien werden durch Umsetzung von Pyridin bzw. Trimethylamin mit Chloressigsäureäthylester und Überführung der Ester mit Hydrazin in die Hydrazide hergestellt. Die Formel des Pyridiniumacethydrazid-chlorides ist $\langle \rangle \overset{+}{N}-CH_2-C{\overset{O}{\diagdown}}_{NH-NH_2}$, $\overset{-}{Cl}$. GIRARD, A., u. G. SANDULESCO: Helv. Chim. Acta **19**, 1095 (1936).

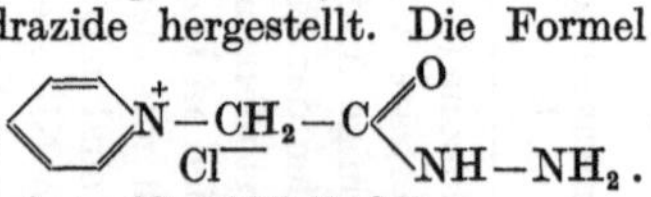

[2] Da die aromatischen Halogenderivate weit höher als Benzol sieden, kommen hier nur die höheren Homologen in Betracht.

9. *Aliphatische und aromatische Kohlenwasserstoffe und Aryl-halogenide.* Die beiden letzten können durch Sulfurierung und Eingießen in Wasser, worin die Sulfonsäuren leicht löslich sind, abgetrennt werden. Die Sulfonsäuregruppe ist durch überhitzten Wasserdampf wieder abspaltbar. Auch die Überführung in Sulf-amide (vgl. S. 169f.), die S-Benzylisothiuroniumsalze[1], ebenso die Alkalischmelze[2], die zu Phenolen führt, sind zur Identifizierung aromatischer Sulfonsäuren geeignet.

10. Bei Anwesenheit mehrerer Vertreter von Neutralstoffen eines Typs können in vielen Fällen chromatographische Methoden zur Trennung herangezogen werden, wenn Destillation oder Kristallisation versagen. So können z. B. Aldehyde und Ketone als solche[3] oder als Girard-Verbindungen[4] papierchromatographisch getrennt werden. An Silicagel sind die Methylester von Fettsäuren trennbar. BOLDINGH[5] beschreibt die Trennung der Äthylester höherer Fettsäuren an mit Kautschuklatex getränktem und getrocknetem Papier, SEASE[6] die Trennung der Phthal- und Benzoesäureester flüchtiger Alkohole. Auch die chromatographische Trennung von Terpenkohlenwasserstoffen[7] und von aromatischen Nitroverbindungen[8] wurde beschrieben. Siehe ferner die Hinweise im Abschnitt D. Neutrale organische Substanzen und sehr schwach basische Verbindungen, S. 134f.

S.F. II. In Äther und in Wasser leicht lösliche Substanzen

A. Säuren: Mittlere aliphatische Säuren, Hydroxysäuren u. a.

B. Phenole: Mehrwertige Phenole.

C. Amine: Aliphatisch-aromatische Amine, Diamine, Aminophenole.

D. Neutralstoffe: Hydroxyverbindungen, Säureamide u. a. (nicht Kohlenwasserstoffe).

---

[1] Vgl. S. 227f.

[2] Bei der Alkalischmelze darf nicht mit zu kleinen Mengen gearbeitet werden; auch ist auf die Einhaltung der Schmelztemperatur (Ölbad oder Metallbad) zu achten.

[3] NEWCOMBE, A. G., and S. G. REID: Nature **172**, 455 (1953).

[4] ZAFFARONI, A., R. B. BURTON, and E. H. KEUTMANN: J. Biol. Chem. **177**, 109 (1949); Science **111**, 6 (1950).

[5] BOLDINGH, J.: Experientia **4**, 270 (1948); Rec. Trav. chim. Pays-Bas **69**, 247 (1950).

[6] SEASE, J. W.: J. Am. Chem. Soc. **70**, 3630 (1948).

[7] KIRCHNER, J. G., J. M. MILLER u. G. J. KELLER: Anal. Chem. **23**, 420 (1951).

[8] CRUSE, K., u. R. MITTAG: Z. Anal. Chem. **131**, 273 (1950).

Die Substanzen liegen nach Abtrennung der Gruppe S.F. I (S. 108f.) in der Regel in wäßriger Lösung vor; geringe Mengen der Gruppe S.F. I können natürlich darin enthalten sein, sind aber hier nicht zu berücksichtigen. Es kommt viel eher vor, daß Substanzen von S.F. II in der ätherischen Lösung von S.F. I vorhanden sind. Hierauf wurde in den entsprechenden Abschnitten der Gruppe S.F. I hingewiesen.

Zur Gewinnung der Verbindungen aus der wäßrigen Lösung kann im Vakuum eingedampft werden; dabei sind aber Verluste möglich, da einige Substanzen wasserdampfflüchtig sind.

Sicherer wird man deshalb die wäßrige Lösung in einem Extraktionsapparat[1] mit Äther einige Stunden extrahieren, den Äther mit wasserfreiem Natriumsulfat trocknen und vorsichtig auf dem Wasserbad abdestillieren.

Die gewonnene Substanz kann fest oder flüssig sein; wenn die Verbindungen nicht rein sind, tritt nur langsam Kristallisation ein. Man lasse dann einige Zeit im Exsiccator über Schwefelsäure und Kaliumhydroxid stehen. Zum Umkristallisieren kommen neben Wasser die meisten organischen Lösungsmittel in Betracht; in Äthanol sind die Substanzen dieser Gruppe meist sehr leicht löslich. Flüssigkeiten können häufig durch Destillation gereinigt werden; dabei muß man in der Regel im Vakuum arbeiten, da die vorliegenden hydroxylhaltigen Verbindungen zersetzlicher sind als die Stoffe der Gruppe S.F. I. Man prüfe die Substanz auf Elemente und ihre wäßrige Lösung auf saure oder alkalische Reaktion, ferner ihr Verhalten gegen Eisen(III)-chlorid.

A. Säuren
Die wäßrige Lösung reagiert sauer

a) Enthalten nur Kohlenstoff, Wasserstoff und Sauerstoff

I. Die wäßrige Lösung zeigt keine ausgesprochene Eisenchloridreaktion

1. Aromatische Hydroxysäuren (Mandelsäure). Beim Kochen mit Kaliumpermanganatlösung entstehen einfache aromatische Säuren. Charakterisierung als Anilide.

---

[1] Apparat nach KUTSCHER-STEUDEL mit Frittenplattenverteiler; bei kleinen Mengen ist der Apparat nach THIELEPAPE besonders geeignet. WEYGAND-HILGETAG, S. 40 u. 44.

2. Aliphatische Säuren.

α) Ketocarbonsäuren (Brenztrauben- und Lävulinsäure). Die wäßrige Lösung reagiert leicht mit schwach alkalischem Kaliumpermanganat. Beim Erwärmen mit Phenylhydrazin in schwach essigsaurer Lösung, besser mit salzsaurem p-Nitrophenylhydrazin, scheiden sich die Phenylhydrazone als gut kristallisierte Produkte ab. Papierchromatographische Analyse: CRAMER, S. 158.

β) Ungesättigte aliphatische Säuren (Crotonsäure). Die Lösung des Natriumsalzes wird mit Kaliumpermanganat bei Raumtemperatur momentan oxydiert.

γ) Fettsäuren (z. B. Buttersäure, Valeriansäure). Flüssig; Geruch! Gegen Kaliumpermanganat beständig. Darstellung von Säurechloriden mit Thionylchlorid und Überführung z. B. in Anilide (S. 99f. und S. 211). Papierchromatographische Analyse: CRAMER, S. 154. Fettsäuren sind als Methylester gaschromatographisch trennbar (BAYER, S. 114).

δ) Dicarbonsäuren (Malonsäuren, Glutarsäure). Malonsäure reagiert, hauptsächlich in der Wärme, sowohl in saurer als auch in alkalischer Lösung leicht mit Kaliumpermanganat; Glutarsäure ist dagegen in der Kälte beständig. Substituierte Malonsäuren charakterisiere man zunächst durch den Schmelzpunkt; sie werden am einfachsten identifiziert, indem man durch zersetzende Destillation, wobei CO_2-Abspaltung erfolgt, die entsprechenden substituierten Essigsäuren herstellt; diese werden durch Kochen mit Thionylchlorid in Säurechloride und danach in Anilide oder p-Toluidide übergeführt (S. 211f.). Dünnschichtchromatographische Analyse: RANDERATH, S. 264 und STAHL, S. 622.

ε) Hydroxysäuren (Glykolsäure) sind gegen Kaliumpermanganat, besonders beim Erwärmen, unbeständig. Die Calciumsalze sind zum Unterschied von denen der Malonsäuren löslich; Derivate: Phenylhydrazide.

II. Die wäßrige Lösung zeigt Eisenchloridreaktion

3. Polyhydroxybenzolcarbonsäuren (evtl. auch in Gruppe S.F. I oder S.F. IV) entfärben Kaliumpermanganat. Mit Benzoylchlorid bzw. Chlorkohlensäuremethylester und verdünnter Natronlauge tritt keine Ausscheidung ein (vgl. S. 118).

b) Enthalten weiter Stickstoff

Aromatische Aminosäuren sind z. T. in Wasser ziemlich schwer löslich (s. S.F. I A, S. 118).

c) Enthalten weiter Halogen

Halogensubstituierte Fettsäuren und Dicarbonsäuren. Die Halogenessigsäuren lassen sich über die Säurechloride in Anilide bzw. Amide überführen und so charakterisieren (S. 211 f.).

B. Phenole

Die wäßrige Lösung reagiert schwach sauer und zeigt Eisenchloridreaktion

1. Mehrwertige Phenole. Die Phenole dieser Gruppe zeigen ziemlich stark sauren Charakter, so daß die Unterschiede gegenüber schwachen Säuren gering sind. Da die Säuren der Gruppe S.F. II A aber meist stark sauer sind, ist häufig eine Trennung mit Hydrogencarbonat möglich (vgl. Trenntab. 6, S. 164). Die vorliegenden Phenole lassen sich in wäßriger Lösung mit Benzoylchlorid und Natronlauge oder Benzol- bzw. p-Toluolsulfochlorid und Natronlauge nach dem Schotten-Baumannschen Verfahren in Derivate, die in Natronlauge unlöslich sind, überführen und so charakterisieren[1]. Die alkalische Lösung der Phenole färbt sich an der Luft rasch dunkel. Unterscheidung von o-, m- und p-Dihydroxybenzolen durch die Eisenchloridreaktion. Papierchromatographische Analyse: CRAMER, S. 149; dünnschichtchromatographische Analyse: RANDERATH, S. 214; STAHL, S. 515f.

2. Enole. Aliphatische oder aliphatisch-aromatische Verbindungen.

C. Amine

Enthalten Stickstoff

Verbindungen mit basischem Charakter, nach Zusatz von 2 n Salzsäure nicht ätherlöslich

a) Aliphatisch-aromatische Amine. Benzylamin, evtl. höhermolekulare aliphatische Amine und Aminoalkohole. Die wäßrige Lösung

---

[1] Vgl. HINSBERG, O., u. L. v. UDRÁNSZKY: Liebigs Ann. Chem. **254**, 252 (1889).

reagiert alkalisch; primäre und sekundäre Amine sind als Benzoyl- bzw. p-Toluolsulfonsäurederivate zu charakterisieren (vgl. S. 129 und 217).

b) Aromatische Diamine. Diese sind stärker basisch als die aromatischen Monoamine. m[1]- und p-Phenylendiamin zeigen gegen Lackmus alkalische Reaktion; die Salze reagieren sauer. Meist handelt es sich um feste, z. T. unbeständige[2] Verbindungen, die durch Autoxydationsprodukte dunkel gefärbt sind. Beim Schütteln mit Benzoylchlorid und Natronlauge lassen sich die primären und sekundären Amine in feste Benzoylderivate[3] überführen, die in Säuren unlöslich sind. Mit Benzol- bzw. p-Toluolsulfochlorid erhält man aus primären Aminen in Natronlauge lösliche Sulfamidderivate[4], während sekundäre Amine in Natronlauge unlösliche Neutralstoffe ergeben (Trennungen vgl. S. 132 ff.).

Gemischt primär-tertiäre Verbindungen, z. B. p-Aminodimethylanilin, geben mit Benzoylchlorid in alkalischer Lösung unlösliche Monobenzoylprodukte, die noch basische Eigenschaften besitzen und sich zum Unterschied von den neutralen Dibenzoylprodukten primärer oder sekundärer Diamine in verdünnter Säure lösen.

Unterscheidung von o-, m- und p-Diaminen mit salpetriger Säure.

Zu a) und b): Papierchromatographische Analyse: CRAMER, S. 161 f. Dünnschichtchromatographische Analyse: RANDERATH, S. 109 und STAHL, S. 470 f.

c) Aminophenole sind meist durch Verharzungsprodukte stark dunkelfarbig; die alkalische Lösung ist sehr empfindlich. Sie sind sehr schwer rein herzustellen und deshalb als Benzoyl- bzw. Benzolsulfonsäurederivate zu isolieren und zu charakterisieren (vgl. S. 125, 163).

D. Neutralstoffe

(Kohlenwasserstoffe kommen in dieser Gruppe nicht vor, da sie wasserunlöslich sind)

a) Enthalten nur Kohlenstoff, Wasserstoff und Sauerstoff

Hydroxyverbindungen. In Betracht kommen hier nur einige Derivate mehrwertiger Alkohole, z. B. Pinakon, Äther und Ester

---

[1] Vgl. Anm. 1, S. 129. Verhalten gegen salpetrige Säure.
[2] Die Salze (Gruppe S.F. III) sind beständiger.
[3] Vgl. Anm. 1, S. 160.
[4] Vgl. HINSBERG, O.: Liebigs Ann. Chem. **265**, 178 (1891). Vgl. S. 215 f.

des Glykols und Glycerins mit freier Hydroxylgruppe, ferner Lactone (Valerolacton) und Aldehyde wie Furfurol.

b) Enthalten weiter Stickstoff

Säureamide, -anilide, Oxime. Sie lassen sich aus einer Lösung in 2 n Salzsäure ausäthern.

Säureamidderivate, wie Formanilid, Dimethylformamid (S.218), höhere Fettsäureamide[1], Urethane. Diese Produkte sind z.T. kristallisiert und als solche zu identifizieren; ferner können auch die Spaltprodukte nach dem Kochen mit konz. Salzsäure oder Natronlauge (vgl. S. 146) untersucht werden. Über Eigenschaften der Oxime vgl. S. 153.

c) Enthalten weiter Halogen

Neutrale Verbindungen. Chloralhydrat, Chlorhydrine von mehrwertigen Alkoholen.

d) Enthalten weiter Schwefel

Sulfoxide (bilden Salze!): Dimethylsulfoxid[2] (vgl. S. 229).

Trennungen in der Gruppe S.F. II

Hier liegen häufig feste Substanzen vor; man untersucht zunächst durch Löseversuche, durch Umkristallisieren und Bestimmung der Schmelzpunkte der einzelnen Fraktionen, ob die Substanz einheitlich ist oder ob ein Gemisch vorliegt.

Die Trennung eines Gemisches von Verbindungen der Gruppe S. F. II gelingt leicht bei Substanzen verschiedenen Charakters, also beim Vorliegen von Säuren, Aminen und neutralen Bestandteilen; falls Aminophenole bzw. mehrwertige Phenole vorhanden sind, wird die Trennung erschwert, da die alkalische Lösung, vor allem der Aminophenole, sehr leicht verharzt.

1. Ein Gemisch trennt man nach Trenntab. 6, S. 164. Auch hier überzeugt man sich zuerst, ob das Gemisch stickstoffhaltig ist oder nicht, weil sich im letzteren Fall die Abtrennung basischer Stoffe erübrigt.

2. Zur Trennung von *Säuren, mehrwertigen Phenolen, basischen* und *neutralen Anteilen* löst man in 2 n Natronlauge und extrahiert mit Äther die basischen und neutralen Anteile mehrere Stunden im Extraktionsapparat. Diese Trennungsmethode ist aber ohne

---

[1] Acetamid ist in Äther unlöslich (S.F. III).

[2] SCHLÄFER, H. L., u. W. SCHAFFERNICHT: Angew. Chem. **72**, 618 (1960).

besondere Vorsichtsmaßregel nur bei Abwesenheit von mehrwertigen Phenolen und vor allem von Aminophenolen durchführbar (vgl. S.F. II C, S. 160f.), und zwar nur, wenn sich die alkalische Lösung an der Luft nicht oder nur schwach dunkel färbt. Bei Anwesenheit von mehrwertigen Phenolen, aber Abwesenheit von Aminophenolen kann die Extraktion unter Stickstoff durchgeführt werden.

Zur Gewinnung von Säuren und mehrwertigen Phenolen wird nach erschöpfender Extraktion mit Äther die alkalische Lösung angesäuert; die Säuren und mehrwertigen Phenole werden mit Äther extrahiert und nach Absatz 4 oder 5 getrennt.

3. *Aminophenole* sind in alkalischer Lösung sehr empfindlich und werden schnell zersetzt. Zur Trennung derselben von Säuren bzw. von mehrwertigen Phenolen löst man das Gemisch in 2 n Salzsäure, extrahiert die salzsaure Lösung mit Äther und gewinnt so Säuren, mehrwertige Phenole und neutrale Verbindungen, die danach zu trennen sind. Die salzsaure Lösung, welche die Aminophenole enthält, wird sofort unter vorsichtigem Zusatz von Natronlauge mit Benzoylchlorid versetzt; so werden die Aminophenole als feste Benzoylderivate abgetrennt und als solche charakterisiert.

4. Die Trennung *mehrwertiger Phenole* von *Säuren* gelingt durch Behandlung mit Benzoylchlorid und Natronlauge. Die Phenole werden dabei in neutrale Benzoylprodukte übergeführt, die aus der alkalischen Lösung ausfallen, während die Säuren in Lösung bleiben. Nach dem Abfiltrieren der neutralen Benzoylderivate fällt beim Ansäuern Benzoesäure aus, die abgetrennt wird. Beim Extrahieren der wäßrigen Lösung mit Äther erhält man die wasserlöslichen Säuren mit etwas Benzoesäure verunreinigt, die mit Petroläther entfernt werden kann.

Gute Dienste leistet ferner folgendes Verfahren: Man leitet in die alkalische Lösung Kohlendioxid bis zur Sättigung ein und extrahiert aus der Hydrogencarbonat-Lösung die Phenole mit Äther, während die Carbonsäuren als Natriumsalze in der wäßrigen Lösung zurückbleiben.

5. *Aminosäuren* (z. B. p-Aminobenzoesäure) sind von den übrigen Säuren und den Phenolen am besten dadurch abtrennbar, daß man die trockene ätherische Lösung mit gasförmigem Chlorwasserstoff sättigt. Dabei fallen die Chlorhydrate der Aminosäuren aus, die dann mit Natriumacetatlösung zersetzt werden. Durch Ausäthern (im Apparat von KUTSCHER-STEUDEL) werden die Aminosäuren isoliert.

11*

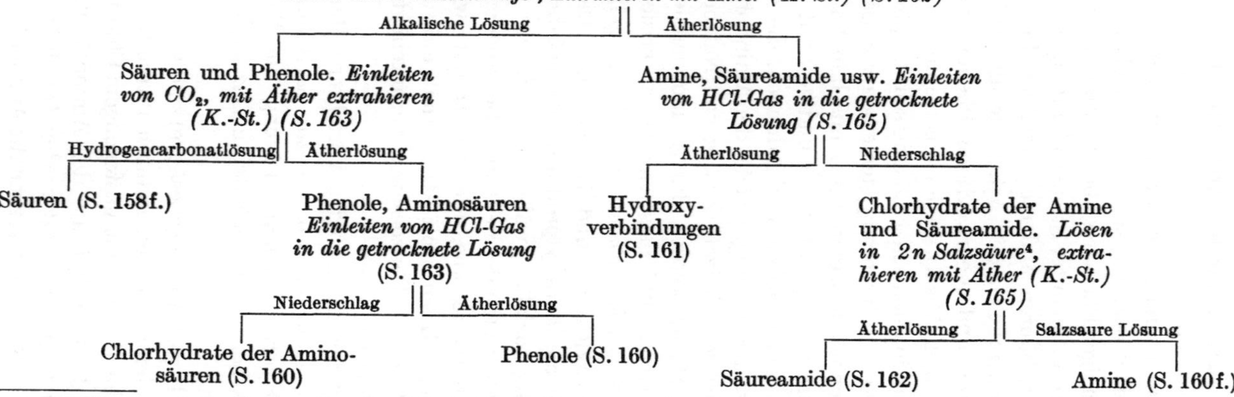

[1] Bei Gegenwart von Aminophenolen (starke Dunkelfärbung und Verharzung mit Alkali) löst man zuerst in Salzsäure und äthert Säuren, Phenole usw. aus (S. 163).

[2] Ist die Alkalikonzentration zu gering, so gehen die Phenole mit in den Äther. Bei Dunkelfärbung extrahiert man unter Stickstoff.

[3] Es können auch Oxime vorhanden sein, die z. T. vom Äther aufgenommen werden, z. T. in der alkalischen Lösung verbleiben. Der erste Teil scheidet sich mit HCl später zusammen mit den Säureamiden aus, der zweite Teil ebenfalls mit HCl mit den Aminosäuren. Dabei können die Oxime z. T. durch die Salzsäure zersetzt werden.

[4] Dabei tritt häufig teilweise Zersetzung der Säureamide ein (Formanilid).

6. Zur Trennung *mehrerer Säuren* können Unterschiede in ihrer Löslichkeit (in Petroläther oder Benzol) bzw. in der ihrer Salze, speziell Calciumsalze, verwendet werden.

Besonders vorteilhaft ist die in vielen Fällen gut ausgearbeitete chromatographische Trennung verschiedener Säuren[1]. Ketosäuren können als Dinitrophenylhydrazone[2] papierchromatographisch getrennt werden. Siehe auch die weiteren Hinweise zur chromatographischen Analyse im Abschn. S.F. II. In Wasser und in Äther leichtlösliche Substanzen, S. 157f.

7. *Basische Verbindungen und Neutralstoffe* können dadurch getrennt werden, daß man in die getrocknete ätherische Lösung Chlorwasserstoff einleitet; dabei fallen die unlöslichen Chlorhydrate der Amine und Säureamide aus. Letztere lassen sich aus einer Lösung in 2 n Salzsäure im Extraktionsapparat ausäthern, während die Amine in der salzsauren Lösung zurückbleiben.

S.F. III. In Wasser leicht, in Äther
schwer oder nicht lösliche Substanzen

In dieser Gruppe befinden sich die Verbindungen mit anorganischem Verhalten. Da hier auch Salze vorkommen, wird die Zahl der Untergruppen noch um eine erhöht. Es können also folgende Substanzen vorliegen:

A. Säuren, insbesondere Hydroxy-, Amino- und Sulfonsäuren.

B. Phenole sind in dieser Gruppe nicht vorhanden, da auch mehrwertige Phenole ätherlöslich sind (S.F. II).

C. Amine, insbesondere Hydroxyamine und Polyamine.

D. Neutralstoffe, z. B. Glycerin, Zucker.

E. Salze.

---

[1] LUGG, J. W. H., and B. T. OVERELL: Nature **160**, 87 (1947). — STARK, J. B., A. E. GOODBAN, and H. S. OWENS: Anal. Chem. **23**, 413 (1951). — DENISON, F. W. JR., and E. F. PHARES: Anal. Chem. **24**, 1628 (1952). — AIRAN, J. W., J. V. JOSHI, J. BARNABAS, and R. W. P. MASTER: Anal. Chem. **25**, 659 (1953). — JONES, A. R., E. J. DOWLING, and W. J. SKRABA: Anal. Chem. **25**, 394 (1953).

[2] KULONEN, E., E. CARPEN u. T. RUOKOLAINEN: Scand. J. Chim. Lab. Invest. **4**, 189 (1952); C. A. **47**, 1766 (1953).

1. Salze anorganischer Säuren mit Aminen[1].

2. Salze anorganischer Basen mit organischen Säuren oder Phenolen.

3. Salze organischer Säuren mit Aminen[1] und mit Ammoniak.

4. Innere Salze: Betaine.

Die Salze von organischen Säuren und Aminen werden bei der Analyse nicht als solche charakterisiert, sondern nur durch ihre Komponenten, die natürlich allen Hauptgruppen angehören können. Sind freie Säuren oder Amine neben Salzen bzw. mehrere Salze anwesend, so läßt sich häufig nicht entscheiden, welche Salze ursprünglich vorlagen. In manchen Fällen kann man dies durch Vergleich der molekularen Mengen der Komponenten feststellen.

Nach Abtrennung der in Äther leicht löslichen Verbindungen der Gruppen S.F. I und S.F. II liegen die Substanzen dieser Gruppe, falls keine Abtrennung der Gruppe S.F. IV nötig war, in fester, manchmal flüssiger Form vor; sie liegen dagegen in wäßriger Lösung vor, wenn wasserunlösliche Substanzen der Gruppe S.F. IV abzutrennen waren.

Im letzteren Fall dampft man eine Probe auf dem Wasserbad, evtl. im Vakuum ein, um die Eigenschaften der Substanz kennenzulernen; wegen der Flüchtigkeit einiger Substanzen (Glykol, Milchsäure) können dabei Verluste eintreten. Zu Reaktionen und Trennungen wird die wäßrige Lösung benützt.

Für die Reinigung fester Verbindungen hat man hier meist nur wenige Lösungsmittel zur Auswahl. Die in Äther unlöslichen Verbindungen sind auch in den meisten typisch organischen Lösungsmitteln schwer oder nicht löslich, so daß außer Wasser im wesentlichen nur Alkohole, Dioxan, Pyridin, Eisessig oder Formamid als Lösungsmittel in Betracht kommen. Bei Polyhydroxy- und Polyaminoverbindungen hat man es häufig mit hygroskopischen, schlecht kristallisierenden Substanzen zu tun; zur Kristallisation muß man oft längere Zeit im Vakuumexsiccator über konz. Schwefelsäure und Kaliumhydroxid stehenlassen.

Viele feste Stoffe dieser Gruppe haben keinen charakteristischen Schmelzpunkt, sondern zersetzen sich beim Erhitzen; der Zer-

---

[1] Hier werden solche Salze schwach basischer Verbindungen, die schon von Wasser zersetzt werden, nicht behandelt; vgl. S.F. V, S. 189.

setzungspunkt kann mit der Geschwindigkeit der Temperatursteigerung ziemlich stark variieren. Die Prüfung auf Reinheit und die Identifizierung sind deshalb erschwert; die Substanz wird zweckmäßigerweise unter dem Mikroskop auf Einheitlichkeit geprüft. Aus demselben Grunde lassen sich die Substanzen meist nicht durch Destillation reinigen. Auch Flüssigkeiten dieser Gruppe sind entweder nicht oder nur im Vakuum unzersetzt destillierbar.

Um diese Verbindungen zu charakterisieren, wird man sich bemühen, durch Einführung typisch organischer Substituenten das durch Hydroxyl- oder Aminogruppen bedingte anorganische Verhalten abzuschwächen und den organischen Charakter zu verstärken. Dies geschieht hauptsächlich durch Einführung von Benzoyl-, Nitrobenzoyl- oder Benzolsulfonsäureresten mit Hilfe entsprechender Säurechloride nach der Schotten-Baumannschen Methode, die gerade für solche Verbindungen ausgearbeitet wurde. Die in Wasser schwer löslichen Derivate sind infolge ihrer relativ hohen Molekulargewichte auch in Äther wenig löslich, lassen sich aber vielfach aus anderen organischen Lösungsmitteln (Benzol, Alkohol) umkristallisieren und reinigen.

Die vorliegende Substanz wird sorgfältig elementaranalytisch geprüft, hauptsächlich auch auf das Vorhandensein von Metallen. Weiter stelle man fest, ob sich in der wäßrigen Lösung Sulfat- oder Halogenionen befinden; man beachte dabei, daß aliphatische Halogenverbindungen mit Silbernitrat in wäßriger Lösung reagieren und so Halogenionen vortäuschen können.

A. Säuren

Die wäßrige Lösung reagiert sauer

a) Enthalten nur Kohlenstoff, Wasserstoff und Sauerstoff

1. Gesättigte und ungesättigte aliphatische Di- und Polycarbonsäuren, Hydroxysäuren; sie zeigen keine Eisenchloridreaktion. Oxalsäure, Bernsteinsäure, Tricarballylsäure, Maleinsäure; Hydroxymonocarbonsäuren, wie Milchsäure; Hydroxypolycarbonsäuren, wie Äpfelsäure und Citronensäure; Polyhydroxycarbonsäuren (Weinsäure, Schleimsäure). Eine allgemeine Trennungs- und Unterscheidungsmethode für diese z. T. sehr ähnlichen Verbindungen wird hier nicht gegeben. Man prüfe das Verhalten beim Erhitzen, ferner die Beständigkeit gegen Kaliumpermanganat in alkalischer und in saurer Lösung; Bernsteinsäure ist beständig; die Unbeständigkeit wächst meist mit der Zahl der OH-Gruppen[1]. Man untersuche die Löslichkeit von Salzen, insbesondere der Calcium-, Zink- und Bleisalze[2]. Ein charakteristisches Verhalten zeigen die Silbersalze, die häufig gut kristallisieren, aber in manchen Fällen sehr zersetzlich sind.

Säurechloride von Hydroxysäuren, die zur Überführung in Säureanilide dienen könnten, lassen sich weder mit Phosphorpentachlorid noch mit Thionylchlorid gewinnen, da meist kompliziertere Reaktionen stattfinden. Manche Hydroxysäuren lassen sich leicht in Phenylhydrazide überführen[3].

Zur papierchromatographischen Analyse: CRAMER, S. 154f. Zur dünnschichtchromatographischen Analyse: RANDERATH, S. 263f. und STAHL, S. 620f.

2. Sie zeigen Eisenchloridreaktion. Zum Beispiel Dihydroresorcin. Mehrwertige Phenole sind trotz der Hydroxylgruppen zum Unterschied von mehrwertigen Alkoholen in Äther löslich (S.F. II).

b) Enthalten weiter Stickstoff

Aliphatische Aminosäuren. Sie bilden charakteristische Kupfersalze und werden durch Überführen in Benzoyl-, Benzolsulfo- oder p-Toluolsulfoderivate, die schwer löslich sind[4], identifiziert (S. 218f.). Beim Ansäuern der alkalischen Lösung fallen die benzoylierten Aminosäuren aus (evtl. mit Benzoesäure gemischt). Ebenso wie bei Aminen können auch bei Aminosäuren mit Phenylisocyanat Harnstoffderivate erhalten werden (vgl. S. 129), die zur Identifizierung dienen können. Die Trennung von Aminosäuregemischen, wie sie durch Eiweißspaltung erhalten werden, erfolgt mit chromatographischen Methoden. Über die zahlreichen Nachweisreaktionen für Aminosäuren vgl. z. B. HOUBEN-WEYL-MÜLLER,

---

[1] Citronensäure ist infolge der tertiären Hydroxylgruppe beständiger als Weinsäure.

[2] BAUER-MOLL, 5. Aufl., S. 308ff.

[3] Vgl. FISCHER, E., u. F. PASSMORE: Ber. Deut. Chem. Ges. **22**, 2728 (1889).

[4] Über die Schmelzpunkte der Aminosäurederivate vgl. KEMPF-KUTTER, S. 602 oder andere Tabellenwerke wie z. B. SHRINER-FUSON-CURTIN, S. 339f. oder VOGEL, S. 439f.

Bd. XI/2, S. 269ff. Zur papierchromatographischen Analyse: CRAMER, S. 89; weiter G. PATAKI, Dünnschichtchromatographie in der Aminosäure- und Peptid-Chemie, Berlin: de Gruyter 1966.

c) Enthalten weiter Schwefel

Sulfonsäuren, speziell aromatische. Zur Charakterisierung (S. 227f.) können sie in vielen Fällen mit Phosphorpentachlorid in Säurechloride übergeführt werden, die sich mit Ammoniak oder primären Aminen, z. B. Anilin, in gut kristallisierte Amid- oder Anilidderivate überführen lassen; sie haben schwach sauren Charakter und sind deshalb in Alkalien löslich; mit sekundären Aminen werden neutrale, alkaliunlösliche Verbindungen erhalten. Geeignet ist auch die Identifizierung über die S-Benzylthiuroniumsalze (S. 228). Schließlich können durch Erhitzen mit konz. Salzsäure oder 20%iger Phosphorsäure die Sulfonsäuren (evtl. im Bombenrohr bei 150—180° C) gespalten und die zugrundeliegenden Kohlenwasserstoffe erhalten werden[1].

Hierher gehören auch die Phenol- bzw. Naphtholsulfonsäuren (Eisenchloridreaktion), deren Charakterisierung schwieriger ist, da sie sich nicht in die Säurechloride überführen lassen und deshalb andere Methoden wie z. B. Abspaltung der Sulfonsäuregruppe durch Erhitzen mit Säure oder die Kupplung zu Azofarbstoffen zur Untersuchung herangezogen werden müssen.

B. Phenole

Sind hier nicht vorhanden (vgl. S. 165).

C. Amine

Enthalten Stickstoff

Die wäßrige Lösung reagiert alkalisch. *Aliphatische Polyamine und Aminoalkohole:* Äthylendiamin, Äthanolamin, Cholin, Guanidin, Piperazin, Hexamethylentetramin[2]. Die Produkte sind als Benzoylderivate oder Pikrate charakterisierbar (S. 215f.).

---

[1] Vgl. dazu FRIEDLÄNDER, P.: Über die Festigkeitsverhältnisse einiger Naphthalinsulfonsäuren. Ber. Deut. Chem. Ges. **26**, 3028 (1893).

[2] Schwach basisch gegen Lackmus.

D. Neutralstoffe

a) Enthalten nur Kohlenstoff, Wasserstoff und Sauerstoff

(Kohlenwasserstoffe können in dieser Gruppe nicht vorkommen.)

1. Polyhydroxyverbindungen: *Die wäßrige Lösung reagiert neutral und reduziert Fehlingsche Lösung nicht.* Flüssig sind: Glykol, Glycerin. Fest: Hexite (Mannit). Diese Verbindungen lassen sich mit Benzoylchlorid und *starker Natronlauge* in feste Benzoylderivate überführen[1], die zur Zerstörung des anhaftenden, überschüssigen Benzoylchlorids mit Alkohol ausgekocht werden.

2. Zucker: Die wäßrige Lösung reagiert neutral. *Monosen und Biosen mit freien Carbonylgruppen* reagieren mit Fehlingscher Lösung.

Biosen ohne freie Carbonylgruppe. Die Reduktion Fehlingscher Lösung tritt erst nach der Hydrolyse mit verdünnten Säuren ein. Als Derivate werden entweder Osazone oder Benzoylderivate (nach SCHOTTEN-BAUMANN) hergestellt[2]. Eine Identifizierung der Zucker ist manchmal durch Messen der optischen Drehung möglich. Zur Trennung und Identifizierung dienen vor allem neben papierchromatographischen[3] auch dünnschichtchromatographische Methoden[4].

b) Enthalten weiter Stickstoff

Die wäßrige Lösung reagiert neutral oder schwach sauer. *Säureamidderivate:* Diese sind meist gut kristallisiert, aber z. T. in Wasser mäßig löslich. Formamid (flüssig), Acetamid, Harnstoff und seine Derivate, Coffein, Antipyrin. Zu identifizieren mit Xanthydrol[5] oder als Pikrate; Harnstoff gibt ein schwer lösliches Nitrat, ferner mit Hg-Salzen charakteristische, schwerlösliche Hg-Verbindungen. Durch Erhitzen mit Alkalien werden Säureamidderivate in Säuren und Ammoniak bzw. Amine gespalten.

---

[1] Vgl. BAUMANN, E.: Ber. Deut. Chem. Ges. **19**, 3221 (1886); ferner DIEZ, R.: Hoppe-SEYLERS Z. Physiol. Chem. **11**, 472 (1887).

[2] Über die Schmelzpunkte von Zuckerderivaten s. KEMPF-KUTTER, S. 606; SHRINER-FUSON-CURTIN, S. 341. MICHEEL, F., u. A. KLEMER: Chemie der Zucker- und Polysaccharide, 2. Aufl. Leipzig: Akademische Verlagsges. 1956.

[3] LEDERER, S. 153ff.; CRAMER, S. 116 und 130ff.; vgl. S. 60f.

[4] RANDERATH, S. 242 u. 247, und STAHL, S. 769. Technisch wichtige Polyole: KNAPPE, E., D. PETERI u. I. ROHDEWALD: Z. Anal. Chem. **199**, 270 (1964).

[5] VOGEL, S. 405 u. 964. Zur Identifizierung isolierter Verbindungen, S. 218.

c) Enthalten weiter Stickstoff und Schwefel

Thioharnstoff gibt Komplexverbindungen mit Metallsalzen.

E. Salze

1. Salze anorganischer Säuren mit Aminen

Hier können Salze von Aminen der verschiedensten Gruppen vorliegen. Zur Orientierung prüfe man die Reaktion der wäßrigen Lösung; die Salze von stark basischen Aminen (aliphatische Amine) reagieren neutral, die von schwach basischen Aminen, meist aromatischen Aminen, sauer. Zur Untersuchung und Gewinnung der Amine wird in der Regel mit 2 n Natronlauge in geringem Überschuß versetzt; dabei können folgende Fälle eintreten:

I. Das Amin scheidet sich aus

α) Es ist in Äther löslich; Salze einfacher aromatischer Amine von Gruppe S.F. I C (S. 127).

β) Es ist in Äther unlöslich; Salze höhermolekularer, aromatischer Amine von Gruppe S.F. IV C (S. 185).

II. Es tritt keine Ausscheidung ein

α) Das Amin ist mit Wasserdampf leicht flüchtig, das Destillat reagiert alkalisch; Salze von flüchtigen, wasserlöslichen, aliphatischen Aminen der Gruppe L.F. II C (S. 100f.).

β) Das Amin ist schwerflüchtig, aber mit Äther extrahierbar; Salze von Aminen der Gruppe S.F. II C (S. 160f.), wie aromatische Diamine.

γ) Das Amin ist in Wasser löslich, aber mit Äther nicht extrahierbar.

γ_1) Außer Salzen von *Aminen der Gruppe S.F. III C* (S. 169) können Salze von *quartären Ammoniumbasen* vorliegen; man versuche, durch Zugabe von Pikrinsäure oder anderen Fällungsreagenzien charakteristische Salze abzuscheiden.

Zur Darstellung der freien quartären Ammoniumbase schüttelt man beim Vorliegen eines halogenwasserstoffsauren Salzes mit frisch gefälltem Silberoxid und filtriert das Halogensilber ab. Liegt ein Sulfat vor, so versetzt man mit der zur Fällung der Sulfationen nötigen Menge Barytwasser und filtriert das Bariumsulfat ab. Die wäßrige Lösung der quartären Ammoniumbase wird eingedampft; dabei erfolgt charakteristische Zersetzung.

γ_2) *Salze von Aminosäuren.* Bei Zusatz von Natronlauge bilden sich Alkalisalze. Durch Einführen von Benzoylgruppen mittels Benzoylchlorid wird der basische Charakter des Stickstoffs und damit der amphotere Charakter der Verbindung aufgehoben; durch Ansäuern der alkalischen Lösung kann die benzoylierte Aminosäure, verunreinigt mit etwas Benzoesäure, ausgefällt werden (vgl. S. 118 und 168).

γ_3) *Salze von Aminophenolen.* Bei Zusatz von Natronlauge färbt sich die Lösung dunkel und verharzt. Über die Charakterisierung von Aminophenolen als Benzoylderivate vgl. S.F. II (S. 163).

γ_4) *Salze von löslichen Farbstoffen.*

2. Salze anorganischer Basen mit organischen Säuren oder Phenolen

Man stellt fest, welche anderen Elemente neben den Metallen vorhanden sind, untersucht die Reaktion der wäßrigen Lösung und prüft, ob beim Ansäuern eine Ausscheidung eintritt. Liegen in Wasser schwer lösliche, aromatische Aminosäuren vor, so tritt beim Ansäuern zuerst Ausscheidung, dann wieder Lösung ein.

a) Enthalten neben dem Metall nur Kohlenstoff, Wasserstoff und Sauerstoff

I. Beim Ansäuern fällt die Säure (bzw. das Phenol) fest oder flüssig aus

α) *Die Säure ist in Äther löslich:* Salze der Säuren und Phenole von S.F. I A oder B (S. 111 ff. und 122 f.).

β) *Die Säure ist in Äther nicht löslich:* Salze der Säuren (Phenole) von S.F. IV A oder B (S. 183 f.).

II. Beim Ansäuern tritt keine Ausscheidung ein

α) *Die Säure ist mit Äther extrahierbar.*

α_1) *Salze von leichtflüchtigen Fettsäuren;* zu deren Gewinnung wird der Äther vorsichtig abdestilliert (vgl. L.F. II A, S. 99 f.).

α_2) *Salze von schwerflüchtigen Säuren der Gruppe S.F. II A* (S. 158 f.), evtl. auch von S.F. III A (S. 167 f.), wenn sie schwer extrahierbar sind.

β) Die Säure ist mit Äther nicht extrahierbar. Man versucht, die Säure als unlösliches Salz abzutrennen. Zur Gewinnung der freien Säure stellt man entweder das Bariumsalz her, das dann mit der berechneten Menge Schwefelsäure zerlegt wird, oder das Bleisalz, aus dem durch Einleiten von Schwefelwasserstoff unter häufigem Umschütteln die freie Säure erhältlich ist. Nach Abfiltrieren des $BaSO_4$ bzw. PbS wird die wäßrige Lösung im Vakuum eingedampft und die Säure, häufig erst durch längeres Stehen im Exsiccator über Schwefelsäure und Kaliumhydroxid, zur Kristallisation gebracht (vgl. S. 166).

b) Enthalten neben dem Metall noch Stickstoff

I. Beim Ansäuern scheiden sich die Säuren bzw. Phenole aus

α) In Äther löslich: Salze von stickstoffhaltigen Säuren und Phenolen der Gruppe S.F. I A oder B (S. 118 und 122f.).

β) In Äther unlöslich: Salze von stickstoffhaltigen Säuren und Phenolen der Gruppe S.F. IV A oder B (S. 184f.).

II. Beim Ansäuern scheiden sich die Säuren bzw. Phenole nicht aus

α) Salze von aliphatischen Aminosäuren sind als Kupfersalze zu erkennen und als Benzoyl- oder Harnstoffderivate (S. 168) zu charakterisieren.

β) Salze von aromatischen Aminosäuren. Häufig wird bei vorsichtigem Ansäuern mit verdünnter Essigsäure die freie Aminosäure (S. 118) ausgeschieden.

γ) Metallsalze von Aminophenolen sind so unbeständig, daß sie kaum in Betracht kommen.

c) Enthalten neben dem Metall noch Schwefel

α) Beim Ansäuern Geruch nach Mercaptanen oder Schwefelwasserstoff. Salze von Mercaptanen, Thiophenolen, Thiosäuren; ferner Xanthogenate.

β) Beim Ansäuern Geruch nach Schwefeldioxid. Hydrogensulfitverbindungen von Aldehyden und aliphatischen Ketonen. Diese werden beim Erhitzen mit Sodalösung oder verdünnter Schwefelsäure zersetzt. Aromatische Aldehyde scheiden sich dabei aus und werden in Äther aufgenommen. Tritt keine Ausscheidung ein, so

kann ein aliphatischer Aldehyd oder ein aliphatisches Keton vorliegen (s. S. 101 f.). Beim Abdestillieren leichtflüchtiger Substanzen
muß die Vorlage gut gekühlt werden, um Verluste zu vermeiden.
Es kann auch ein Hydrogensulfitderivat eines nichtflüchtigen,
wasserlöslichen Aldehyds vorhanden sein (Glyoxal, evtl. Formaldehyd[1]). Man prüft direkt die wäßrige Lösung mit Phenylhydrazin
oder p-Nitrophenylhydrazin.

γ) **Alkylschwefelsaure Salze.** Diese werden beim Kochen mit
2 n Salzsäure oder Natronlauge verseift; in der Lösung sind dann
Sulfationen nachweisbar. Die Bariumsalze der Alkylschwefelsäuren
sind wasserlöslich. Zum Nachweis der Alkohole wird nach der
Hydrolyse abdestilliert oder ausgeäthert (vgl. L.F. II, S. 102 f.
und S.F. I, S. 141).

δ) **Salze von Sulfonsäuren.** Diese können in gleicher Weise wie
die freien Sulfonsäuren behandelt werden; mit Phosphorpentachlorid erhält man Sulfonsäurechloride, die in Amidderivate übergeführt werden (vgl. S. 169). Hierher gehören auch die Salze von
Hydroxysulfonsäuren, z. B. R-Salz.

d) Enthalten neben dem Metall noch Stickstoff und Schwefel

Hierher gehören die Salze des Saccharins und der aromatischen
Aminosulfonsäuren (vgl. S. 184), ferner Rhodanide und die Salze
der Azofarbstoffe, die Sulfonsäuregruppen enthalten, und vieler
anderer Farbstoffe.

3. Salze organischer Säuren mit Aminen und mit Ammoniak

Diese können durch Salzsäure, besser aber durch Natronlauge
zersetzt werden. Im ersten Fall können sich außer den Säuren auch
schwer lösliche Chlorhydrate der Amine abscheiden. Mit Natronlauge gehen die Säuren als Natriumsalze in Lösung[2]; die Amine
scheiden sich ab, falls sie in Wasser schwer löslich sind.

Bei der Isolierung der Amine aus der alkalischen Lösung können
die Fälle eintreten, die unter S.F. III E 1 (S. 171 f.) angegeben
sind; es ist zu beachten, daß außer flüchtigen Aminen auch

---

[1] Formaldehyd, der in wäßriger Lösung als Methylendiol vorliegt, ist mit
Wasserdampf nur wenig flüchtig, wohl aber mit konz. Salzsäure als Dichlor-
dimethyläther abdestillierbar.

[2] Fast alle Natriumsalze organischer Säuren sind in Wasser leicht löslich;
wichtige Ausnahmen sind besonders die Seifen.

Ammoniak als flüchtige Base auftreten kann. Dieses wird nach dem Abdestillieren (Auffangen in verdünnter Salzsäure in einer Volhardschen Vorlage) genauso wie flüchtige primäre oder sekundäre Amine durch Schütteln mit p-Nitrobenzoylchlorid, also Überführung in p-Nitrobenzamid, charakterisiert. Eine Trennung des Ammoniaks von flüchtigen aliphatischen Aminen ist durch Unterschiede in der Löslichkeit der Salze, besonders der Chlorhydrate, möglich.

Die alkalische Lösung, welche die Säuren als Natriumsalze enthält, wird nach Entfernung der Basen, wie in Abschnitt S.F. III E2 (S. 172f.) beschrieben, aufgearbeitet.

Schwierigkeiten treten bei der Analyse von Salzen dann ein, wenn wasserlösliche, ätherunlösliche Säuren mit wasserlöslichen, nichtflüchtigen, ätherunlöslichen Aminen, also Säuren und Aminen der Gruppe S.F. III, kombiniert sind; dann müssen beide durch Fällungsreaktionen abgetrennt und anschließend identifiziert werden (vgl. Trenntab. 7, S. 180f.)

4. Innere Salze

Betaine. Nachweis als Pikrate oder als Doppelsalze (z. B. mit $HgCl_2$).

Trennungen in der Gruppe S.F. III

Die Trennungen in dieser Gruppe haben besondere Bedeutung bei der Untersuchung wäßriger Extrakte von Naturstoffen. Sie sind häufig schwierig, da hier die physikalischen Eigenschaften der verschiedenen Stoffe nicht genügend voneinander abweichen. Entsprechend dem anorganischen Charakter dieser Gruppe können Trennungen durch fraktionierte Destillation meistens nicht ausgeführt werden, weil diese Substanzen zu hoch sieden und sich vorher zersetzen. Zur fraktionierten Kristallisation kann man außer Wasser nur Eisessig, Pyridin und besonders Alkohole benützen, dagegen selten typisch organische Lösungsmittel, da sie Stoffe mit anorganischem Verhalten zu wenig lösen. Man prüfe aber auch die Löslichkeit in Aceton, Essigester und Chloroform, in welchen manche Salze löslich sind. In einigen Fällen gelingt die Trennung eines Gemisches durch mehrtägiges Extrahieren mit Äther.

Von chemischen Trennungsmethoden kommen hauptsächlich Fällungsreaktionen in Betracht, da es sich hier vielfach um organische Ionen handelt; man verfährt also mit dem Stoffgemisch in wäßriger Lösung ähnlich wie mit einem Gemisch anorganischer wasserlöslicher Stoffe; nur sind die Unterschiede in der Löslichkeit anorganischer Salze meist weit größer als bei den organischen.

Schwierig ist es, festzustellen, ob ein einheitlicher Stoff oder ein Gemisch vorliegt, da viele Substanzen keinen eindeutigen Schmelzpunkt besitzen, sondern unter Zersetzung schmelzen. Deshalb muß die Löslichkeit eines Gemisches sorgfältig geprüft werden. Die Einheitlichkeit einer Substanz zeigt sich häufig bei mikroskopischer Beobachtung.

1. Ein *allgemeiner Trennungsgang* eines Stoffgemisches von Säuren, Aminen, Neutralstoffen und Salzen der Gruppe S.F. III wird in Trenntab. 7 (S. 180f.) gegeben. Doch sind hier Mischungen möglich, bei denen der Trennungsgang nicht zum Ziel führt. Vor allem können durch ein bestimmtes Trennungsverfahren häufig nicht alle Stoffe getrennt und isoliert werden, sondern es sind nur einzelne Stoffe gewinnbar, während die anderen dabei verlorengehen. Zu deren Gewinnung muß man ein anderes Verfahren einschlagen, bei dem wieder die zuerst isolierten Stoffe unberücksichtigt bleiben. Auch hier prüfe man ein Stoffgemisch zunächst auf Stickstoff, weil bei dessen Abwesenheit eine Reihe von Stoffen nicht vorkommen kann und die entsprechenden Trennungsoperationen wegfallen.

2. Liegt ein Gemisch von Salzen, Säuren, Aminen und Neutralstoffen vor, so säuert man mit verdünnter Salzsäure an. Dabei scheiden sich Säuren und Phenole der Gruppen S.F. I und IV, die aus den Salzen in Freiheit gesetzt wurden, aus[1]. Nach dem Abfiltrieren werden die Substanzen von S.F. I mit Äther von S.F. IV getrennt.

Die angesäuerte Lösung wird im Extraktionsapparat mit Äther extrahiert; so werden die Säuren der Gruppe S.F. II und die leichtflüchtigen Säuren der Gruppe L.F. II gewonnen. Nach dem Abdestillieren des Äthers (s. S. 69) können die leichtflüchtigen Säuren durch Destillation getrennt werden.

In der ausgeätherten wäßrigen Lösung können wasserlösliche, ätherunlösliche Säuren der Gruppe S.F. III, ferner Neutralstoffe der Gruppe S.F. III und Salze von Aminen enthalten sein.

---

[1] Bei Gegenwart von Ag- und Pb-Salzen tritt ferner Ausscheidung von AgCl und $PbCl_2$ ein.

Um diese zu trennen, versetzt man mit Barytwasser im Überschuß; dabei werden die Bariumsalze der meisten Säuren der Gruppe S.F. III ausgefällt. Bei Anwesenheit von Sulfationen fällt auch Bariumsulfat aus. Ferner werden unlösliche Amine der Gruppe S.F. I fest oder flüssig ausgeschieden. Diese sind aber in Äther löslich. Erfolgt also nach Zusatz von Barytwasser eine Ausscheidung, so wird mit Äther ausgeschüttelt. Geht die Ausscheidung dabei in Lösung, so rührt sie von Aminen her. Bleibt sie ganz oder teilweise ungelöst, so filtriert man, wäscht mit Wasser und Äther nach und reinigt so die ausgeschiedenen Bariumsalze.

In der ätherischen Lösung befinden sich die Amine der Gruppen L.F. II und S.F. I und II. Um die äther- und wasserlöslichen Amine völlig zu gewinnen, wird die wäßrige Lösung im Extraktionsapparat mehrere Stunden mit Äther extrahiert, und die ätherischen Lösungen werden vereinigt.

Beim Abdestillieren des Äthers können leichtflüchtige, insbesondere bei Raumtemperatur gasförmige Amine und Ammoniak mit überdestillieren und verlorengehen. Sind solche Amine vorhanden, so verfährt man besser nach S. 179. Zu deren Nachweis prüft man den Äther auf alkalische Reaktion (Geruch). Um die leichtflüchtigen Amine völlig zu entfernen, wird nach dem Abdestillieren des Äthers der Rückstand bis auf 160° C erhitzt, und die übergehenden Amine werden unter Kühlung oder in einer Vorlage mit verdünnter Salzsäure aufgefangen.

Die über 160° C siedenden Anteile enthalten die Amine der Gruppen S.F. I und II, die mit Wasser getrennt werden müssen.

Aus dem Gemisch der ausgefällten Bariumsalze, das evtl. Bariumsulfat enthält, werden durch Zusatz von verdünnter Salzsäure die Carbonsäuren in Freiheit gesetzt, von denen sich viele durch langes Extrahieren der wäßrigen Lösung mit Äther im Kutscher-Steudel-Apparat gewinnen lassen. Dabei werden Bernsteinsäure und Oxalsäure zuerst extrahiert. Außerordentlich schwer extrahierbar sind die hydroxylreichen Säuren, wie Citronensäure und die Weinsäuren[1].

Die Bariumsalze können auch mit der stöchiometrisch benötigten Menge Schwefelsäure zerlegt werden; dies ist notwendig, wenn nichtextrahierbare Säuren, wie Sulfonsäuren, vorliegen. Die freien

---

[1] Vgl. BAUER-MOLL, 5. Aufl., S. 337 ff.

Säuren werden nach Abfiltrieren des BaSO$_4$ durch Eindampfen der wäßrigen Lösung gewonnen.

In der wäßrig-alkalischen Lösung finden sich, nach dem Abfiltrieren der unlöslichen Bariumsalze und nach dem Ausäthern der Amine, lösliche Bariumsalze von Säuren, ferner ätherunlösliche Amine, Säureamide und vor allem Neutralstoffe der Gruppe S.F. III, also mehrwertige Alkohole und Zucker. Der Nachweis und die chemische Trennung dieser Verbindungen sind in der Lösung, die reichlich anorganische Salze enthält, nicht einfach, jedoch papier- und dünnschichtchromatographisch leicht durchführbar. Ein allgemeiner Trennungsgang läßt sich hier häufig nicht befolgen.

Am besten dampft man (vgl. Trenntab. 7) die Lösung im Vakuum auf dem Wasserbad ein. Dazu ist vorheriges Neutralisieren notwendig, weil Säureamide und Kohlenhydrate durch starke Barytlauge zersetzt werden. Der erhaltene Rückstand wird erschöpfend mit 96%igem Äthanol (evtl. absolutem) ausgekocht, wobei Amine, Säureamide und Polyhydroxyverbindungen, mit Ausnahme einiger Zucker, in Lösung gehen. Ungelöst bleiben die anorganischen Salze, die wasserlöslichen Bariumsalze einiger Säuren der Gruppe S.F. III, insbesondere diejenigen der Milchsäure, der Äpfelsäure und der Sulfonsäuren, ferner einige Zucker. Milchsaures Barium bleibt manchmal beim Eindampfen schmierig zurück und ist dann in Äthanol löslich.

Aus den in Äthanol unlöslichen Salzen lassen sich Milchsäure und Äpfelsäure durch verdünnte Salzsäure in Freiheit setzen und durch 1—3 tägiges Extrahieren mit Äther im Extraktionsapparat gewinnen. Dagegen ist die Isolierung der Sulfonsäuren und der Zucker sehr schwierig. Letztere lassen sich evtl. als Osazone und vor allem papier- und dünnschichtchromatographisch nachweisen; die Sulfonsäuren können über die Chloride in Amide übergeführt werden.

Aus der alkoholischen Lösung der Amine, Säureamide und Hydroxyverbindungen lassen sich die beiden ersten mit alkoholischer Pikrinsäurelösung ausfällen. Zur vollständigen Abscheidung dampft man den Alkohol ab und löst die Polyhydroxyverbindungen in wenig Wasser, wobei auch die in Äthanol löslichen Pikrate der niederen Säureamide (z. B. die von Harnstoff und Acetamid) zurückbleiben.

Die Amine und Säureamide lassen sich entweder durch fraktionierte Kristallisation der Pikrate trennen oder besser — nach der Zerlegung der Pikrate mit verdünnter Salzsäure und Spaltung der Säureamide mit Hilfe von Alkalien oder Säuren — als Spaltstücke von den Aminen abtrennen und identifizieren. Die entstandenen Säuren sind dann leicht aus der angesäuerten Lösung mit Äther zu extrahieren; man achte auf Kohlendioxid aus Harnstoff. Das aus den Säureamiden gebildete Ammoniak ist z. B. als p-Nitrobenzamid charakterisierbar.

Die schließlich übrigbleibenden Polyhydroxyverbindungen können am besten aus der wäßrigen Lösung (nach dem Extrahieren der Pikrinsäure mit Äther) als Benzoylverbindungen abgeschieden werden (S. 170). Zucker — hier liegen nur die in siedendem Äthanol mehr oder weniger leicht löslichen Zucker, wie z. B. Glucose und Fructose, vor — können außerdem auch als Osazone[1] und papier- und dünnschichtchromatographisch charakterisiert werden.

3. Beim Vorliegen eines Gemisches von Salzen, Säuren, Aminen und Neutralstoffen kann man auch, besonders wenn es sich um Salze leichtflüchtiger Amine handelt, zuerst alkalisch machen, dadurch die Amine und Ammoniak in Freiheit setzen, die leichtflüchtigen Amine abdestillieren und in einer Vorlage mit verdünnter Salzsäure auffangen. Durch Ausäthern werden die Amine der Gruppen S.F. I und II abgetrennt. Die wäßrige Lösung wird dann mit Salzsäure angesäuert und die ausgeschiedenen Säuren der Gruppen S.F. I und IV abfiltriert; das Filtrat wird ausgeäthert und so die Säuren der Gruppen L.F. II und S.F. II entfernt.

In der sauren Lösung sind dann wieder nur Substanzen der Gruppe S.F. III enthalten, also wasserlösliche, ätherunlösliche Säuren, Amine und Neutralstoffe, deren Trennung nach S. 176,2. erfolgt. Von den letzten wurden allerdings Kohlenhydrate und Säureamide durch das Kochen mit Alkali z. T. zersetzt.

4. Statt die wasserlöslichen, ätherunlöslichen Säuren mit Bariumhydroxid abzuscheiden, kann man auch die neutralisierte Lösung mit Bleiacetat versetzen; dieses Verfahren ist in vielen Fällen sehr geeignet. Dabei werden die Bleisalze der Säuren ausgefällt, die abfiltriert werden. Aus diesen Bleisalzen werden durch

---

[1] Vgl. Anm. 2, S. 170; VOGEL, S. 453, und Mikrophotographien S. 455.

12*

Trenntabelle 7. *S.F. III. In Äther unlöslich, in Wasser löslich.* (Vgl. S. 175 ff.)

Hydroxy-, Polycarbonsäuren, Aminosäuren, Amine, Säureamide, Polyhydroxyverbindungen, Salze von Säuren, Phenolen und Aminen aus allen Gruppen

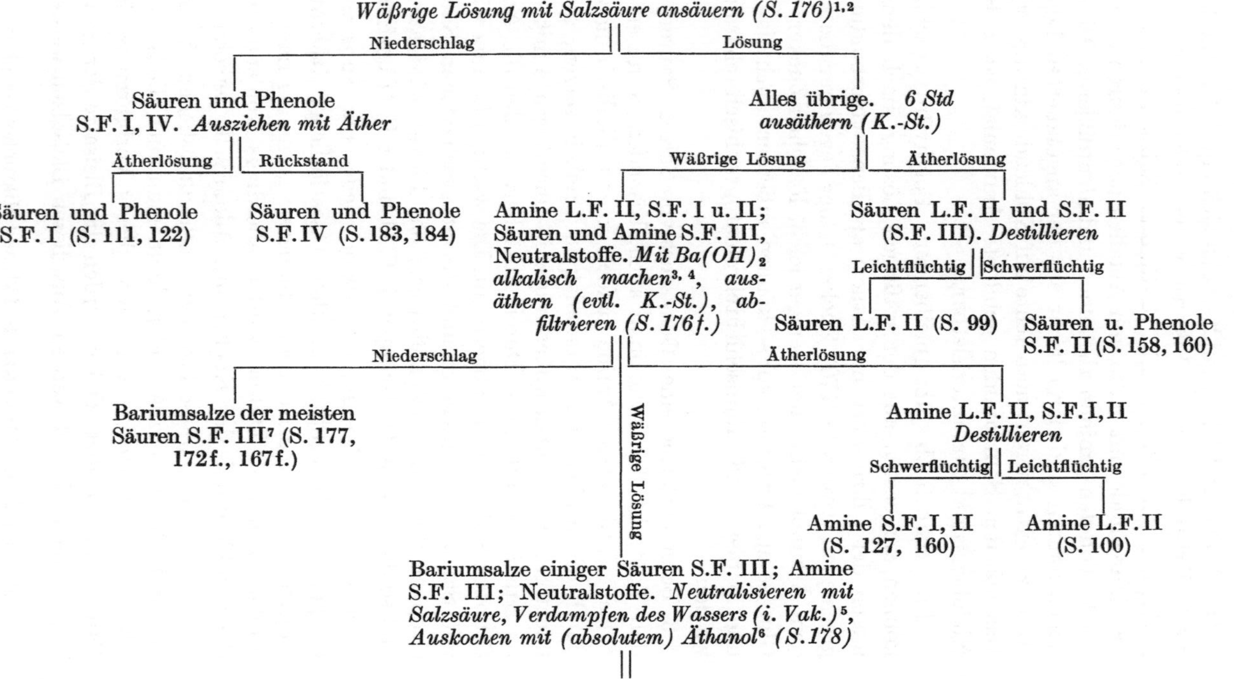

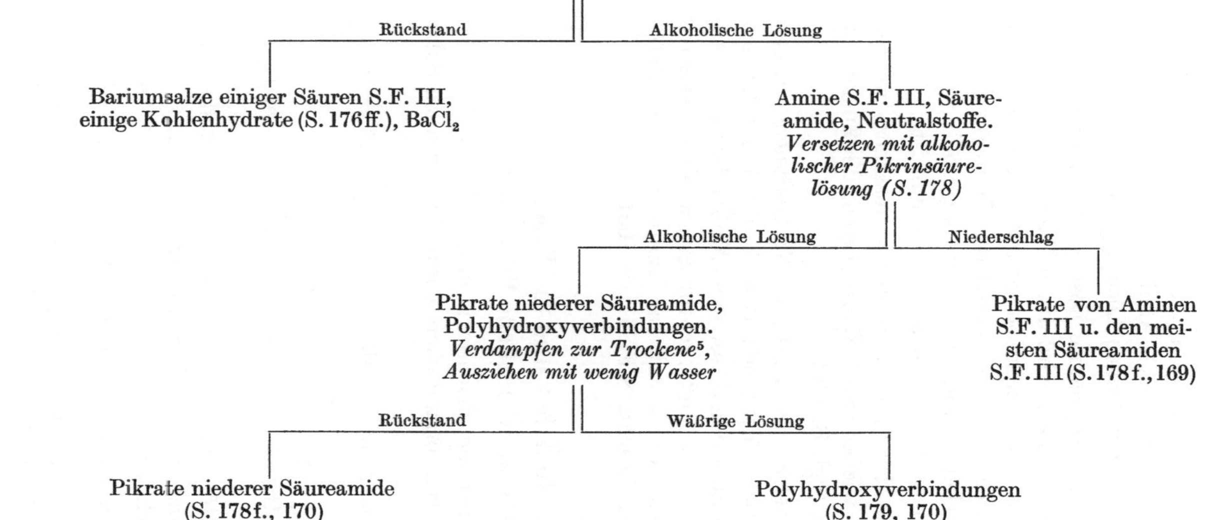

---

[1] Oligo- und Polysaccharide (z. B. Rohrzucker) werden dabei gespalten (invertiert).

[2] Sind Calciumsalze anwesend, so muß der Trennungsgang abgeändert werden. Mit Soda wird $CaCO_3$ mit den Aminen S.F. I und S.F. IV ausgefällt. Andernfalls würde später $CaCl_2$ in den Alkohol gehen. Nach dem Ausäthern bzw. Abfiltrieren der Amine und des $CaCO_3$ säuert man zur Zersetzung der Natriumsalze der organischen Säuren die wäßrige Lösung mit Salzsäure an, trennt die Säuren wie oben ab und macht mit $Ba(OH)_2$ alkalisch; dann wird wie oben weitergearbeitet.

[3] Bei Anwesenheit von sehr leicht (unter 80° C) flüchtigen Aminen (Geruch) verfahre man nach S. 179, 3.

[4] Über die Fällung der Säuren mit Bleiacetat s. S. 179, 4.

[5] Glykol und Glycerin gehen infolge ihrer Flüchtigkeit mit Wasserdampf z. T. verloren.

[6] Dabei kann evtl. milchsaures Barium in Lösung gehen (vgl. S. 178).

[7] Der Niederschlag enthält evtl. $BaCl_2$.

Behandeln ihrer wäßrigen Suspension mit Schwefelwasserstoff die Säuren in Freiheit gesetzt und, nach Abfiltrieren des ausgefällten PbS, durch Eindampfen der wäßrigen Lösung gewonnen.

Die von den Bleisalzen abgetrennte Lösung, die Amine, Säureamide und Neutralstoffe enthält, wird durch Einleiten von Schwefelwasserstoff gleichfalls von Bleiionen befreit; dann wird der Schwefelwasserstoff durch Erwärmen vertrieben. In dieser Lösung können die wasserlöslichen Amine als Pikrate ausgefällt werden; man achte darauf, daß die Lösung nicht zu verdünnt ist.

Nach dem Entfernen der Pikrinsäure durch Ausäthern werden mehrwertige Alkohole wieder durch Benzoylieren, die Zucker als Osazone nachgewiesen (vgl. S. 179).

5. Zur Trennung vieler wasserlöslicher Verbindungen dienen heute chromatographische Methoden (vgl. S. 60 f.). So können verschiedene Dicarbonsäuren[1] und besonders Aminosäuren[2] papierchromatographisch getrennt und identifiziert werden; dasselbe gilt für Zucker[3]. Siehe ferner die weiteren Hinweise zur chromatographischen Analyse im Abschn. S.F. III., S. 165f.

S.F. IV. In Äther und in Wasser
schwer oder nicht lösliche Substanzen

Die Einteilung ist hier die gleiche wie in der Gruppe S.F. III. Es können also außer rein organischen Verbindungen auch Salze (S.F. IV E) vorliegen:

A. Säuren: Polycarbonsäuren, Gallussäure, Hippursäure, Harnsäure u. a.

B. Phenole: Hydroxyanthrachinone.

C. Basen: Aminoanthrachinone, höhermolekulare aromatische Amine.

D. Neutralstoffe: Höhermolekulare Kohlenwasserstoffe und Ketone, Säureamide und -anilide, Phenylhydrazone u. a.

E. Salze: 1. Unlösliche Salze anorganischer Säuren mit Aminen.

2. Unlösliche Salze anorganischer Basen mit organischen Säuren.

---

[1] BROWN, F., and L. P. HALL: Nature **166**, 66 (1950). — PHATAK, S. S., and V. N. PATWARDHAN: Nature **172**, 456 (1953).

[2] LEDERER, S. 182ff.; CRAMER, S. 89ff.

[3] LEDERER, S. 153ff.; CRAMER, S. 116ff.

3. Unlösliche Salze organischer Säuren mit Aminen (z. B. Pikrate).

In dieser Gruppe liegen nur feste Substanzen vor.

Man prüfe auf Elemente und insbesondere auf schwer lösliche Salze anorganischer Säuren oder Basen. Zum Nachweis der Säuren kocht man die Substanz mit 2 n Sodalösung kurz auf, filtriert und prüft das Filtrat auf anorganische Anionen. Durch Ansäuern der Sodalösung und Ausäthern erfährt man, ob organische Säuren der Gruppen S.F. I oder II in Lösung gegangen sind.

Da die Unterscheidung zwischen löslichen und unlöslichen Verbindungen nicht scharf ist, können in dieser Gruppe Substanzen vorkommen, die schon in den Gruppen S.F. I, II und III beobachtet wurden.

Zur Reinigung können die Substanzen aus den verschiedensten Lösungsmitteln umkristallisiert werden, entweder aus viel heißem Wasser, aus Äthanol (Verbindungen mit anorganischem Verhalten) oder aus typisch organischen Lösungsmitteln, wie Benzol, Toluol, Essigester, Chloroform (Verbindungen mit organischem Charakter). Gute Lösungsmittel für höhermolekulare Stoffe sind auch Eisessig und Pyridin; dabei ist zu beachten, daß salzartige Verbindungen verändert werden können. In wenigen Fällen kommt zur Reinigung Destillation oder Sublimation in Frage.

A. Säuren
In Sodalösung löslich (s. a. Gruppe S.F. IV B)

a) Enthalten nur Kohlenstoff, Wasserstoff und Sauerstoff

α) *Aliphatische und alicyclische Polycarbonsäuren*, Fumarsäure, Adipinsäure, evtl. Bernsteinsäure, Camphersäure.

β) *Aromatische Säuren* (Phthalsäuren, Gallussäure).
Das Verhalten der Säuren beim Erhitzen (Kohlensäureabspaltung, Anhydridbildung) und gegen Kaliumpermanganat ist zu untersuchen. Zur Gewinnung von Derivaten stellt man bei hoch oder unter Zersetzung schmelzenden Säuren die Methylester her[1], die häufig fest sind und gut kristallisieren.

Die Methylester schmelzen wesentlich tiefer als die Säuren, und zwar meist ohne Zersetzung, so daß Mischproben ausgeführt

---

[1] Nach E. FISCHER durch Verestern mit absolut methanolischer Salzsäure oder durch Kochen der Silbersalze mit Methyljodid in Äther.

werden können. Ihre Schmelzpunkte sind dagegen höher als die der entsprechenden Äthylester.

b) Enthalten weiter Stickstoff

α) Höhermolekulare stickstoffhaltige Säuren: Hippursäure, Tyrosin, evtl. aromatische Nitrocarbonsäuren.

β) Phenolderivate: Polynitrophenole und Nitronaphthole, Hydroxyazoderivate. Man achte auf Farbe und Farbumschlag bei Zusatz von Alkali. Man kann sie durch Reduktion in lösliche Verbindungen überführen.

γ) Säureamid- und Säureimidderivate. Phthalimid, ferner eine Reihe von schwer löslichen Säureanilidderivaten lösen sich in Natronlauge auf. Hexanitrodiphenylamin.

δ) Verschiedene heterocyclische Verbindungen: Isatin, Barbitursäure, Harnsäure, Coffein, Pyrazolonderivate, Cyanursäure.

c) Enthalten weiter Halogen

Chloranilsäure, ferner halogensubstituierte Säuren aus der Gruppe S.F. IV. Bei vielen schwer löslichen Substanzen, z. B. bei Phthalsäure, erhöht der Eintritt von Halogen die Löslichkeit in Äther, bei aliphatischen Substanzen in manchen Fällen (Bernsteinsäure) die Löslichkeit in Äther und in Wasser.

d) Enthalten weiter Schwefel und Stickstoff

α) Aminobenzol- und Aminonaphthalinsulfonsäuren, z. B. Sulfanilsäure, Naphthionsäure.

β) Saccharin ist in Soda löslich. Sulfamidderivate von primären Aminen sind in Natronlauge löslich (vgl. S. 125 und 133).

B. Phenole

In Natronlauge löslich

Ein scharfer Unterschied zwischen den nur in Natronlauge löslichen und den stärker sauren, auch in Sodalösung löslichen Produkten ist hier noch weniger zu erwarten als bei den einfacher gebauten Verbindungen der Gruppen S.F. I A und B.

a) Enthalten nur Kohlenstoff, Wasserstoff und Sauerstoff

Hydroxyanthrachinone: z. B. Alizarin; charakteristisch ist die Farbe und der Farbumschlag mit Alkalien.

b) Enthalten weiter Stickstoff

Aminophenole, besonders das p-Derivat (vgl. S. 125 und 161), sind amphoter.

C. Amine

Enthalten Stickstoff

Evtl. löslich in Salzsäure; sehr häufig sind aber auch die Salze schwer löslich; die Salzbildung kann man oft an einer Farbänderung erkennen oder daran, daß beim Erwärmen mit Salzsäure oder Schwefelsäure Lösung eintritt.

Höhermolekulare Basen, Michlersches Keton, Benzidinderivate, Aminoanthrachinone, ferner Aminoazoverbindungen und viele Farbstoffe.

D. Neutralstoffe

a) Enthalten nur Kohlenstoff, Wasserstoff und evtl. Sauerstoff

α) **Höhermolekulare und anellierte Kohlenwasserstoffe:** Anthracen, Chrysen u. a. Sie sind in siedendem Benzol oder Toluol meist löslich.

β) **Höhermolekulare Ketone:** Anthrachinon u. a. (Farbe); durch Derivate zu charakterisieren.

γ) **Anhydride:** (Phthalsäureanhydrid). Sie lösen sich in Natronlauge beim Erwärmen.

δ) **Polymerisationsprodukte von Aldehyden:** Paraformaldehyd, Polyoxymethylene, Metaldehyd. Verhalten beim Erhitzen: Depolymerisation.

b) Enthalten weiter Stickstoff

α) **Aromatische Nitroverbindungen** (Nitroanthrachinone) **und Polynitroverbindungen**[1]. Polynitraniline sind neutral und spalten beim Erhitzen mit konz. Alkalien Ammoniak ab.

β) **Säureamide, Säureanilide und Säurehydrazide** (vgl. S. 147). Zahlreiche gut kristallisierte Produkte. Zur Charakterisierung

---

[1] VOGEL, S. 528.

werden sie durch Erhitzen mit 20%iger Salzsäure auf dem Wasserbad, evtl. im Bombenrohr bei 150° C, gespalten. Die Säure ist in manchen Fällen nicht leicht nachweisbar, z. B. die Kohlensäure aus Diphenylharnstoff (Druck im Bombenrohr).

γ) **Phenylhydrazone, Osazone, Ketazine**[1]. Diese Stoffe, ebenso Semicarbazone von Aldehyden und Ketonen, lassen sich durch Erhitzen mit verdünnter Schwefelsäure, evtl. konz. Salzsäure, spalten; die löslichen Carbonylverbindungen werden in Äther aufgenommen; zur Gewinnung der basischen Komponenten wird die saure Lösung, evtl. das ausgeschiedene Salz, mit Lauge versetzt.

δ) **Heterocyclische Verbindungen.** Carbazol, Isatinderivate.

c) Enthalten weiter Halogen

Chloranil, ferner Halogensubstitutionsprodukte der angeführten Neutralstoffe von S.F. IV.

d) Enthalten weiter Schwefel

Sulfone; sie sind gut kristallisiert, aber wenig reaktionsfähig. Ferner polymere Thioaldehyde.

e) Enthalten weiter Schwefel und Stickstoff

Sulfamidderivate von sekundären Aminen. Thiosäureamidderivate, Diphenylthioharnstoff.

E. Salze

1. Unlösliche Salze anorganischer Säuren mit Aminen[2]

Eine Reihe hauptsächlich aromatischer Amine bilden schwer lösliche Salze mit anorganischen Säuren. Zur Untersuchung dieser Salze wird mit verdünnter Natronlauge erwärmt und so das Amin freigesetzt; dieses ist entweder in Äther löslich und nach S.F. I C (S. 127ff.) zu untersuchen oder unlöslich (vgl. S.F. IV C, S. 185).

2. Unlösliche Salze anorganischer Basen mit organischen Säuren

Diese Salze können mit verdünnter Salzsäure zerlegt werden; dabei tritt, wenn es sich um eine Säure der Gruppe S.F. II oder

---

[1] In Äther leicht lösliche Produkte werden meist leicht durch Säuren gespalten; vgl. S.F. V.

[2] Vergl. Anm. 1, S. 166.

S.F. III handelt, Lösung ein; bei Salzen von Säuren der Gruppe S.F. I oder S.F. IV erfolgt zwar eine Zerlegung, aber ohne daß Lösung eintritt. Man stellt fest, ob die in Freiheit gesetzte Säure in Äther löslich ist, also zur Gruppe S.F. I (eventuell S.F. II) gehört.

Unlösliche Erdalkalisalze der Säuren von Gruppe S.F. III, also von wasserlöslichen, in Äther unlöslichen Säuren, werden mit der berechneten Menge verdünnter Schwefelsäure vorsichtig zersetzt; die freie Säure wird nach dem Abfiltrieren der Erdalkalisulfate durch Eindampfen im Vakuum gewonnen. Man kann auch durch Kochen mit Soda ein lösliches Natriumsalz herstellen, dessen Lösung entsprechend Abschnitt 2 auf S. 172 ff. untersucht wird. Hierher gehört auch Calciumcyanamid.

3. Unlösliche Salze organischer Säuren mit Aminen

Die Salze werden in der Regel mit Natronlauge versetzt, wobei die Amine in Freiheit gesetzt und die Säuren als Natriumsalze gewonnen werden. Die beiden Bestandteile werden nach S.F. III E (S. 171 f.) untersucht.

Trennungen in der Gruppe S.F. IV

1. Ein allgemeiner Trennungsgang ist in Trenntab. 8, S. 188 angegeben.

2. Die in Wasser und in Äther unlöslichen Säuren sind meistens in Sodalösung löslich und können auf diese Weise von den übrigen Stoffen getrennt werden.

3. Die Phenole sind hier häufig ebenfalls schon in Sodalösung löslich. Zu ihrer vollständigen Abtrennung wird man sie jedoch besser gemeinsam mit den Säuren durch Natronlauge in Lösung bringen und von diesen durch Einleiten von Kohlendioxid bis zur Sättigung oder durch physikalische Methoden zu trennen versuchen.

4. Fast alle Amine dieser Gruppe bilden auch in Wasser schwer lösliche Salze, deren Löslichkeit jedoch in der Siedehitze häufig so weit zunimmt, daß man die Amine durch erschöpfendes Auskochen der Substanz mit *verdünnter* Salzsäure extrahieren kann. Gelingt dies nicht, so müssen physikalische Methoden zur Trennung angewandt werden.

Trenntabelle 8. *S.F. IV. In Äther und in Wasser schwer oder nicht löslich.* (Vgl. S. 187)

Säuren, Phenole, Amine, Neutralstoffe, Salze von Aminen und Säuren aus allen Gruppen

Erwärmen (auf etwa 50° C) mit 2n Salzsäure, kalt filtrieren (S. 187 f.)

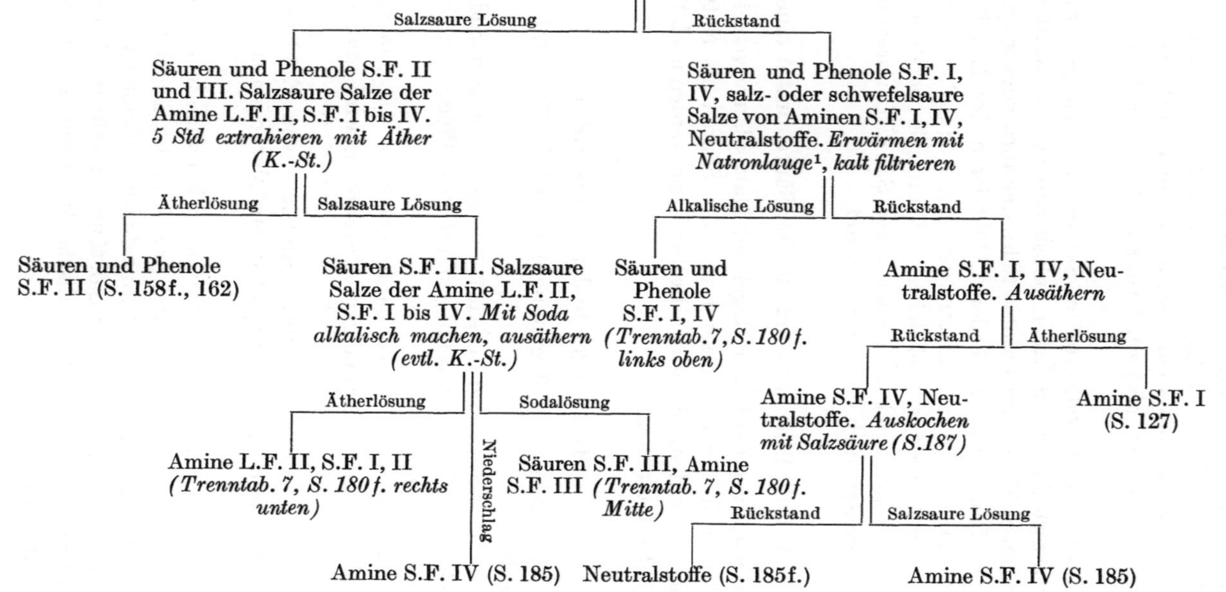

¹ Dabei werden Säureanhydride verseift, z. B. Phthalsäureanhydrid.

5. Stickstoffhaltige Neutralstoffe, wie Säureamide und -anilide, Phenylhydrazone, können mit 20—50%iger Schwefelsäure oder mit konz. Salzsäure gespalten, Nitroverbindungen mit Zinn und Salzsäure reduziert werden, wobei sie in lösliche Spaltprodukte bzw. Derivate übergeführt werden.

6. Schwer lösliche Salze können häufig durch Erwärmen mit Salzsäure bzw. Natronlauge zerlegt werden. Diejenigen ihrer Komponenten, die anderen Gruppen als der Gruppe S.F. IV angehören, lassen sich dann leicht auf Grund ihrer Wasser- bzw. Ätherlöslichkeit abtrennen. Die Art und Weise der Trennung ist aus Trenntab. 8 ersichtlich, auf die hier nicht näher eingegangen werden soll.

7. Die übrigbleibenden Neutralstoffe werden am besten auf physikalischem Wege getrennt. Als Lösungsmittel zur Trennung werden neben Äthanol, Essigester, Aceton, Benzol hauptsächlich höher siedende Kohlenwasserstoffe, wie Toluol und Xylol, verwendet, ferner Eisessig oder Pyridin. Trennungen durch Destillation oder Sublimation kommen nur selten in Betracht. Auch hier sei wieder auf die chromatographischen Verfahren (vgl. S. 60f.) verwiesen.

S.F. V. Durch Wasser zersetzliche Substanzen und solche, die durch verdünnte Alkalien oder Säuren verändert werden

Substanzen dieser Gruppe können nicht gemischt mit organischen Säuren[1], Phenolen und Aminen vorliegen, da sie durch diese zersetzt werden. Es sind nur Gemische von Substanzen mit Verbindungen der Gruppe S.F. V möglich, die nicht mit diesen reagieren.

Zur Trennung solcher Gemische kommen entweder physikalische Methoden in Betracht, so die fraktionierte Destillation im Vakuum oder auch eine fraktionierte Kristallisation aus indifferenten Lösungsmitteln.

Weiter können aus den empfindlichen Stoffen dieser Gruppe durch Einwirkung von Wasser oder Aminen, vor allem von Anilin,

---

[1] Säureanhydride können neben den entsprechenden Säuren anwesend sein, ebenso neben tertiären Aminen.

evtl. Phenylhydrazin, Derivate hergestellt werden, deren Abtrennung und Identifizierung möglich ist.

Im folgenden soll nur auf einige der wichtigsten Substanzen, die in dieser Gruppe in Betracht gezogen werden müssen, aufmerksam gemacht werden.

a) Enthalten nur Kohlenstoff, Wasserstoff und Sauerstoff

Ester (vgl. die Zusammenstellung von Estern, die schon durch Wasser zersetzt werden[1]).

Anhydride. Die Anhydride aromatischer Säuren sind relativ beständig.

Lactone.

Chinone werden besonders durch Alkalien verändert (vgl. S. 136).

b) Enthalten weiter Stickstoff

Isocyanate.

Oxime, Schiffsche Basen, Aldazine, Ketazine u. a. werden durch Säuren meist leicht gespalten (s. S. 186).

c) Enthalten weiter Halogen, evtl. Schwefel und Stickstoff

Säurehalogenide, Triphenylchlormethan, Säureimidchloride, Pikrylchlorid, Sulfonsäureester, Dimethylsulfat, Sulfonsäurechloride, Senföle.

---

[1] Siehe HOUBEN, J.: Die Methoden der organischen Chemie. 3. Aufl., Bd. 2, S. 680. Leipzig: Thieme 1925; HOUBEN-WEYL-MÜLLER, Bd. 8, S. 418, 1952.

III. Methoden und Reaktionen zur Identifizierung isolierter organischer Verbindungen

In diesem Abschnitt werden wichtige Methoden und Reaktionen zur Identifizierung organischer Verbindungen aufgeführt und beschrieben; sie sind nach Stoffklassen zusammengefaßt. Es werden behandelt: 1. Kohlenwasserstoffe (S. 192); 2. Alkohole (S. 195); 3. Phenole (S. 198); 4. Organische Halogenverbindungen (S. 200); 5. Ester (S. 203); 6. Äther (S. 204); 7. Carbonylverbindungen (S. 206); 8. Chinone (S. 210); 9. Carbonsäuren, Carbonsäureanhydride, Hydroxycarbonsäuren und Lactone (S. 210); 10. Amine und Hydrazine; Amide, Imide, Harnstoff und Ureide (S. 215); Aminosäuren (S. 218); 12. Nitro- und Nitrosoverbindungen; Nitrile; Isocyanate und Isocyanide (S. 220); 13. Azoverbindungen; Azoxy- und Hydrazoverbindungen (S. 223); 14. Schwefelhaltige organische Verbindungen (S. 224).

Bei einer Reihe häufig angewandter Gruppenreagenzien werden Herstellungsvorschriften für Derivate der oben angeführten Stoffklassen angegeben. Die Reagenzien wurden so ausgewählt, daß sie nicht nur einen breiten Anwendungsbereich besitzen, sondern Derivate liefern, deren Schmelzpunkte und Eigenschaften in Monographien tabelliert sind.

Einige Monographien, die weiterhin zur Anleitung dienen können, werden hier zusammengestellt und beispielsweise folgendermaßen zitiert: PREGL-ROTH, S. 100.

a) BAUER, K. H., H. MOLL, R. POHLOUDEK-FABINI u. TH. BEYRICH: Die organische Analyse, 5. Aufl. Leipzig: Akademische Verlagsgesellschaft 1967.

b) BAYER, E.: Gas-Chromatographie, 2. Aufl. Berlin-Göttingen-Heidelberg: Springer 1962.

c) CHERONIS, N. D., u. J. B. ENTRIKIN: Semimicro qualitative organic analysis. The systematic identification of organic compounds, 2nd ed. New York-London: Interscience Publ. 1957.

d) CHERONIS, N. D., and T. S. MA: Organic functional group analysis. New York-London: Interscience Publ. 1964.

e) CRAMER, F.: Papierchromatographie, 5. Aufl. Weinheim: Verlag Chemie 1962.

f) HOUBEN-WEYL-MÜLLER: Methoden der organischen Chemie, 4. Aufl. Stuttgart: G. Thieme 1952 u. ö.

g) PREGL, F., u. H. ROTH: Quantitative organische Mikroanalyse., 7. Aufl. Wien: Springer 1958.

h) RANDERATH, K.: Dünnschicht-Chromatographie, 2. Aufl. Weinheim: Verlag Chemie 1965.

i) SHRINER, R. L., R. C. FUSON, and D. Y. CURTIN: The systematic identification of organic compounds, 5th ed. New York-London: Wiley 1964.

j) STAHL, E. (Hrsg.): Dünnschichtchromatographie. 2. Aufl. Berlin-Heidelberg-New York: Springer 1967.

k) VEIBEL, S.: Analytik organischer Verbindungen. Berlin: Akademie-Verlag 1960.

l) WEYGAND, C.: Organisch-chemische Experimentierkunst, 3. Aufl., hrsg. von G. HILGETAG. Leipzig: Barth 1964.

1. Kohlenwasserstoffe

a) Gesättigte Kohlenwasserstoffe (Alkane und Cycloalkane)

Für die gesättigten Kohlenwasserstoffe sind keine allgemein durchführbaren Umsetzungen bekannt, deren Produkte unmittelbar zur Charakterisierung und Identifizierung dienen können. Hier ist man oft auf die Identifizierung über physikalische Konstanten angewiesen. Zum Beispiel können hierzu Siedepunkt, Dichte und Refraktion, in wenigen Fällen der Schmelzpunkt, dienen. Ferner sind IR-Spektren nützlich[1]. Die am besten für diese Stoffklasse geeignete Identifizierungsmethode ist die Gaschromatographie[2]. Die elementaranalytische Methode (quantitative Elementaranalyse und Molekulargewichtsbestimmung) ist anwendbar, wenn eine Trennung in chemisch reine Individuen gelingt; hierzu können Molekularsiebe dienen[3]. Weitere zur Analyse und Identifizierung

[1] a) LUTHER, H., u. H. OELERT: Zur molekülspektroskopischen Gruppenanalyse gesättigter Kohlenwasserstoffe. Angew. Chem. **69**, 262 (1957); b) CORNU, A.: Bull. Soc. Chim. France **1959**, 721.

[2] BAYER, E.: Gas-Chromatographie, 2. Aufl. Berlin-Göttingen-Heidelberg: Springer 1962.

[3] SCHWARTZ, R. D., u. D. J. BRASSEAUX: Anal. Chem. **29**, 1022 (1957).

gesättigter Kohlenwasserstoffe dienliche physikalische Methoden sind die kernmagnetische Resonanz[1] und die Massenspektrometrie[2].

b) Ungesättigte Kohlenwasserstoffe
(Alkene, Cycloalkene, Alkine und Diene)

Auch bei den ungesättigten Kohlenwasserstoffen ist es schwierig, allgemein anwendbare Umsetzungen zu finden, die für die Identifizierung geeignete Derivate geben. Jedoch ermöglichen die Reaktionen der ungesättigten Bindungen qualitative und quantitative Bestimmungen, die mit Hilfe anderer Daten zu einer Identifizierung ausgenutzt werden können. Bei Verbindungen mit olefinischen Doppelbindungen zieht man meistens die Halogenierung, insbesondere die Bromierung (bei Fetten etwa die Jodzahl), und die Hydrierung in Betracht. Die Bromaddition ist manchmal unvollständig und nicht störungsfrei[3]; eine häufig auftretende Nebenreaktion ist die Substitution, die durch Ausschalten von Licht weitgehend zurückgedrängt werden kann.

Titration olefinischer Bindungen in Kohlenwasserstoffen:

Es wird eine 0,5 n Bromlösung in Schwefelkohlenstoff hergestellt. 16 g trockenes Brom (abgemessen in einer Brombürette: 5,1 ml) werden mit reinem Schwefelkohlenstoff auf 200 ml verdünnt. Eine abgewogene Menge Kohlenwasserstoff (etwa 1 g), die mit der zehnfachen Menge Schwefelkohlenstoff versetzt ist, wird unter Kühlung mit dieser Bromlösung titriert, bis die Farbe einige Sekunden bestehenbleibt. Aus der Menge des aufgenommenen Broms kann man die Zahl der Doppelbindungen im Molekül feststellen, wenn das Molekulargewicht bekannt ist.

Weniger störungsanfällig ist die quantitative Hydrierung[4] der Doppelbindungen. Bei Apparaturen wie z. B. der von WEYGAND und WERNER, bei welcher der Atmosphärendruck in die Messung

---

[1] BIBLE, R. H.: Interpretation of NMR spectra: An empirical approach. New York: Plenum Press 1965; SUHR, H.: Anwendungen der kernmagnetischen Resonanz in der organischen Chemie. Berlin-Heidelberg-New York: Springer 1965.

[2] SPITELLER, G.: Massenspektrometrische Strukturanalyse organischer Verbindungen. Weinheim: Verlag Chemie 1966; REED, R. J.: Applications of mass spectrometry to organic chemistry. London-New York: Academic Press 1965.

[3] Man vgl. z. B.: CHERONIS-MA, S. 360f.

[4] a) WEYGAND-HILGETAG, S. 1043; b) PREGL-ROTH, S. 210f.; c) HOUBEN-WEYL-MÜLLER, Bd. II, S. 288f., 1953.

eingeht, ist darauf zu achten, daß die Hydrierung schnell verläuft; wechselnder Luftdruck kann eine erhebliche Fehlerstreuung bedingen.

Über die Farbreaktion mit Tetranitromethan vgl. [1].

Auch bei Alkinen ist die quantitative Hydrierung anwendbar. Zu deren Analyse und Identifizierung sei auf die Literatur verwiesen[2].

Verbindungen mit konjugierten Doppelbindungen reagieren leicht mit Maleinsäureanhydrid oder p-Naphthochinon[3], wobei kristallisierte Derivate erhalten werden. Mit Maleinsäureanhydrid entstehen Säureanhydride, die beim Umkristallisieren aus Wasser dibasige Säuren bilden.

c) Aromatische Kohlenwasserstoffe

Unter den Kohlenwasserstoffen sind die aromatischen am leichtesten in Derivate überzuführen, die zur Identifizierung geeignet sind. Hierfür kommen Sulfonierung, Nitrierung und Adduktbildung in Betracht. Weiterhin ist die Identifizierung über eine Kombination physikalischer Konstanten sehr nützlich (man vgl. 1a), S. 192). Zum Beispiel sind 379 Alkylbenzole mit ihren Siede- und Schmelzpunkten sowie ihren Dichten (d_4^{20}) und Brechungsindices (n_D^{20}) tabelliert[4]; bei 42 Alkylbenzolen werden die IR-Spektren diskutiert[5].

Aromatische Kohlenwasserstoffe gehen in der Regel beim Schütteln und schwachen Erwärmen mit etwa 10%igem Oleum unter Bildung von Sulfonsäuren in Lösung. Die oft bequemer durchzuführende Umsetzung mit Chlorsulfonsäure gibt die Sulfonsäurechloride, die nach Behandeln mit Ammoniak schwer lösliche Sulfonamide bilden[6].

Die Nitrierung ist dann günstig, wenn hauptsächlich mehrfach nitrierte Produkte entstehen, da die Trennung von Mononitroderivaten durch Umkristallisieren schwierig ist. In einfachen Fällen genügt Nitriersäure (ein Gemisch aus 1 Teil konz. Salpetersäure

---

[1] HOUBEN-WEYL-MÜLLER, Bd. II, S. 281, 1953.

[2] PREGL-ROTH, S. 224f.; CHERONIS-MA, S. 382f.

[3] DIELS, O., K. ALDER u. G. STEIN: Ber. Deut. Chem. Ges. **62**, 2337 (1929).

[4] FRANCIS, A. W.: Chem. Rev. **42**, 107 (1948).

[5] HAWKES, J. C., and A. J. NEALE: Spectrochim. Acta **16**, 636 (1960).

[6] HUNTRESS, E. H., and J. S. AUTENRIETH: J. Am. Chem. Soc. **63**, 3446 (1941).

(spez. Gew. 1,405, 68%) und 1 Teil konz. Schwefelsäure). Weiter kommen in Betracht: rauchende und 100%ige[1] Salpetersäure, gewöhnliche sowie rauchende Salpetersäure in Eisessig oder Essigsäureanhydrid und Alkalinitrate zusammen mit Schwefelsäure. Die günstigsten Nitrierbedingungen erfährt man durch einige Versuche mit kleinen Proben[2].

Aromatische Kohlenwasserstoffe bilden vielfach Addukte: mit Trinitrobenzol[3], Pikrinsäure bzw. Styphninsäure[4] oder mit 2.4.7-Trinitrofluorenon[5]. Die Molekülverbindungen mit Trinitrofluorenon sind gegenüber den anderen vorzuziehen[6]. Ein Beispiel für eine Adduktherstellung[6]:

Man löse 100 mg 2.4.7-Trinitrofluorenon in einer Mischung aus 10 ml absolutem Methanol oder Äthanol und 2 ml Benzol. Dann kocht man kurz auf und fügt eine Lösung von 60 mg Anthracen in 3,5 ml Methanol und 1,5 ml Benzol zu. Danach wird 30 sec lang erhitzt und abgekühlt. Nach Filtrieren der sich flockig abscheidenden, roten Kristalle werden diese mit 1 ml Methanol gewaschen und getrocknet. Die Ausbeute beträgt 50—60 mg, Schmp. 192—193° C. Die Molekülverbindung kann aus absolutem Äthanol oder Äthanol/Benzol-Mischungen umkristallisiert werden.

Weiter kommen zur Identifizierung in Betracht: die Oxydation der Seitenketten in aromatischen Kohlenwasserstoffen[7] und die Friedel-Crafts-Reaktion mit Phthalsäureanhydrid und $AlCl_3$.

2. Alkohole

Zur Identifizierung der Alkohole steht eine stattliche Zahl von Reagenzien[8] zur Verfügung; ein Überblick[9] zur Bestimmung auch

---

[1] CHERONIS-ENTRIKIN, S. 468.

[2] CHERONIS-ENTRIKIN, S. 466f. u. 482f.

[3] Schmelzpunkte der Molekülverbindungen finden sich bei den einzelnen Kohlenwasserstoffen in BEILSTEINs Handbuch der organ. Chemie, Bd. V, S. 271 (E I, 140; E II, 203; E III, 643).

[4] Schmelzpunkte der Molekülverbindungen sind bei den Nitroverbindungen in BEILSTEINs Handbuch der organischen Chemie, Bd. VI, S. 275 bzw. 830 (E I bis E III) angegeben.

[5] Das Reagenz ist leicht herzustellen: SCHMIDT, J., u. K. BAUER: Ber. Deut. Chem. Ges. 38, 3758 (1905); ORCHIN, M., L. REGGEL, and E. O. WOOLFOLK: J. Am. Chem. Soc. 69, 1225 (1947).

[6] CHERONIS-ENTRIKIN, S. 487.

[7] SHRINER-FUSON-CURTIN, S. 283.

[8] SHRINER-FUSON-CURTIN, S. 244f.

[9] MEHLENBACHER, V. C., in: Organic analysis, Vol. 1, p. 1.NewYork-London: Interscience Publ. 1953; neuere Literatur findet man bei CHERONIS-MA, S. 157f. u. 183f.

13*

der phenolischen Hydroxylgruppe umfaßt die Literatur bis 1952. Vor allem sind es die Ester und Urethane, die zur Identifizierung geeignet sind. 3.5-Dinitrobenzoylchlorid gibt auch mit tertiären Alkoholen Ester, ohne daß Wasserabspaltung oder Umsetzung zu tertiären Alkylchloriden stattfindet[1]. Das Reagenz wird durch Luftfeuchtigkeit zersetzt; selbst wenn sein Schmelzpunkt (74° C) nur um 1—2° C tiefer liegt, ist es aus Tetrachlorkohlenstoff umzukristallisieren. Vor der Umsetzung empfiehlt sich folgender Blindversuch: Man löst das Säurechlorid in alkoholfreiem Äther und schüttelt mit verdünnter Natronlauge aus; der Äther darf beim Verdunsten keinen Rückstand hinterlassen (Säureanhydrid).

3.5-Dinitrobenzoesäureester[2]:

Zu einer Lösung von reinem 3.5-Dinitrobenzoylchlorid in Benzol gibt man den mit Kaliumcarbonat sorgfältig getrockneten Alkohol und dazu Pyridin. Die Veresterung der primären und sekundären Alkohole erfolgt beim Stehen bei Zimmertemperatur, die der tertiären Alkohole nach halbstündigem Erhitzen unter Rückfluß; notfalls muß länger erhitzt werden[3]. Dann verdünnt man mit Äther und schüttelt nacheinander mit verdünnter Salzsäure, verdünnter Natronlauge und Wasser aus. Es ist darauf zu achten, daß der gebildete Ester nicht wieder verseift wird. Nach Abdampfen des Äthers bleibt der Ester zurück, der aus Ligroin, Petroläther oder Toluol umkristallisiert wird.

Die 3.5-Dinitrobenzoesäureester geben mit aromatischen Aminen, insbesondere mit α-Naphthylamin oder Benzidin, tief farbige Molekülverbindungen[2].

Gewisse primäre Alkohole (z. B. perfluorierte Alkohole) sind schwer zu verestern. Hierfür werden p-Toluolsulfonsäure sowie Alkylsulfonsäuren als Katalysatoren und Toluol sowie Tetrachlorkohlenstoff als Lösungsmittel empfohlen[4].

Schwerflüchtige Alkohole kann man als p-Nitrobenzoesäureester identifizieren[5]:

Man erhitzt eine kleine Probe Alkohol unter Rückfluß mit p-Nitrobenzoylchlorid (wird durch Luftfeuchtigkeit leicht zersetzt; notfalls aus Tetrachlorkohlenstoff umkristallisieren und unter Petroläther aufbewahren) eine halbe Stunde lang nicht höher als 140° C, nimmt in alkoholfreiem Äther auf

[1] REICHSTEIN, T.: Helv. Chim. Acta **9**, 799 (1926).
[2] BAUER-MOLL, 5. Aufl., S. 76.
[3] BEREZIN, J. V.: Dokl. Akad. Nauk SSSR **99**, 563 (1954).
[4] FAUROTE, P. D., and J. G. O'REAR: Ind. Eng. Chem. **49**, 189 (1957).
[5] Die p-Nitrobenzoesäureester einiger Pentanole sind flüssig, z. B. von n-Pentanol-1, während die 3.5-Dinitrobenzoesäureester kristallisiert sind.

und schüttelt zum Entfernen des überschüssigen Säurechlorids mit sehr verdünntem Ammoniak durch (Ausfällung: Säureamid). Nach Verdampfen des Äthers kocht man erschöpfend (prüfen!) mit Petroläther aus, wobei p-Nitrobenzamid zurückbleibt. Der Petroläther der vereinigten Auszüge wird verdampft und gibt beinahe quantitativ den reinen Ester.

Urethane sind ebenfalls sehr gut zur Identifizierung der Alkohole geeignet. Bei tertiären Alkoholen stört gewöhnlich die Wasserabspaltung bei der Reaktion mit Isocyanaten, die Olefine und den entsprechenden symmetrischen Diphenylharnstoff gibt.

Herstellung der Urethane mit α-Naphthylisocyanat[1]:

Etwa 1 g der gut getrockneten Alkoholprobe wird in einem kleinen, ebenfalls gut getrockneten Kölbchen mit 0,5—1,0 ml α-Naphthylisocyanat vermischt und, vor Feuchtigkeit geschützt (Rückflußkühler und Calciumchloridrohr), unter Rückfluß (Sandbad oder nicht zu warme Heizplatte) kurze Zeit erhitzt, wenn die Reaktion nicht von allein einsetzt. Nach dem Erkalten entfernt man zuerst mit trockenem Benzol das unveränderte Isocyanat, zieht dann das Reaktionsprodukt mit kaltem Wasser aus und trocknet. Das Urethan wird in 5 ml heißem Petroläther oder Tetrachlorkohlenstoff gelöst, filtriert und die Lösung in einem Eisbad abgekühlt; die Kristalle werden abgesaugt und getrocknet.

m-Nitrobenzazid lagert sich beim Kochen in Xylol oder Toluol unter Stickstoffabgabe in m-Nitrophenylisocyanat um. Gibt man die gut getrocknete Alkoholprobe vor der Umlagerung zu, so entstehen ebenfalls zur Identifizierung geeignete Urethane[2].

Sind Polyhydroxyverbindungen wie Äthylenglykol oder Glycerin zu identifizieren, so sind hierzu die Benzoate, die p-Nitrobenzoate oder auch die Acetate[3] geeignet, wenn sie nicht, wie das Äthylenglykolacetat flüssig sind.

Darstellen eines Acetats[4]:

Zu 2 g der Polyhydroxyverbindung gibt man zuerst 20 ml trockenes Pyridin, dann 8 g Essigsäureanhydrid und schüttelt. Nachdem die erste Reaktion vorüber ist, wird die Mischung 3—5 min unter Rückfluß zum Sieden erhitzt, abkühlen gelassen und in 50—75 ml Eiswasser eingegossen. Das acetylierte Produkt wird filtriert, mit kalter 2%iger Salzsäure und anschließend mit Wasser gewaschen. Umkristallisieren aus Alkohol gibt die reinen Acetate.

---

[1] BICKEL, V. T., and H. E. FRENCH: J. Am. Chem. Soc. **48**, 747 (1926); SHRINER-FUSON-CURTIN, S. 246.

[2] VEIBEL, S. 61f.

[3] Dünnschichtchromatographische Trennung der Acetate von Polyhydroxyverbindungen und Zuckern: DUMAZERT, CH., CL. GHIGLIONE et T. PUGNET: Bull. Soc. Chim. France **1963**, 475.

[4] SHRINER-FUSON-CURTIN, S. 247.

Enthalten Polyalkohole, wie Äthylenglykol, Glycerin, Erythrit, Mannit, benachbarte Hydroxylgruppen, so können diese mit Perjodsäure quantitativ bestimmt werden[1].

2.4-Dinitrophenylsulfinylderivate aliphatischer Alkohole wurden papierchromatographisch[2] und 2.4-Dinitrobenzolsulfensäureester von Alkoholen dünnschichtchromatographisch[3] getrennt.

3. Phenole

Zur Identifizierung[4,5] sind vor allem die Urethane[4] geeignet:

1 g der sorgfältig getrockneten Probe wird in einem gut getrockneten, mit Rückflußkühler und Calciumchloridrohr versehenen Kölbchen mit 1,0 ml Phenyl- oder α-Naphthylisocyanat versetzt. Da Phenole weniger schnell reagieren als Alkohole (vgl. S. 197), werden zur Beschleunigung der Reaktion zwei bis drei Tropfen wasserfreies Pyridin oder Triäthylamin[6] und schließlich 8—10 ml Ligroin (Sdp. 170—200° C) zugefügt. Es wird dann bis zu 4 Std zum mäßigen Sieden unter Rückfluß erhitzt. Nach Abkühlen der Mischung werden die Kristalle abgesaugt, aus Petroläther, Benzol oder Mischungen beider Lösungsmittel umkristallisiert und getrocknet. Feuchtigkeit ist bei der Reaktion zu vermeiden, da sich leicht aus dem Isocyanat das entsprechende Harnstoffderivat bildet; der symmetrische Diphenylharnstoff schmilzt bei 238° C. Falls sich das Harnstoffderivat gebildet hat, behandelt man mit etwa 10 ml warmem Tetrachlorkohlenstoff und saugt das darin unlösliche Harnstoffderivat ab. Wenn das Urethan beim Abkühlen nicht auskristallisiert, wird die Lösung stark eingeengt und abgekühlt. Nitrophenole geben nicht leicht Urethane; für Pikrinsäure ist kein Urethan bekannt.

Es wurde eine Reihe verschiedener Urethane zur Identifizierung der Phenole hergestellt[4].

---

[1] HOUBEN-WEYL-MÜLLER, Bd. II, S. 360f., 1953; weniger spezifisch ist die Spaltung von 1.2-Diolen mit Bleitetraacetat: CRIEGEE, R., in: Neuere Methoden der präparativen organischen Chemie, Bd. 1, 3. Aufl., S. 31. Weinheim: Verlag Chemie 1949.

[2] RASUM FULUS, M., u. A. GÜRAN: Arch. Pharm. **296**, 623 (1963).

[3] LEFEBRE, G., J. BERTHELIN, M. MAUGRAS, R. GAY et E. URION: Bull. Soc. Chim. France **1966**, 266.

[4] McKINLEY, J. B., J. E. NICKELS, and S. S. SIDHU: Ind. Eng. Chem. Anal. Ed. **16**, 304 (1944); hier werden auch etwa 50 Röntgendiffraktogramme zur Identifizierung angegeben. SHRINER-FUSON-CURTIN, S. 296; HOUBEN-WEYL-MÜLLER, Bd. II, S. 334f., 1953.

[5] CHERONIS-MA, S. 445; BAUER-MOLL, 5. Aufl., S. 126; GOUPIL, M. R., et M. G. MANGENEY: Quelques méthodes employées dans l'industrie pour la détermination de la fonction OH aromatique. Chim. anal. **41**, 18 (1959).

[6] TARBELL, D. S., R. C. MALLATT, and J. W. WILSON: J. Am. Chem. Soc. **64**, 2229 (1942).

Einfache Phenolderivate sind in der Regel leicht zu acylieren und zu alkylieren; beide Reaktionen dienen zur Charakterisierung und Identifizierung. Methylphenyläther sowie die Phenylacetate schmelzen in der Regel niedriger als die ursprünglichen Phenole, sind aber bei Naphtholen fest. Deshalb ist es günstiger, zur Identifizierung die 3.5-Dinitrobenzoesäureester[1] heranzuziehen. Es ist zu beachten, daß 3.5-Dinitrobenzoylchlorid leicht an der Luft hydrolysiert[2].

0,01 Mol des Phenols und 2,3 g (0,01 Mol) 3.5-Dinitrobenzoylchlorid werden zu 20 ml trockenem Pyridin gegeben, und die Mischung wird 1 Std unter Rückfluß erhitzt. Nach Abkühlen wird die Reaktionsmischung in etwa 400 ml kalte, 5%ige Schwefelsäure eingegossen. Scheidet sich ein festes Produkt ab, wird es abgesaugt, mit Wasser säurefrei gewaschen und umkristallisiert. Fällt das Produkt ölig oder als gummiartige Masse an, wird es in Äther gelöst und die Lösung nacheinander mit Wasser, 2%iger Natronlauge und schließlich wieder mit Wasser gewaschen. Nach Abdampfen des Äthers kristallisiert der Rückstand. In der Regel kann zur endgültigen Reinigung aus 95%igem Äthanol, evtl. aus n-Butanol, umkristallisiert werden.

Die Acylierung kann mit Perchlorsäure beschleunigt werden, so daß selbst sterisch gehinderte Phenole mit Acetanhydrid nach 5 min und bei Zimmertemperatur vollständig acyliert sind[3a]. Beim Umgang mit Perchlorsäure sind die angegebenen[3b] Vorsichtsmaßnahmen zu beachten (Arbeiten mit verdünnten Lösungen in der Kälte und sofortiges Beseitigen der Lösungen nach der Reaktion).

Von den zahlreichen Charakterisierungs- und Identifizierungsreaktionen der Phenole sei noch die Umsetzung zu 2.4-Dinitrophenyläthern[4] mit 2.4-Dinitro-chlorbenzol, besser 2.4-Dinitrofluorbenzol, hervorgehoben. Die Bromierung der Phenole kann sogar zur quantitativen Bestimmung[5] dienen, ist aber störungsanfällig.

---

[1] PHILLIPPS, M., and G. L. KEENAN: J. Am. Chem. Soc. **53**, 1924 (1931).

[2] Zur Reinigung und Handhabung vgl. S. 196; Schmelzpunkte der p-Nitrobenzoate von Kresolen: HÄNGGI, E.: Helv. Chim. Acta **4**, 23 (1921).

[3] a) FRITZ, J. S., u. G. H. SCHENK: Anal. Chem. **31**, 1808 (1959); b) **32**, 987 (1960).

[4] BOST, R. W., and F. NICHOLSON: J. Am. Chem. Soc. **57**, 2368 (1935); ZAHN, H., u. A. WÜRZ: Z. Anal. Chem. **134**, 183 (1951); dünnschichtchromatographische Trennung: WILDENHAIN, W., u. G. HENSEKE: J. Chromatog. **19**, 438 (1965).

[5] CHERONIS-MA, S. 447f.; BAUER-MOLL, 5. Aufl., S. 131f.

4. Organische Halogenverbindungen[1]
a) Alkyl-, Cycloalkyl- und Arylalkylhalogenide

Allgemein anwendbar ist die Identifizierung über die Alkylthiuroniumpikrate. Zunächst stellt man aus der Halogenverbindung mit Thioharnstoff das Alkylthiuroniumhalogenid her, das mit Pikrinsäure das schwer lösliche S-Alkylisothiuroniumpikrat gibt.

Für primäre und sekundäre Alkylhalogenide ist folgende Arbeitsweise zu empfehlen[2]:

0,5 g Thioharnstoff und 0,5 g Alkylhalogenid werden in 5 ml Äthanol gelöst. Die Mischung wird unter Rückfluß erwärmt; die benötigte Zeit beträgt 5 bis etwa 200 min, wobei sie in der Reihenfolge Jodide < Bromide < Chloride zunimmt. Für primäre Halogenide benötigt man in der Regel 20—30 min, für sekundäre 2—3 Std. Bei den Chloriden wiederum genügen für Benzylchlorid 30 min, für n-Butyl- und n-Amylchlorid etwa 60 min.

Danach gießt man die Mischung in eine Lösung von 0,4 g Pikrinsäure, die in der eben notwendigen Menge siedendem Äthanol gelöst ist, und hält 5 min am Sieden. Beim Abkühlen scheidet sich das Alkylthiuroniumsalz aus, das durch Umkristallisieren aus Äthanol oder wäßrigem Äthanol zu reinigen ist.

Bei tertiären Alkylhalogeniden verfährt man folgendermaßen[3]:

1 g des Alkylchlorids oder -bromids wird zu einer Lösung von 1 g Thioharnstoff in 3 ml Wasser und 2 ml Äthanol gegeben. Das Gemisch wird unter Rückfluß auf dem Wasserbad erhitzt, bis die Alkylhalogenidschicht verschwunden ist, und dann noch 15 min weiter erwärmt. Die Reaktion ist gewöhnlich nach 2—3 Std zu Ende. Die Reaktionsmischung wird noch heiß zu 200 ml einer wäßrigen 1%igen Pikrinsäurelösung hinzugegeben. Die Kristallisation des S-Alkylthiuroniumpikrates beginnt sofort. Nach einer halben Stunde wird abgesaugt, mit Wasser gewaschen und aus verdünntem Äthanol umkristallisiert. Zur Reinigung solcher Pikrate genügt meistens einmaliges Umkristallisieren.

Es gibt für die Alkylhalogenide noch weitere Identifizierungsreaktionen, unter denen auf folgende noch hingewiesen sei: Durch Umsetzen der Alkylhalogenide mit Magnesium in Äther erhält man magnesiumorganische Verbindungen, die mit CO_2 in Carbonsäuren oder mit Phenylisocyanat (besser α-Naphthylisocyanat, wegen der geringeren Löslichkeit des Reaktionsproduktes) Anilide (Naphthalide) der entsprechenden Alkylcarbonsäuren[4] geben.

---

[1] Außer organischen Verbindungen mit mehrwertigem Jod.

[2] VEIBEL, S. 265.

[3] VEIBEL, S. 69.

[4] SCHWARTZ, A. M., and J. R. JOHNSON: J. Am. Chem. Soc. **53**, 1063 (1931); UNDERWOOD, H. W., and J. C. GALE: J. Am. Chem. Soc. **56**, 2117 (1934); SHRINER-FUSON-CURTIN, S. 279; Schmelzpunkte dieser Derivate sind unter Anilin bzw. α-Naphthylamin in Bd. XII von BEILSTEINs Handbuch der org. Chemie und dem Ergänzungswerk zu finden.

Weiter gibt das Natriumsalz von β-Naphthol mit Alkylhalogeniden Äther, die als solche oder als Pikrate zur Identifizierung dienen[1].

Reaktionen nach FRIEDEL-CRAFTS sind geeignet, mehrfache Halogenide zu identifizieren: z. B. Äthylenbromid als Dibenzyl, Chloroform als Triphenylmethan usf. Chlorameisensäureester $(ClCOOC_2H_5)$, der sich mit kaltem Wasser nur sehr langsam zersetzt, und Chloressigsäuremethylester (Geruch) lassen sich als feste Derivate $(ClCOOC_2H_5$ gibt mit NH_3 ein Urethan, Schmp. $58-60°$ C[2]; $ClCH_2COOCH_3$ setzt sich mit 2 Mol Anilin zum N-Phenyl-glycin-methylester um[3], Schmp. $48°$ C) leicht identifizieren. Schließlich kann die Identität flüssiger organischer Halogenverbindungen auch durch Bestimmen mehrerer physikalischer Konstanten festgestellt werden.

b) Arylhalogenide

Diese Verbindungen können über die Sulfonsäurechloride bzw. -amide identifiziert werden[4]:

Zu 1 g der Verbindung in einem trockenen Reagenzglas werden 5 ml trockenes Chloroform gegeben; die Lösung wird in einem Eisbad auf $0°$ C abgekühlt. Danach tropft man etwa 5 ml Chlorsulfonsäure zu. Nachdem die Chlorwasserstoffentwicklung beendet ist, wird das Eisbad entfernt und die Lösung innerhalb 20 min auf Raumtemperatur kommen lassen. Nach vorsichtigem Aufgießen der Reaktionsmischung auf gekörntes Eis wird die Chloroformschicht abgetrennt, mit Wasser gewaschen und das Chloroform verdampft. Das zurückbleibende rohe Sulfochlorid kann aus niedrig siedendem Petroläther, Benzol oder Chloroform umkristallisiert werden.

Bei kernhalogenierten Toluolen muß die Chloroformlösung 10 min lang auf $50°$ C erwärmt und danach aufgearbeitet werden. Bei mehrfach kernhalogenierten Verbindungen ist kein Lösungsmittel anzuwenden; es wird 1 Std lang auf $100°$ C unter Rückfluß erhitzt. Stören kann ein Austausch von kernständigem Jod, weitere Chlorierung sowie Sulfonbildung.

---

[1] DERMER, V. H., and O. C. DERMER: J. Org. Chem. **3**, 289 (1939); Schmelzpunkte der β-Naphthylalkyläther und ihrer Pikrate findet man unter β-Naphthol in BEILSTEINs Handbuch der org. Chemie und dem Ergänzungswerk.

[2] HOUBEN-WEYL-MÜLLER, Bd. II, S. 555 und 558, 1953.

[3] MEYER, P. J.: Ber. Deut. Chem. Ges. 8, 1157 (1875).

[4] SHRINER-FUSON-CURTIN, S. 281.

Die erhaltenen Sulfochloride sind leicht in die entsprechenden Sulfonsäureamide umzusetzen[1]:

Etwa 0,5 g Sulfochlorid werden mit 5 ml konz. Ammoniak 10 min zum Sieden erhitzt, mit 10 ml Wasser verdünnt, abgekühlt und filtriert. Das rohe Sulfonamid löst sich in 10 ml 5%iger Natronlauge, notfalls nach gelindem Erwärmen. Sulfone oder weiter chlorierte Produkte sind durch Filtrieren zu entfernen. Nach Ansäuern des Filtrats mit verdünnter Salzsäure wird das ausgefallene Sulfonamid filtriert, aus verdünntem Äthanol umkristallisiert und bei 100° C getrocknet.

Zur Identifizierung geeignete Derivate erhält man auch durch Nitrieren der aromatischen Halogenverbindungen[2]. Bei Brom- und mehr noch bei Jodverbindungen ist Grignardierung und anschließendes Umsetzen mit Isocyanaten vorzuziehen. Bei aromatischen Halogenverbindungen mit Alkylgruppen kommt auch die Oxydation zu halogensubstituierten aromatischen Carbonsäuren in Frage.

c) Acylhalogenide
(Verbindungen mit sehr reaktionsfähigem Halogen)

Acylhalogenide hydrolysieren schnell mit Wasser und sind daran zu erkennen. Sie sind als Amide (Anilide, p-Toluidide) zu identifizieren.

Sonst reaktionsträge kernständige Halogenatome können durch entsprechende Substitution reaktionsfreudiger werden: Beispiel hierfür ist das 2.4-Dinitrochlorbenzol. Arylhalogenide mit reaktionsfreudigem Halogen sind zu identifizieren, indem man das Halogen gegen eine geeignet substituierte NH_2-Gruppe austauscht.

d) Organische Fluorverbindungen

Zur Identifizierung vergleiche[3].

Die Gaschromatographie[4] ist für die Identifizierung organischer Halogenverbindungen sehr geeignet.

---

[1] SHRINER-FUSON-CURTIN, S. 282.

[2] Eine ausführliche Diskussion und Anleitung findet man in CHERONIS-ENTRIKIN, S. 465f.

[3] Eine Anleitung findet man bei CHERONIS-ENTRIKIN, S. 470f.

[4] BAYER, S. 110f.

5. Ester[1]

Für die Identifizierung der Ester stehen zwei Wege offen. Man kann die Ester verseifen und Säure und Alkohol für sich identifizieren. Nach Ansäuern der Verseifungslösung mit verdünnter Schwefelsäure fallen wasserunlösliche Säuren aus; viele wasserlösliche Säuren können mit Äther extrahiert werden.

Es ist schwierig, niedermolekulare Alkohole, die aus neutraler Lösung abdestilliert werden können, vom Wasser abzutrennen. Will man den Alkohol mit Kaliumcarbonat aussalzen, so sind bei der Verseifung 5—10 g Ester einzusetzen. Bei weniger als 2 g Ester sind die Alkoholmengen zu gering, um das Aussalzen aus wäßriger Lösung zu erreichen.

Es ist aber auch möglich, in einem Ester, ohne ihn zu verseifen, Säure sowie Alkohol zu identifizieren. Die Säure kann als Benzylamid erhalten werden[2]:

1 g des Esters, 3 ml Benzylamin und 0,1 g Ammoniumchlorid werden gemischt und unter Rückfluß 1 Std lang erhitzt. Nach dem Abkühlen wird der Benzylaminüberschuß durch Waschen der Reaktionsmischung mit Wasser entfernt. Scheidet sich kein festes Produkt ab, kann das Amid mit wenig verdünnter Salzsäure ausgefällt werden; zuviel Säure löst die N-Benzylamide. Ist nicht umgesetzter Ester vorhanden, der die Kristallisation des Amids verhindert, wird durch Destillieren mit Wasserdampf die ölige Schicht entfernt. Nach Abkühlen kristallisiert das Benzylamid aus. Nach Filtrieren, Trocknen, Waschen mit Ligroin wird schließlich aus Aceton oder Äthanol umkristallisiert.

Der Alkohol eines Esters wird folgendermaßen als 3.5-Dinitrobenzoat erhalten[3]:

Etwa 2 ml Ester werden mit 1,5 g 3.5-Dinitrobenzoesäure vermischt und 2 Tropfen konzentrierte Schwefelsäure zugegeben. Die Mischung wird 30 min gelinde unter Rückfluß zum Sieden erhitzt, wenn der Ester unter 150° C siedet. Liegt der Siedepunkt über 150° C, wird genauso lang unter intensivem Rühren in einem Ölbad von 150° C erwärmt. Löst sich die 3.5-Dinitrobenzoesäure in 30 min nicht, so ist das Erwärmen bis zu 1 Std fortzusetzen. Nach Abkühlen der Reaktionsmischung werden 25 ml absoluter, alkoholfreier Äther zugefügt, und es wird zweimal mit je 15 ml 5%iger Natriumcarbonatlösung (CO_2-Entwicklung) gewaschen, um die Säuren zu entfernen. Anschließend wird die Ätherschicht mit 10 ml Wasser gewaschen und der Äther verdampft. Der gewöhnlich ölige Rückstand wird in 5 ml

[1] HALL, R. T., and W. E. SHAEFER: Determination of esters, in: Organic analysis, Vol. 2, p. 19. New York-London: Interscience Publ. 1954.

[2] DERMER, O. C., and J. KING: J. Org. Chem. 8, 168 (1943).

[3] RENFROW, W. B., and A. CHANEY: J. Am. Chem. Soc. 68, 150 (1946).

siedendem Äthanol gelöst, heiß filtriert, und es wird tropfenweise Wasser bis zur beginnenden Trübung zugefügt. Die Kristallisation wird nach dem Abkühlen durch Reiben mit einem Glasstab eingeleitet und im Eisschrank vervollständigt.

Der sicherste Weg zur Identifizierung eines Esters ist die Verseifung und die Identifizierung der Komponenten (Alkohole S. 195, Säuren S. 210, 218 und 227).

6. Äther[1]

Neben aliphatischen Äthern, auch Benzyläthern, kommen Epoxide oder cyclische Äther wie z. B. Tetrahydrofuran in Betracht. Weit in der Natur verbreitet sind Arylalkyläther; es kommen die Bisaryläther hinzu. Acetale (Ketale) können ebenfalls als Äther angesehen werden. Die niederen aliphatischen Äther, nicht mehr der Di-n-butyläther, sind in konzentrierter Salzsäure löslich, hingegen alle Äther mit Arylgruppen nicht.

Die Identifizierung der Äther ist als solche möglich oder nach der Spaltung, indem die Spaltprodukte identifiziert werden.

Die Destillation insbesondere der aliphatischen Äther erfordert Vorsicht (Peroxide, Explosionsgefahr). Peroxidhaltiger Diäthyläther färbt mit verdünnter Salzsäure angefeuchtetes KJ-Stärkepapier blau. Die Peroxide werden durch Waschen mit kleinen Mengen verdünnter Eisen(II)-sulfatlösung entfernt, die mit Schwefelsäure angesäuert ist. 10 ml Diäthyläther werden mit 2—3 ml Wasser gewaschen, das 5 Tropfen einer 10%igen Ferrosulfatlösung und 1 Tropfen konzentrierte Schwefelsäure enthält.

Symmetrische aliphatische Äther werden mit $ZnCl_2$ in Anwesenheit von 3.5-Dinitrobenzoylchlorid so gespalten, daß 3.5-Dinitrobenzoesäureester entstehen[2]:

In einem mit Rückflußkühler und Calciumchloridrohr versehenen trockenen Reagenzglas erwärmt man 1 Std ein Gemisch von 1 ml des Äthers, 0,15 g wasserfreiem, fein gepulvertem Zinkchlorid und 0,5 g reines 3.5-Dinitrobenzoylchlorid (Schmp. 74° C). Die abgekühlte Mischung wird mit 10 ml 2n Natriumcarbonatlösung versetzt und auf dem Dampfbad bis 90° C erwärmt. Beim Abkühlen scheidet sich der 3.5-Dinitrobenzoesäureester aus. Man filtriert, wäscht mit 5 ml 2n Natriumcarbonatlösung und dann mit

---

[1] Organic analysis. New York-London: Interscience Publ., Vol. 1, p. 67: ELEK, A.: Determination of alkoxyl groups; p. 127: JUNGNICKEL, J. L., E. D. PETERS, A. POLGÁR, and F. T. WEISS: Determination of the alpha-epoxy group; p. 309: MITCHELL, J.: Determination of acetals. 1953.

[2] VEIBEL, S. 181.

10 ml Wasser. Der Rückstand wird in 10 ml heißem Tetrachlorkohlenstoff gelöst. Man filtriert heiß und kühlt das Filtrat in Eiswasser; findet keine Kristallisation statt, entfernt man das Lösungsmittel auf dem Dampfbade und trocknet den Rückstand.

Unsymmetrische aliphatische Äther geben bei der Spaltung mit konzentrierter Jodwasserstoffsäure ($d = 1{,}70$) eine Mischung der entsprechenden Alkyljodide, die zu trennen und einzeln zu identifizieren sind. Am besten erfolgen Trennung und Identifizierung gaschromatographisch[1].

Zur Identifizierung der Epoxide (1.2-Epoxide) sei auf die Literatur[2] verwiesen. Ringäther wie Tetrahydrofuran sind zwar gegen Säuren unbeständig. Jedoch erfordert die Umsetzung z. B. mit konstant siedender Bromwasserstoffsäure zu dem $\alpha.\omega$-Dibromalkan einige Stunden. Besser geeignet ist beim Tetrahydrofuran die Oxydation mit konzentrierter Salpetersäure zur Bernsteinsäure, die dann identifiziert wird.

Bei den Arylalkyläthern gibt die Spaltung mit konzentrierter Jodwasserstoffsäure ($d = 1{,}70$) Phenol und Alkyljodid, die jeweils für sich identifiziert werden. Über die Bestimmung der Methoxygruppen unterrichtet die Literatur zur Analyse organischer Verbindungen[3]. Zur Identifizierung der Arylalkyläther und auch der gegen Hydrolyse beständigen Aryläther geeignete Derivate erhält man durch Chlorsulfonierung und Überführung in die Sulfonamide[4] (siehe Organische Halogenverbindungen, S. 201) sowie durch Bromierung[4].

Acetale sind gewöhnlich wasserunlöslich und gegen alkalische Hydrolyse beständig; sie werden leicht durch Säuren hydrolysiert. Mit 2.4-Dinitrophenylhydrazin wird als substituiertes Phenylhydrazon die Carbonylkomponente identifiziert. Der Alkohol wird als 3.5-Dinitrobenzoat erhalten, indem man das Acetal mit 3.5-Dinitrobenzoylchlorid behandelt[5].

---

[1] VERTALIER, S., et F. MARTIN: Chim. Anal. **40**, 80 (1958).

[2] Siehe in Anm. 1, S. 204; ferner CHERONIS-MA, S. 169 f.

[3] Zum Beispiel PREGL-ROTH, S. 247 f.

[4] VEIBEL, S. 179.

[5] GRUMMITT, O., and J. A. STEARNS JR.: J. Am. Chem. Soc. **77**, 3136 (1955).

7. Carbonylverbindungen
(Aldehyde, Ketone und Kohlenhydrate)[1]

Zunächst ist darauf hinzuweisen, daß viele Derivate, die zur Identifizierung der Aldehyde geeignet sind, auch von Ketonen, Ketosäuren, Ketosäureestern usf. gebildet werden. Dagegen werden Carbonsäuren, Carbonsäureester, Harnstoffverbindungen und Chinone durch Überführen in andere Derivate identifiziert.

a) Aldehyde

Die Identifizierung der Aldehyde kann über die Phenylhydrazone geschehen. Ist das Phenylhydrazon flüssig, verwendet man 2.4-Dinitrophenylhydrazin, das schwerer lösliche und gut kristallisierbare Produkte gibt. Für niedermolekulare, wasserlösliche Aldehyde kommt die Umsetzung mit Semicarbazid zu den Semicarbazonen in Betracht; die Produkte sind fest und fallen beinahe rein an, so daß sich ein Umkristallisieren erübrigen kann. Jedoch stört manchmal die zu geringe Reaktionsgeschwindigkeit. Bei Aldehyden mit höherem Molekulargewicht, wie z. B. m-Nitrobenzaldehyd, ist die Oxydation zur Säure bequem durchführbar, wonach die Säure identifiziert wird. Aromatische Aldehyde wie Salicylaldehyd können leicht katalytisch (Raney-Nickel, Raumtemperatur und Atmosphärendruck) hydriert und als Alkohole identifiziert werden. Formaldehyd und Acetaldehyd sind bequem als Derivate des Dimedons[2] (5.5-Dimethyl-cyclohexan-1.3-dion) zu identifizieren und quantitativ zu bestimmen.

Herstellung[3] eines 2.4-Dinitrophenylhydrazons[4]:

Man löst 1 g 2.4-Dinitrophenylhydrazin in 2 ml konzentrierter Schwefelsäure[5] und verdünnt mit 15 ml Äthanol. Die frische Reagenzlösung wird mit

[1] MITCHELL JR., J.: Determination of carbonyl compounds, in: Organic analysis, Vol. 1, p. 243. New York-London: Interscience Publ. 1953.

[2] VORLÄNDER, D.: Z. Anal. Chem. 77, 241 (1927); WEINBERGER, W.: Ind. Eng. Chem. Anal. Ed. 3, 365 (1931); YOE, J. H., and L. C. REID: Ind Eng. Chem. Anal. Ed. 13, 238 (1941); HORNING, E. C., and M. G. HORNING: J. Org. Chem. 11, 95 (1946); Herstellung von Dimedon: Org. Syntheses, coll. vol. II, p. 200 (1943).

[3] VEIBEL, S. 103.

[4] ALLEN, C. F. H., and J. H. RICHMOND: J. org. Chem. 2, 222 (1938); BRANDSTÄTTER, M.: Mikrochem. Mikrochim. Acta 32, 38 (1944); BRADDOCK, L. J., K. Y. GARLOW, L. J. GRIM, A. F. KIRKPATRICK, S. W. PEASE, A. J. POLLARD, E. F. PRICE, T. L. REISSMANN, H. A. ROSE, and M. L. WILLARD: Anal. Chem. 25, 301 (1953); PEARSON, D. E., and F. GREER: J. Am. Chem. Soc. 77, 1294 (1955).

[5] BRADY, O. L.: J. Chem. Soc. 1931, 756.

einer Lösung von 0,1—1 g (bei aliphatischen Verbindungen) oder 1—1,5 g (bei aromatischen Verbindungen) Carbonylverbindung in 10 ml Äthanol vermischt. Oft beginnt das 2.4-Dinitrophenylhydrazon sofort zu kristallisieren. Es kann aber notwendig werden, die Lösung mit 2n Schwefelsäure zu verdünnen.

Längere Zeit haltbar ist eine 2.4-Dinitrophenylhydraziniumphosphatlösung[1]; sehr beständig ist eine 2.4-Dinitrophenylhydraziniumperchloratlösung[2].

2.4-Dinitrophenylhydrazone[3] sind aus Äthanol umkristallisierbar; ist die Löslichkeit zu gering, wird statt dessen Toluol oder Xylol verwendet; auch Äthylacetat und Dioxan kommen in Betracht.

Herstellung der Semicarbazone[4]:

Man mischt gleiche Volumina 20%iger wäßriger Lösungen von Semicarbazidhydrochlorid und von Kaliumacetat. Zu 10 ml dieser Mischung gibt man 0,5—1 g der Carbonylverbindung. Notfalls setzt man, um vollständige Lösung zu erreichen, noch Äthanol zu. Wenn die Kristallisation nicht sofort einsetzt, versucht man sie durch Reiben mit einem Spatel einzuleiten. Oder man erwärmt die Mischung 5—10 min lang unter Rückfluß und kühlt in kaltem Wasser unter Reiben mit einem Spatel ab. Die Kristallisation kann so langsam erfolgen, daß man die Mischung einige Tage stehenlassen muß. Das filtrierte Semicarbazon wird aus Wasser, Methanol oder Äthanol umkristallisiert. Ist die Löslichkeit zu gering, dann wird das Semicarbazon zwei- bis dreimal mit Äthanol ausgekocht. Wegen der durch die C=N-Bindung bedingten Isomerie hängt der gefundene Schmelzpunkt von der Geschwindigkeit des Erwärmens ab. Zu langsames Erwärmen gibt einen niedrigeren Schmelzpunkt.

Herstellung eines Dimedonderivats[5]:

Bei einem aliphatischen Aldehyd werden zu 0,1 g der Probe in 4 ml 50%igem Äthanol 0,4 g Dimedon[6] gegeben; ist der Aldehyd aromatisch,

---

[1] JOHNSON, G. D.: J. Am. Chem. Soc. 73, 5888 (1951).

[2] NEUBERG, C., A. GRAUER, and B. V. PISHA: Anal. Chim. Acta 7, 238 (1952).

[3] Papierchromatographische Trennung: KIRCHNER, J. G., and G. J. KELLER: J. Am. Chem. Soc. 72, 1867 (1950); dünnschichtchromatographische Trennung: DHONT, J. H., and C. DE ROOY: Analyst 86, 74 (1961); gaschromatographische Trennung: JONES, L. A., and R. J. MONROE: Anal. Chem. 37, 935 (1965); FEDELI, E., A. LANZANI, and A. F. VALENTINI: Chim. Ind. 47, 989 (1965).

[4] SHRINER, R. L., and T. A. TURNER: J. Am. Chem. Soc. 52, 1267 (1930); THIELE, J., u. O. STANGE: Ber. Deut. Chem. Ges. 27, 31 (1894).

[5] VORLÄNDER, D.: Z. Anal. Chem. 77, 241 (1929); SHRINER-FUSON-CURTIN, S. 254; BAUER-MOLL, 5. Aufl., S. 284: Schmp. von 18 Dimedon-Aldehyd-Kondensaten.

[6] Herstellung von Dimedon: Org. Synth., coll. vol. II, 200 (1943).

werden 0,3 g Dimedon verwendet. Man fügt einen Tropfen Piperidin zu und erwärmt die Mischung 5 min bis nahe zum Sieden. Ist danach die heiße Lösung klar, tropft man Wasser bis zur beginnenden Trübung zu. Die Mischung wird abgekühlt, das Produkt filtriert und mit 2 ml kaltem 50%igem Äthanol gewaschen. Das Derivat wird aus Methanol/Wasser-Mischungen umkristallisiert.

Unter den angegebenen Bedingungen ist die Umsetzung mit Dimedon spezifisch für Aldehyde.

Nicht nur für Aldehyde, sondern für alle Carbonylverbindungen sind Elektronenspektren (UV und IR) charakteristisch und zur Identifizierung geeignet.

b) Ketone

Auch zur Identifizierung der Ketone sind die 2.4-Dinitrophenylhydrazone[1] und Semicarbazone geeignet. Jedoch sind die Ketone im allgemeinen reaktionsträger, so daß die Reaktionszeit etwa verdreifacht werden muß: die Menge des Lösungsmittels zum Umkristallisieren ist meist zu erhöhen.

Ketone geben leichter Oxime[2] als viele Aldehyde, so daß hier die Oximherstellung zur Identifizierung angegeben sei[3]:

In ein Reagenzglas gibt man 500 mg der Probe, 500 mg Hydroxylaminhydrochlorid, 3 ml Pyridin und 3 ml absolutes Äthanol. Da die Oximbildung langsam erfolgt, wird die Mischung über Nacht stehengelassen. Die Reaktion kann nicht durch Erwärmen beschleunigt werden, weil eine Ketoximumlagerung (Beckmannsche Umlagerung) zu befürchten ist. Die Reaktionsmischung wird mit Wasser verdünnt. Die wasserunlöslichen Oxime werden filtriert; bei den wasserlöslichen gibt man Äther zu und trennt das Oxim auf diese Weise ab. Oxime werden aus Methanol, Äthanol oder Äthanol/Wasser-Mischungen umkristallisiert.

Kann keine Oximbildung erzielt werden, ist folgende Arbeitsweise angebracht[4]:

Zu 1 g der Probe werden 1 g Hydroxylaminhydrochlorid, 4 g Kaliumhydroxid und 20 ml 95%iges Äthanol gegeben. Nach zweistündigem Kochen unter Rückfluß wird in 150 ml Wasser eingegossen. Die Suspension wird gerührt und stehengelassen, damit unverändertes Keton absitzen kann. Man filtriert die Lösung, säuert mit Salzsäure an und läßt auskristallisieren; das Produkt wird aus Äthanol oder Äthanol/Wasser-Mischungen umkristallisiert.

---

[1] Siehe Anm. 3, S. 207.

[2] BRYANT, W. M., and D. M. SMITH: J. Am. Chem. Soc. **57**, 57 (1935); BACHMANN, W. E., and M. X. BARTON: J. Org. Chem. **3**, 307 (1938).

[3] CHERONIS-ENTRIKIN, S. 494.

[4] v. AUWERS, K.: Ber. Deut. Chem. Ges. **22**, 604 (1889); SHRINER-FUSON-CURTIN, S. 289.

c) Kohlenhydrate

Die Zucker geben eine Reihe von Derivaten, die zum Identifizieren geeignet sind (man vgl. z. B. 2. Alkohole (S. 195f.), Identifizierung der Polyhydroxyverbindungen wie z. B. Glycerin über die Acetate oder Benzoate). Trotzdem ist die Identifizierung durch Derivate aus Zuckermischungen recht schwierig[1]. Bei reinen Zukkern sind vor allem die p-Nitrophenylhydrazone, die Osazone und Osotriazole[2] geeignet. Oft wird auch die spezifische Drehung herangezogen. Weiter ist die Reaktion mit Perjodsäure nützlich (Anmerk. 1, S. 198). Hervorragend geeignet zur Identifizierung der Zucker und ihrer Derivate sind Papierchromatographie[3] und Dünnschichtchromatographie[4]. Zucker, in flüchtige Derivate übergeführt, sind gaschromatographisch[5] zu trennen und zu identifizieren.

d) Mikroskopische Identifizierung flüchtiger Aldehyde und Ketone sowie der Zucker

Flüchtige Carbonylverbindungen wie z. B. Acetaldehyd in Pflanzenteilen werden nach NIETHAMMER[6] folgendermaßen mit p-Nitrophenylhydrazin in die Hydrazone umgewandelt und identifiziert. Man bringt einen Tropfen einer essigsauren Lösung von p-Nitrophenylhydrazin auf ein Deckglas, das zu untersuchende Material in einen Mikrobecher und bedeckt diesen mit dem Deckglas, den Tropfen nach unten. Der Mikrobecher wird auf dem Wasserbad erwärmt; der flüchtige Acetaldehyd verdampft, kondensiert sich im Tropfen der p-Nitrophenylhydrazin-Lösung und ergibt das p-Nitrophenylhydrazon, dessen Kristallform bzw. dessen Schmelzpunkt unter dem Mikroskop beobachtet werden.

---

[1] MICHEEL, F., u. A. KLEMER: Chemie der Zucker und Polysaccharide, 2. Aufl. Leipzig: Akademische Verlagsges. 1956; PIGMAN, W. (Ed.): The carbohydrates. New York: Academic Press 1957; STANEK, J., M. CERNY, J. KOCOUREK, and J. PACAK: The monosaccharides. New York-London: Academic Press 1963.

[2] CHERONIS-ENTRIKIN, S. 427f.

[3] CRAMER, S. 116.

[4] RANDERATH, S. 242 u. 247; STAHL, S. 769; GRASSHOF, H.: Deut. Apotheker Ztg. **103**, 1396 (1963); GUILLOUX, E., et S. BEAUGIRAUD: Bull. Soc. Chim. France **1965**, 259.

[5] BAYER, S. 133f.; BAYER, E., and R. WIDDER: Anal. Chem. **36**, 1452 (1964); CHEMINAT, A., et M. BRINI: Bull. Soc. Chim. France **1966**, 80.

[6] NIETHAMMER, A.: Mikrochem. **7**, 227 (1929).

Mikroskopische Identifizierungen der Zucker und ihrer Derivate sind ebenfalls durchführbar[1]; vgl. Anmerk. 3, S. 42.

8. Chinone

Diese Verbindungen, die auch biochemisch eine Rolle spielen[2], kann man trotz der Carbonylgruppen z. B. nicht mit Hydroxylamin zum Oxim umsetzen. Phenylhydrazin reduziert und gibt nicht das entsprechende Phenylhydrazon. Nach der Reduktion, die wegen der Chinhydronbildung vollständig durchzuführen ist, können die Chinone als Phenole identifiziert werden.

9. Carbonsäuren, Carbonsäureanhydride, Hydroxycarbonsäuren und Lactone

a) Carbonsäuren[3]

Die saure Funktion wasserlöslicher Substanzen ist mit Indicatorpapieren leicht festzustellen. Bei in Wasser schwer löslichen Verbindungen bringt man einen Tropfen einer äthanolischen Lösung auf einen Streifen mit Wasser befeuchtetes Lackmuspapier. Es ist zu beachten, daß auch Verbindungen wie Trichlorphenol, Pikrinsäure, Hydroxypyrimidine, Hydroxypurine (Harnsäure) und andere stickstoffhaltige heterocyclische Verbindungen Lackmuspapier röten. Ferner reagieren sauer Sulfonsäuren und einige substituierte Mercaptane sowie Thiophenole. Falls eine Verbindung aus verdünnter Natriumcarbonatlösung Kohlendioxid frei macht, kommen außer Carbonsäuren nur Sulfonsäure, Di- und Trinitrophenole und einige Hydroxypyrimidine (z. B. Barbitursäure) in Betracht. Zur Charakterisierung und Identifizierung der Carbonsäuren ist die Bestimmung des Neutralisationsäquivalents[4] wichtig.

---

[1] DEHN, W. M., K. E. JACKSON, and D. A. BALLARD: Ind. Eng. Chem. Anal. Ed. **4**, 413 (1932); HASSID, W. Z., and R. M. McCREADY: Ind. Eng. Chem. Anal. Ed. **14**, 683 (1942); SECOR, G. E., and L. M. WHITE: Anal. Chem. **27**, 1998 (1955); **27**,1016 (1955).

[2] THOMSON, R. H.: Naturally occuring quinones. New York: Academic Press 1958.

[3] MITCHELL JR., J., B. A. MONTAGUE, and R. H. KINSEY: Determination of organic acids, in: Organic analysis, Vol. III, p. 1. New York-London: Interscience Publ. 1956.

[4] PREGL-ROTH, S. 268; STEYERMARK, A.: Microdetermination of carboxyl groups (neutralization equivalent), in: Organic analysis, Vol. II, p. 1. New York-London: Interscience Publ. 1954.

Zur Identifizierung der Carbonsäuren gibt es zahlreiche geeignete Derivate, darunter eine ganze Reihe von Salzen. Die Benzylthiuroniumsalze sind nicht zuerst heranzuziehen, da sie nicht leicht zu reinigen sind, ihre Schmelzpunkte sehr eng beieinanderliegen und außerdem von der Geschwindigkeit des Erhitzens abhängen[1].

Besser setzt man die Carbonsäuren zu Säurechloriden um und stellt daraus Amide, Anilide oder p-Toluidide her.

Herstellung der Säurechloride[2]:

Die Verwendung von Thionylchlorid[3] ist bequemer als die der Phosphorchloride. 1—2 g der Säure werden in einem Kolben, versehen mit Rückflußkühler und Calciumchloridrohr, mit 8—10 g Thionylchlorid übergossen. Der Kolben wird auf dem Dampfbad bis zur vollständigen Lösung der Säure und dann noch eine Viertelstunde lang erwärmt. Das überschüssige Thionylchlorid (Sdp. 78° C) wird am absteigenden Kühler möglichst vollständig abdestilliert. Es ist darauf zu achten, daß Acetylchlorid und Propionsäurechlorid niedriger als 100°C sieden. In diesem Falle ist es günstiger, den Überschuß an Thionylchlorid mit konzentrierter Ameisensäure vorsichtig zu zerstören oder ihn zu vernachlässigen.

Das rohe Säurechlorid kann unmittelbar zur Herstellung der Amide, Anilide oder p-Toluidide dienen. Feste Säurechloride lassen sich aus Benzol oder Ligroin umkristallisieren.

Ungesättigte Säuren, insbesondere α.β-ungesättigte Säuren, addieren Chlorwasserstoff; man verdünne bei der Säurechloridherstellung das Thionylchlorid mit Benzol, da Chlorwasserstoff in der Hitze in Benzol beinahe unlöslich ist.

Herstellung der Amide (siehe auch[4]):

Das Säurechlorid wird in eisgekühltes, konzentriertes Ammoniakwasser eingetropft. Tritt keine lebhafte Reaktion ein, wird die Mischung einige Minuten lang auf dem Dampfbade erwärmt.

Man kann auch einen Ester der zu identifizierenden Säure in Äthanol oder Äther lösen und sättigt dann die Lösung mit Ammoniakgas oder schüttelt sie mit konzentriertem Ammoniakwasser. Das Amid scheidet sich meist nach wenigen Minuten ab.

Die Amide der niederen Monocarbonsäuren bis einschließlich der Buttersäure sind in Wasser ziemlich löslich und scheiden sich daraus nicht ab. In diesen Fällen wird die Reaktionsmischung auf

---

[1] Berger, J.: Acta Chem. Scand. 8, 427 (1954).

[2] Veibel, S. 155; Houben-Weyl-Müller, Bd. VIII, S. 467f., 1952; Ameisensäure wird dabei zersetzt, da Formylchlorid nicht existenzfähig ist.

[3] Zur Reinigung siehe Houben-Weyl-Müller, Bd. V/3, S. 860.

[4] Mitchell, J. A., and E. E. Reid: J. Am. Chem. Soc. 53, 1879 (1931).

dem Dampfbad eingedampft, bis der Rückstand trocken ist; dieser wird mit siedendem Äthanol ausgezogen, aus dem beim Abkühlen die Amide auskristallisieren.

Anilide oder p-Toluidide sind weit weniger wasserlöslich als die Amide und deshalb leichter zu erhalten. Auch eine kristallographische Identifizierung[1] z. B. von p-Bromaniliden ist möglich.

Herstellung der Anilide oder p-Toluidide[2]:

Das Säurechlorid wird in wasser- und äthanolfreiem Äther gelöst und mit einer ätherischen Lösung von Anilin oder p-Toluidin vermischt. Die an sich schnell verlaufende Reaktion kann durch Erwärmen unter Rückfluß (10—15 min lang) beschleunigt werden. Nach Waschen der ätherischen Lösung mit verdünnter Salzsäure wird das Anilid (p-Toluidid) nach Abdampfen des Äthers aus Wasser oder Äthanol umkristallisiert.

Zur Identifizierung der Carbonsäuren kommen weiterhin Ester in Betracht. p-Nitrobenzyl- und Phenacylester können auch aus wäßrigen Lösungen der Säuren hergestellt werden. Ein Überschuß an p-Nitrobenzylchlorid oder -bromid ist zu vermeiden, da er nicht leicht vom Ester zu trennen ist. Kennt man das Neutralisationsäquivalent der Säure, das durch Titrieren einfach festzustellen ist, so sind damit die zur Veresterung erforderlichen äquimolaren Mengen an p-Nitrobenzylhalogenid oder p-Bromphenacylbromid $(BrC_6H_4COCH_2Br)$ [3] gegeben.

Zur Identifizierung der Carbonsäuren sind auch die p-Bromphenacylester[4] geeignet. Herstellung[5]:

0,5 g der Säure werden in Wasser oder 1n Natronlauge gelöst. Nach Zugeben von Phenolphthalein (Indicator) wird mit 1n Natronlauge oder Salzsäure auf schwach saure Reaktion eingestellt. Dann gibt man 10 ml Äthanol und die berechnete Menge p-Bromphenacylbromid zu. Die Mischung wird 1 Std lang unter Rückfluß erhitzt. Scheiden sich hierbei Kristalle aus, werden sie mit möglichst wenig Äthanol gelöst. Kristallisieren die p-Bromphenacylester beim Abkühlen der Reaktionsmischung nicht, setzt man der heißen Lösung Wasser bis zur Trübung hinzu und leitet die Kristallisation beim Abkühlen durch Reiben an der Kolbenwand ein. Zur Reinigung der Ester kristallisiert man aus Äthanol oder wäßrigem Äthanol um.

---

[1] BRYANT, W. M. D., and J. MITCHELL: J. Am. Chem. Soc. **60**, 2748 (1938).

[2] VEIBEL, S. 157.

[3] Herstellung des Reagenzes: Org. Syntheses, coll. vol. I, 2nd ed., p. 127 (1964).

[4] JUDEFIND, W. L., and E. E. REID: J. Am. Chem. Soc. **42**, 1043 (1920); ERICKSON, J. L. E., J. M. DECHARY, and M. R. KESLING: J. Am. Chem. Soc. **73**, 5301 (1951).

[5] VEIBEL, S. 153.

Von einigen mehrbasigen Säuren wie Malonsäure sowie einigen Hydroxysäuren wie Weinsäure konnten die p-Bromphenacylester nicht erhalten werden.

Herstellung der p-Nitrobenzylester[1]:

Man neutralisiere (Phenolphthalein) 1 g der Säure in Wasser mit 1 n Natronlauge. Je ml der benötigten 1 n Natronlauge gibt man zur neutralisierten Lösung 0,17 g Nitrobenzylchlorid (oder 0,22 g Nitrobenzylbromid) in 10 ml Äthanol zu. Bei einbasigen Säuren wird die Mischung 1 Std und bei zweibasigen 2—3 Std unter Rückfluß gekocht. Wenn der Ester nicht spontan kristallisiert, wird etwas Äthanol abgedampft und die Kristallisation durch Reiben an der Kolbenwand eingeleitet. Zur Reinigung kristallisiert man die Ester aus Äthanol oder wäßrigem Äthanol um.

Ein Beispiel aus den zahlreichen weiteren Identifizierungsmöglichkeiten sind die 2-Alkylbenzimidazole, die man durch Kondensation der Monocarbonsäuren mit o-Phenylendiamin erhält[2].

b) Carbonsäureanhydride[3]

Carbonsäureanhydride (S.F. V) werden meistens von Wasser hydrolysiert, wozu Wasser/Pyridin-Mischungen (1:1) besonders geeignet sind. Die Anhydride lassen sich mit Natriummethylatlösungen wie einbasige Säuren titrieren; man kann auch mit obiger Mischung versetzen und titriert unmittelbar mit eingestellter, wäßriger Natronlauge[4] oder mit (etwas wasserhaltigem) Trimethylbenzylammoniumhydroxid in Pyridin[5].

Anhydride der Dicarbonsäuren (z. B. Bernsteinsäure-, Maleinsäure- und Phthalsäureanhydrid) können als N-Phenylimide identifiziert werden[6]. Zweibasige Säuren lassen sich ferner als saure Methylester[7], saure Amide oder Anilide identifizieren.

---

[1] VEIBEL, S. 153; REID, E. E.: J. Am. Chem. Soc. **39**, 124 (1917); KELLY, T. L., and M. SEGURA: J. Am. Chem. Soc. **56**, 2497 (1934).

[2] SEKA, R., u. R. H. MÜLLER: Monatsh. Chem. **57**, 97 (1931); POOL, W. O., H. J. HARWOOD, and A. W. RALSTON: J. Am. Chem. Soc. **59**, 178 (1937).

[3] HAMMOND, C. W.: Determination of acid anhydrides, in: Organic analysis, Vol. III, p. 97. New York-London: Interscience Publ. 1956.

[4] SMITH, D. M., and W. M. D. BRYANT: J. Am. Chem. Soc. **58**, 2452 (1936).

[5] PATCHORNIK, A., and S. E. ROGOZINSKI: Anal. Chem. **31**, 985 (1959).

[6] LAURENT, A., et CH. GERHARDT: Ann. Chim. Phys. [3] **24**, 188 (1848); einige Schmp. finden sich in BEILSTEINs Handbuch der organ. Chemie, Bd. XXI.

[7] VEIBEL, S., u. C. PEDERSEN: Acta Chem. Scand. **9**, 1674 (1955).

Herstellung eines sauren Amids oder Anilids einer zweibasigen Säure[1]:

Das Anhydrid wird in Benzol oder einem anderen, nicht mit dem Anhydrid reagierenden Lösungsmittel gelöst. Dann wird Ammoniak durchgeleitet oder Anilin zugesetzt. Man läßt die Mischung 30—60 min stehen und entfernt den Überschuß des Reagenzes mit verdünnter Salzsäure. Nach Abdampfen des Lösungsmittels wird das saure Amid oder Anilid durch Umkristallisieren aus Wasser oder Äthanol gereinigt.

c) Hydroxycarbonsäuren

Zur Identifizierung kann man die Amide bzw. Anilide oder Toluidide über die Säurechloride herstellen. Zuvor muß aber die Hydroxylgruppe z. B. durch Acetylieren geschützt werden. Da diese Identifizierungsweise störungsanfällig ist, stelle man besser die Amide bzw. Anilide oder Toluidide über die Ester her (siehe a) Carbonsäuren, S. 210). Bei aromatischen Hydroxysäuren empfiehlt sich die Identifizierung über ein Derivat der phenolischen Hydroxylgruppe (S. 198).

d) Lactone

In Wasser stehen Lactone gewöhnlich im Gleichgewicht mit ihren Hydrolyseprodukten (Hydroxysäuren), so daß sich saure Reaktion zeigt. Bei Zugabe von wenig Base wird der Lactonring geöffnet, das Gleichgewicht Lacton — Hydroxysäure stellt sich erneut ein. Das Lacton verhält sich wie eine Pseudosäure und kann mit eingestellter Lauge gegen Phenolphthalein titriert werden (Lactontitration). Aromatische Hydroxysäuren mit HO- und HOOC-Gruppen am aromatischen Kern bilden keine Lactone. Sind aber zwischen Benzolring und diesen Gruppen Alkylidengruppen eingeschoben, dann sind die sich bildenden Lactone beständiger als aliphatische Lactone; zum Öffnen des Lactonrings muß man mit Natronlauge erwärmen. Beim Ansäuern bilden sich die Lactone augenblicklich zurück. Zur Identifizierung geeignet sind die Phenylhydrazide.

Herstellung der Phenylhydrazide[2]:

Man erhitzt 1 mmol Lacton mit 1,5 mmol Phenylhydrazin einige Minuten auf 100° C. Nach dem Abkühlen gibt man etwa 1 ml Äther zu und kristallisiert das ausgeschiedene Phenylhydrazid aus Chloroform um.

---

[1] VEIBEL, S. 158.
[2] BAUER-MOLL, 5. Aufl., S. 393.

10. Amine und Hydrazine.
Amide, Imide, Harnstoff und Ureide

a1) Amine[1]

Aliphatische primäre Amine setzen mit salpetriger Säure Stickstoff frei (Bestimmung der H_2N-Gruppe nach VAN SLYKE) und geben in der Regel[2] Alkohole. Aromatische primäre Amine lassen sich bei niedrigen Temperaturen mit salpetriger Säure diazotieren und durch Kuppeln mit α-Naphthol oder Naphtholsulfonsäuren (R-Salz oder Schäffersches Salz) leicht qualitativ nachweisen (Tüpfelreaktion[3]). Aliphatische sekundäre Amine bilden mit salpetriger Säure Nitrosamine, gelbe bis gelbrote Öle, die wasserunlöslich und meistens wasserdampfflüchtig sind. Die Reaktionsprodukte aromatischer sekundärer Amine sind wasserunlöslich, aber meist kristallisierbar und mit Wasserdampf unzersetzt destillierbar. Aliphatische tertiäre Amine, Triarylamine und quartäre Ammoniumsalze reagieren nicht mit salpetriger Säure; N-Dialkyl-arylamine jedoch reagieren mit salpetriger Säure zu p-Nitrosoverbindungen, wenn die p-Stellung zur N-Dialkylgruppe unsubstituiert ist.

Amine können ferner als Sulfonsäureamide unterschieden werden. Sulfonamide der primären Amine sind laugenlöslich, diejenigen der sekundären nicht, während die tertiären Amine mit p-Toluolsulfochlorid keine Sulfonamide geben (Hinsbergsche Trennung). Es ist bei der Hinsbergschen Trennung zu beachten, daß Anilin, Benzylamin, n-Butylamin u. a. mit einem größeren Überschuß z. B. an Benzolsulfonsäurechlorid nebenbei alkaliunlösliche Diphenylsulfimide geben und so sekundäre Amine vortäuschen. Außerdem geben die Benzolsulfonamide der primären aliphatischen sowie cycloaliphatischen Amine (etwa von C_7 an) in überschüssiger Lauge unlösliche, durch Wasser aber zerlegbare Alkalisalze[4].

---

[1] HOUBEN-WEYL-MÜLLER, Bd. XI/1 u. XI/2, 1957—1958; HILLENBRANDT JR., E. F., and C. A. PENTZ, in: Organic analysis, Vol. III, p. 120. New York-London: Interscience Publ. 1956.

[2] Vgl. hierzu z. B. HÜCKEL, W.: Theoretische Grundlagen der organischen Chemie, 1. Bd., 9. Aufl., S. 427. Leipzig: Akademische Verlagsges. 1961.

[3] BAUER-MOLL, 5. Aufl., S. 198f.

[4] BAUER-MOLL, 5. Aufl., S. 193.

Eine weitere Unterscheidung der Amine, die zugleich für die Identifizierung geeignete Derivate gibt, bilden die Reaktionsprodukte mit 3-Nitrophthalsäureanhydrid[1]. Primäre Amine geben bei geeigneter Reaktionsführung N-Alkyl- bzw. N-Arylimide, die nicht sauer reagieren; sekundäre Amine geben laugenlösliche 3-Nitrophthalamidsäuren, während tertiäre Amine sich mit dem Reagenz nicht umsetzen.

Primäre und sekundäre aliphatische, aromatische sowie cyclische Amine können als Salze von 4.4'-Dichlordiphenyldisulfimid identifiziert werden[2]. Tertiäre Amine sind als (quartäre) Methojodide, ferner als Salze der p-Toluolsulfonsäure[3] oder der Pikrinsäure[4] identifizierbar.

Herstellung der Methojodide[5]:

Man mischt 0,5 g des Amins mit 0,5 ml Methyljodid. Die Reaktion beginnt bei Zimmertemperatur. Nach 5 min erwärmt man noch einmal 5 min auf dem Dampfbade unter Rückfluß. Nach dem Abkühlen wird filtriert und der Rückstand aus Äthanol oder Äthylacetat umkristallisiert.

Primäre und sekundäre Amine geben zur Identifizierung geeignete Acylderivate.

Herstellung der Acetamide[6]:

Man mischt 1 g Amin mit 2—3 ml Essigsäureanhydrid und gibt 0,5 g wasserfreies Zinkchlorid[7] zu. Eine eventuelle exotherme Reaktion läßt man abklingen und erwärmt danach unter Rückfluß 5—10 min. Die heiße Mischung wird in 10—15 ml Wasser gegossen (Hydrolyse des Acetanhydrids). Gewöhnlich kristallisiert das Acetamid beim Abkühlen. Andernfalls wird die Essigsäure mit Natronlauge neutralisiert. Setzt dann noch keine Kristallisation ein (Reiben an der Kolbenwand), so wird die neutrale Lösung mit Äther extrahiert, das Acetamid durch Einengen der Ätherlösung erhalten und durch Umkristallisieren aus Äthanol oder wäßrigem Äthanol gereinigt.

[1] ALEXANDER, J. W., and S. M. McELVAIN: J. Am. Chem. Soc. 60, 2285 (1938).

[2] RUNGE, F., H.-J. ENGELBRECHT u. H. FRANKE: Chem. Ber. 88, 533 (1955); RUNGE, F., u. F. PFEIFFER: Chem. Ber. 90, 1757 (1957) (Darstellung der Reagenzien, Tabellen über Kristallform, Schmp. und Wasserlöslichkeit der Salze).

[3] MARVEL, C. S., E. W. SCOTT, and K. L. AMSTÜTZ: J. Am. Chem. Soc. 51, 3638 (1929).

[4] LINKE, B., H. PREISSECKER u. J. STADLER: Ber. Deut. Chem. Ges. 65, 1282 (1932).

[5] VEIBEL, S. 199.

[6] VEIBEL, S. 200.

[7] KEHRMANN, F., u. E. BAUMGARTNER: Helv. Chim. Acta 9, 673 (1926).

Herstellung der Benzoylderivate[1]:

0,5 g Amin werden in 5 ml trockenem Pyridin und 10 ml trockenem Benzol gelöst und zur Lösung 0,5 ml Benzoylchlorid zugetropft. Die Mischung wird 30 min lang auf einem Wasserbad auf 60—70° C erwärmt und dann in 100 ml Wasser eingegossen. Man trennt die Benzolschicht ab und zieht die wäßrige Schicht einmal mit 10 ml Benzol aus. Die vereinigten benzolischen Lösungen werden nacheinander mit Wasser und 5%iger Natriumcarbonatlösung gewaschen und mit wenig wasserfreiem Magnesiumsulfat getrocknet. Nach Filtrieren vom Trockenmittel wird die benzolische Lösung auf 3—4 ml eingeengt. Man gibt unter Rühren 20 ml Petroläther (oder Hexan) zu. Das auskristallisierte Benzamid wird filtriert, mit Petroläther (oder Hexan) gewaschen und aus Cyclohexan/Hexan- oder Cyclohexan/Äthylacetat-Mischungen umkristallisiert. Manchmal kann auch aus Äthanol oder wäßrigem Äthanol umkristallisiert werden.

Bei schwach basischen Aminen, wie z. B. Dichloranilin (S.F. I D), erhitzt man besser das freie Amin mit Benzoylchlorid im Ölbad auf 130° C und entfernt mit Natronlauge aus der ätherischen Lösung des Reaktionsgemisches das unveränderte Benzoylchlorid und mit 4—6 n Salzsäure das nicht umgesetzte Amin.

Herstellung der p-Toluolsulfonamide[2]:

Zu etwa 1 g p-Toluolsulfochlorid in einem Reagenzglas gibt man 0,3 g Amin (oder ein Salz des Amins) und 5 ml 2n Natronlauge. Das Gemisch wird 1—2 min gut durchgeschüttelt und zuerst mäßig, dann bis zum Sieden erhitzt, damit überschüssiges p-Toluolsulfochlorid vollständig hydrolysiert. Es wird auf Raumtemperatur abgekühlt. Ein Niederschlag oder eine wasserunlösliche Schicht zeigt an, daß ein sekundäres oder tertiäres Amin vorliegen kann, während eine homogene alkalische Lösung, die beim Ansäuern einen unlöslichen Niederschlag gibt, auf ein primäres Amin hinweist.

Sulfonamide aus sekundären Aminen sind in der Regel sowohl in Basen als auch in Säuren unlöslich, während die meisten tertiären Amine in Natronlauge unlöslich sind, sich aber in Salzsäure lösen. Einzelne niedere aliphatische tertiäre Amine und einige heterocyclische Substanzen sind auch in Basen löslich.

Zur Identifizierung niedermolekularer, wasserlöslicher primärer und sekundärer Amine sind die Phenylthioharnstoffe geeignet, die man mit Phenylisothiocyanat erhält[3]. Primäre und sekundäre Amine setzen sich auch mit 2.4-Dinitrochlorbenzol bzw. 2.4-Dinitrofluorbenzol oder mit Pikrylchlorid um und werden als Nitro-

---

[1] SHRINER-FUSON-CURTIN, S. 260.

[2] VEIBEL, S. 192.

[3] BROWN, E. L., and N. CAMPBELL: J. Chem. Soc. 1937, 1699.

aniline identifiziert[1]. Ferner gibt die Umsetzung der Amine mit p-Nitrobenzylhalogenid brauchbare Derivate[2].

Primäre aromatische Amine lassen sich auch diazotieren, zu Phenolen verkochen und als solche identifizieren (S. 198). Weiter sei auf die Farbreaktion mit Bindon hingewiesen (S. 129).

a 2) Hydrazine[3]

Derivate, die für eine Identifizierung in Betracht kommen, werden je nach Struktur durch Acylieren (Hydrazide) oder durch Umsetzen mit Carbonylverbindungen (Hydrazone) erhalten.

b) Amide, Imide, Harnstoff und Ureide[4]

Am allgemeinsten anwendbar ist die Hydrolyse, nach der die Spaltprodukte identifiziert werden. Zur Identifizierung brauchbare Derivate kann die Umsetzung mit Xanthydrol geben, die zu N-Xanthylamiden (9-Acylamidoxanthenen) führt[5]. Die Kaliumsalze der Imide lassen sich mit Alkylhalogeniden umsetzen; durch Kochen der Imide z. B. mit Anilin entstehen N-Phenylimide[6]. Harnstoff gibt ein schwer lösliches Nitrat und charakteristische Quecksilberdoppelsalze.

11. Aminosäuren[7]

Die α-Aminocarbonsäuren sind fest; sie zeigen meist keine definierten Schmelzpunkte, sondern Zersetzungspunkte, die zudem von der Erwärmungsgeschwindigkeit abhängen. Außer Glycin besitzen sie im konfigurationsreinen Zustand ein spezifisches Drehver-

---

[1] 2.4-Nitroaniline: VAN DER KAM, E. J.: Rec. Trav. Chim. Pays-Bas **45**, 722 (1926); 2.4.6-Trinitroaniline: MULDER, A.: Rec. Trav. Chim. Pays-Bas **25**, 108 (1906).

[2] LYONS, E.: J. Amer. Pharm. Assoc. **21**, 224 (1932); C **1932**, II, 3751.

[3] AUDRIETH, L. F., and B. A. OGG: The chemistry of hydrazine. New York: Wiley 1951; VEIBEL, S. 243f.

[4] VEIBEL, S. 220f.

[5] PHILLIPS, R. F., and B. M. PITT: J. Am. Chem. Soc. **65**, 1355 (1943); PHILLIPS, R. F., and V. S. FRANK: J. Org. Chem. **9**, 9 (1944); Herstellung des Reagenzes: Org. Syntheses, coll. vol. I, 2nd ed., 554 (1964).

[6] GABRIEL, S.: Ber. Deut. Chem. Ges. **20**, 2224 (1887); GABRIEL, S., u. J. COLMAN: Ber. Deut. Chem. Ges. **35**, 3805 (1902).

[7] GREENSTEIN, J. P., and M. WINITZ: Chemistry of the amino acids. New York: Wiley 1961; HOUBEN-WEYL-MÜLLER, Bd. XI/2., 1958.

mögen, über das sie identifiziert werden können. Für α-Aminocarbonsäuren ist die Färbung mit Ninhydrin charakteristisch. Sie reagieren in Wasser praktisch neutral. Aromatische Aminosäuren mit kernständiger H_2N-Gruppe reagieren sauer; sie können diazotiert und zu Azofarbstoffen gekuppelt werden. Aminosäuren sind gewöhnlich in Äthanol schwer löslich und in Äther unlöslich.

Derivate zur Identifizierung erhält man durch Acylieren der primären Aminogruppe.

Herstellung der 3.5-Dinitrobenzamide[1]:

Man löst die Aminosäure in einem Überschuß von Natronlauge und schüttelt die Lösung 2 min lang mit der berechneten Menge reinem 3.5-Dinitrobenzoylchlorid. Beim Ansäuern der Mischung scheidet sich die benzoylierte Aminosäure aus, oft mit 3.5-Dinitrobenzoesäure verunreinigt; sie wird durch Umkristallisieren aus Wasser, Äthanol oder 10%iger Essigsäure gereinigt.

Herstellung der p-Toluolsulfonamide[2]:

1—2 g Aminosäure werden in 20 ml 1 n Natronlauge gelöst und 2 Std mit einer Lösung von 2 g p-Toluolsulfochlorid in 20 ml Äther geschüttelt. Die Ätherschicht wird abgetrennt und die wäßrige Schicht mit verdünnter Salzsäure (Kongorot als Indicator) angesäuert. Gewöhnlich scheidet sich das p-Toluolsulfonamid kristallin aus. Nach Filtrieren wird aus 4—5 ml 60%igem Äthanol umkristallisiert. Ölig ausgefallene Sulfonamide läßt man über Nacht im Eisschrank stehen. Ist das Natriumsalz des Sulfonamids auskristallisiert, dann säuert man mit verdünnter Salzsäure an, ehe die Ätherschicht abgetrennt wird; das freie Sulfonamid ist im Äther gelöst, der abgedampft wird.

Aminosäuren können als 2.4-Dinitrophenylderivate identifiziert und colorimetrisch quantitativ bestimmt werden.

Herstellung der 2.4-Dinitrophenylderivate[3, 4]:

Zu einer Lösung oder Suspension von 0,5 g Aminosäure in 10 ml Wasser und 1,0 g Natriumhydrogencarbonat gibt man eine Lösung von 0,8 g 2.4-Dinitrofluorbenzol in 5 ml Äthanol. Die Mischung wird 1 Std lang bei Raumtemperatur belassen und immer wieder stark geschüttelt. Nach Zu-

---

[1] VEIBEL, S. 213.

[2] McCHESNEY, E. W., and W. K. SWANN JR.: J. Am. Chem. Soc. **59**, 1116 (1937).

[3] SHRINER-FUSON-CURTIN, S.267.

[4] Chromatographische Methoden: CRAMER, S. 103f.; STAHL, S. 721f.; BISERTE, G., J. W. HOLLEMANN, J. HOLLEMANN-DEHOVE, and P. SAUTIÈRE: J. Chromatog. **2**, 225 (1959); **3**, 85 (1960); BRENNER, M., A. NIEDERWIESER u. G. PATAKI: Experientia **17**, 145 (1961).

geben von 5 ml gesättigter NaCl-Lösung wird die Mischung zweimal mit 10 ml Äther ausgezogen, um nicht verbrauchtes Reagenz zu entfernen. Die wäßrige Schicht wird unter heftigem Rühren in 25 ml kalte, 5%ige Salzsäure eingegossen; die Mischung soll gegen Kongorot deutlich sauer sein. Wenn das ausgeschiedene Produkt ölig ist, wird durch Rühren oder Reiben Kristallisation ausgelöst. Es wird filtriert und aus Äthanol/Wasser (1 : 1) umkristallisiert.

Weiter sind Reaktionsprodukte der Aminosäuren mit Phenylisocyanat, die Phenylharnstoffe und daraus erhaltene Phenylhydantoine[1], sowie mit α-Naphthylisocyanat[2] zur Identifizierung geeignet. Die Pikrolonate[3], erhalten mit Pikrolonsäure (1-p-Nitrophenyl-3-methyl-4-nitro-5-pyrazolon), besitzen gegenüber den Pikraten[4] Vorteile. Schließlich dienen Papier-[5] und Dünnschichtchromatographie[6] in hervorragender Weise zur Charakterisierung und Identifizierung insbesondere der natürlichen α-Aminocarbonsäuren. α-Aminosäurengemische sind in Form flüchtiger Derivate gaschromatographisch[7] trennbar.

12. Nitro- und Nitrosoverbindungen. Nitrile. Isocyanate und Isocyanide

a) Nitro- und Nitrosoverbindungen[8]

Aliphatische Nitroverbindungen[9] können charakterisiert werden, je nachdem, ob sie primär, sekundär oder tertiär sind. Sowohl bei

[1] SJÖQUIST, J.: Acta Chem. Scand. 7, 447 (1953); 10, 149 (1956).

[2] NEUBERG, C., u. A. MANASSE: Ber. Deut. Chem. Ges. 38, 2359 (1905).

[3] LEVENE, P. A., and D. D. VAN SLYKE: J. Biol. Chem. 12, 127 (1912); 12, 285 (1912).

[4] CROSBY, B. L., u. P. L. KIRK: Mikrochem. 18, 137 (1935).

[5] Papierchromatographie: CRAMER, S. 89f. Neue Reagenzien zum papierchromatographischen Nachweis von Aminosäuren: WITTMANN, H.: Monatsh. Chem. 95, 1198 (1964); 96, 523 (1965).

[6] PATAKI, G.: Dünnschichtchromatographie in der Aminosäure- und Peptid-Chemie. Berlin: de Gruyter 1966; RANDERATH, S. 114f.; Aminosäuren mit großer Beweglichkeit: MUNIER, R. L., et G. SARRAZIN: Bull. Soc. Chim. France 1965, 1490.

[7] BAYER, S. 132f.; POTTEAU, B.: Bull. Soc. Chim. France 1965, 3747; SMITH, E. D., and H. SHEPPARD JR.: Nature 208, 878 (1965).

[8] BECKER, W. W., and W. E. SHAEFER: Determination of nitro, nitroso, and nitrate groups, in: Organic analysis, Vol. 2, p. 71. New York-London: Interscience Publ. 1954.

[9] VON SCICKH, O.: Chemie und Technologie der Nitroalkane. Angew. Chem. 62, 547 (1950); HASS, H. B., and E. F. RILEY: The nitroparaffins. Chem. Rev. 32, 373 (1943).

aliphatischen als auch aromatischen Nitroverbindungen gibt die Reduktion primäre Amine, die als Acet- oder Benzamide, Arylsulfonamide oder Harnstoffderivate zu identifizieren sind (S. 215f.). Aromatische Nitroverbindungen können noch weiter nitriert und die Polynitroverbindungen als Molekülverbindungen mit Naphthalin[1] identifiziert werden. Auch die Bromierung aromatischer Nitroverbindungen oder die Oxydation etwa vorhandener Alkylgruppen, die z. B. Nitrobenzoesäuren gibt, kann zur Identifizierung dienen.

Die Reduktion der Nitroverbindungen kann auf vielfache Weise erfolgen: mit Zinn oder Zink und Salzsäure (vgl. S. 145) oder katalytisch mit Wasserstoff (Raney-Nickel) bei Atmosphärendruck[2], was besonders zu empfehlen ist, wenn nur wenig Nitroverbindung vorliegt. Es ist zu beachten, daß außerdem noch aromatische Nitroso-, Azo-, Azoxy- und Hydrazoverbindungen zu primären Aminen reduziert werden.

Neben den C-Nitroso- gibt es N-Nitroso-Verbindungen, die bei der Reduktion nicht primäre Amine, sondern Hydrazine geben. Diese sind mit Carbonylverbindungen als Hydrazone (S. 206) identifizierbar. Aromatische Nitrosoverbindungen können in essigsaurer Lösung mit aromatischen primären Aminen, insbesondere p-Bromanilin, zu farbigen Azoverbindungen kondensiert werden. Liegen kleine Mengen aromatischer Nitrosoverbindungen vor, so gibt die Reduktion mit $LiAlH_4$ aromatische Azoverbindungen.

Von Nitroalkylbenzolen sind Absorptionsspektren im sichtbaren und im UV-Bereich[3] bekannt, von aliphatischen Nitraminen und Nitrosoaminen die UV-Absorptionsspektren[4].

b) Nitrile[5]

Man kann Nitrile vollständig hydrolysieren und neben dem Ammoniak die entstandene Säure identifizieren. Gegenüber der alkalischen ist die saure Hydrolyse vorzuziehen. Die zu unter-

---

[1] DERMER, O. C., and R. B. SMITH: J. Am. Chem. Soc. **61**, 748 (1939).

[2] CHERONIS, N. D., and N. LEVIN: J. Chem. Educ. **21**, 603 (1944); Raney-Nickel kann anstatt Pt- oder Pd-Katalysatoren genommen werden, wenn es auf Hydrierzeit und Katalysatormenge nicht ankommt.

[3] SCHROEDER, W. A., P. E. WILCOX, K. N. TRUEBLOOD, and A. O. DEKKER: Anal. Chem. **23**, 1740 (1951).

[4] JONES, R. N., and G. D. THORN: Can. J. Res. **27**, 828 (1949).

[5] HOUBEN-WEYL-MÜLLER, Bd. VIII, 1952.

suchende Probe wird am besten mit 6 n Salzsäure 1—2 Std lang unter Rückfluß gekocht. Die Hydrolyse mit 70%iger Schwefelsäure gibt manchmal verharzte Produkte, so daß eine Mischung aus 4 Teilen 85%iger Phosphorsäure mit 1 Teil 75%iger Schwefelsäure oder 50%iger Phosphorsäure anzuwenden ist, wenn die Hydrolyse mit Salzsäure versagen sollte. Das Hydrolyseverhalten der Nitrile ist sehr unterschiedlich: manchmal genügt Raumtemperatur, in anderen Fällen nützt erhöhte Temperatur allein nicht, so daß zuweilen im Einschmelzrohr gearbeitet werden muß. Es ist auch eine partielle Hydrolyse zu Amiden möglich, die in der Regel fest sind.

Herstellung der Amide[1]:

0,5 g Nitril werden in einer Mischung aus 5 ml 2n Natronlauge und 5 ml Äthanol gelöst. Man gibt 1 ml 30%iges Wasserstoffperoxid zu und erwärmt die Mischung mäßig unter Umschütteln. Es setzt eine lebhafte Sauerstoffentwicklung ein, und nach 10—30 min beginnen sich schwerlösliche Amide abzuscheiden.

Man kann auch Nitrile mit metallischem Natrium zu Aminen reduzieren und diese als Phenylthioharnstoffe identifizieren[2]. Weiter ist es möglich, Nitrile mit Mercaptoessigsäure (Thioglykolsäure) umzusetzen, wobei die α-Iminoalkylmercaptoessigsäurehydrochloride zur Identifizierung dienen[3]. Ferner addieren Nitrile Alkylmagnesiumchloride und geben beim Verseifen mit Wasser oder verdünnter Säure Ketone[4].

c) Isocyanate (Isothiocyanate)[5] und Isocyanide

Isocyanate (L.F. V und S.F. V) geben mit Alkoholen, Phenolen und Aminen zur Identifizierung geeignete Derivate (S. 197, 198 und 217). Auch wird die Umsetzung der Isothiocyanate mit n-Butylamin in Dioxan vorgeschlagen[6]. Die Hydrolyse ergibt pri-

---

[1] RADZISZEWSKY, B.: Ber. Deut. Chem. Ges. 18, 355 (1885).

[2] CUTTER, H. B., and M. TARAS: Ind. Eng. Chem., Anal. Ed. 13, 830 (1941).

[3] CONDO, F. E., E. T. HINKEL, A. FASSERO, and R. L. SHRINER: J. Am. Chem. Soc. 59, 230 (1937).

[4] SHRINER, R. L., and T. A. TURNER: J. Am. Chem. Soc. 52, 1267 (1930).

[5] HOUBEN-WEYL-MÜLLER, Bd. II, S. 556f. u. 599, 1953.

[6] ROTH, H.: Mikrochim. Acta 1958, 773; SIGGIA, S., u. J. G. HANNA: Anal. Chem. 20, 1084 (1948).

märe Amine. UV-Spektren einiger Isocyanate sind bekannt[1]. IR-Spektren der Isocyanate dienen zur quantitativen Bestimmung[2]. Auch die IR-Spektren der Isothiocyanate wurden untersucht[3].

Isocyanide (Geruch) werden beim Kochen unter Rückfluß mit 6 n HCl in primäre Amine und Ameisensäure hydrolysiert. Man prüft im Destillat der Hydrolyselösung auf Ameisensäure (z. B. mit Hg(II)-oxid) und identifiziert das primäre Amin.

13. Azoverbindungen. Azoxy- und Hydrazoverbindungen[4]

a) Azoverbindungen

Reine aromatische Azoverbindungen werden am besten reduzierend zu primären Aminen aufgespalten und ihrerseits identifiziert[5]. Man behandelt etwa 0,5 g Azoverbindung mit 5 ml einer 25%igen Zinn(II)-chloridlösung in konzentrierter Salzsäure. Noch bequemer ist die Aufspaltung der Azobrücke mit Wasserstoff/ Raney-Nickel bei Raumtemperatur und gewöhnlichem Druck[6].

Bei aliphatischen Azoverbindungen wird beim Erwärmen Stickstoff abgespalten[7]. Die quantitative Bestimmung des Gases kann zur Identifizierung dienen.

b) Azoxyverbindungen

Aromatische Azoxyverbindungen zeigen oft die Bildung flüssiger Kristalle; die Temperatur des Übergangs vom Festen zum Flüssigen ist gut bestimmbar. Die anisotrope Flüssigkeit hinwiederum hat bei höherer Temperatur einen weiteren scharf definierten Umwandlungspunkt, bei dem die anisotrope Flüssigkeit isotrop wird.

---

[1] Woo, S. C., and T. K. Liu: J. Chem. Phys. **3**, 544 (1935).

[2] Bailey, M. E., V. Kirss, and R. G. Spaunburgh: Ind. Eng. Chem. **48**, 794 (1956).

[3] Lieber, E., C. N. R. Rao, and J. Ramachandran: Spectrochim. Acta **13**, 296 (1959).

[4] Houben-Weyl-Müller, Bd. X/3, 1965; Bd. II, S. 702f., 1953.

[5] Frahm, E. D. G.: Rec. Trav. Chim. Pays-Bas **73**, 748 (1954).

[6] Whitemore, W. F., and A. J. Revukas: J. Am. Chem. Soc. **62**, 1687 (1940).

[7] Ziegler, K., W. Deparade u. W. Meye: Liebigs Ann. Chem. **567**, 141 (1950).

Azoxyverbindungen lassen sich mit Titantrichlorid (Titration) oder mit Zinn und Salzsäure zu primären Aminen reduzieren, die ihrerseits zu identifizieren sind. Ätherische Lösungen der Azoxyverbindungen werden wie Nitroso- und Nitroverbindungen mit Lithiumaluminiumhydrid zu Azoverbindungen reduziert[1].

c) Hydrazoverbindungen

Diese Verbindungen können einerseits mit Titantrichlorid zu primären Aminen reduziert und andererseits zu Azoverbindungen oxydiert werden. Unter den Oxydationen sei jene mit Kaliumpermanganat[2] hervorgehoben. Hydrazoverbindungen können genügend beständig sein, um sich an beiden NH-Gruppen mit Acetylchlorid oder Essigsäureanhydrid (nicht mit Benzoylchlorid, da Zersetzung eintritt) acylieren zu lassen.

14. Schwefelhaltige organische Verbindungen[3]

a) Thiole (Mercaptane und Thiophenole)

Mercaptane (Geruch) sind daran zu erkennen, daß sie in Lösung mit Bleiacetatlösungen Fällungen von gelben Bleimercaptiden geben. Schwache Oxydationsmittel wie Jod verwandeln Thiole in Dialkyldisulfide; kräftigere Oxydationsmittel wie Kaliumpermanganat oder Salpetersäure oxydieren zu Sulfonsäuren. Mit 2.4-Dinitrochlorbenzol geben Thiole und Thiophenole Thioäther, die mit $KMnO_4$ zu Sulfonen oxydierbar sind[4]. Qualitative und quantitative Bestimmungen der HS-(Sulfhydryl-)Gruppe sind für die Strukturaufklärung der Proteine[5] wichtig.

Herstellung der gemischten Sulfide[4]:

0,01 Mol Thiol wird in 30 ml absolutem Äthanol gelöst. Man gibt 1 ml 10n Natronlauge und eine Lösung von 2 g 2.4-Dinitrochlorbenzol in 10 ml

[1] NELSON, L. S., and D. E. LASKOWSKI: Anal. Chem. **23**, 1495 (1951).

[2] REISS, R.: Z. Anal. Chem. **164**, 402 (1958).

[3] HOUBEN-WEYL-MÜLLER, Bd. IX u. Bd. II, 1955 u. 1953; NOGARE, S. D.: Determination of organic sulfur groups, in: Organic analysis, Vol. I, p. 329. New York-London: Interscience Publ. 1953.

[4] BOST, R. W., J. O. TURNER, and R. D. NORTON: J. Am. Chem. Soc. **54**, 1985 (1932); BOST, R. W., J. O. TURNER, and M. W. CONN: J. Am. Chem. Soc. **55**, 4956 (1933).

[5] LEACH, S. J.: The estimation of thiol and disulfide groups, in: A laboratory manual of analytical methods of protein chemistry, ed. by P. ALEXANDER, and H. P. LUNDGREN, Vol. 4, p. 1. Oxford: Pergamon Press 1966.

Äthanol zu. Die gewöhnlich sofort einsetzende Reaktion wird durch Erwärmen (10 min) unter Rückfluß vervollständigt und die Reaktionsmischung heiß filtriert. Der Thioäther scheidet sich beim Abkühlen in goldgelben Nadeln aus und wird durch Umkristallisieren aus absolutem Äthanol gereinigt; das Sulfid kann zum gut kristallisierenden Sulfon oxydiert werden.

Mit 3.5-Dinitrobenzoylchlorid oder 3-Nitrophthalsäureanhydrid erhält man zur Identifizierung geeignete Thioester[1]. Thiole und Thiophenole reagieren mit m-Nitrobenzazid unter Bildung der Ester der m-Nitrophenylthiocarbamidsäure[2].

Die Alkylxanthogensäuren (ROCSSH) zerfallen in Alkohol und Schwefelkohlenstoff; jedoch sind die Alkalisalze beständig. Wäßrige Lösungen dieser Salze geben mit der Lösung des Natriumsalzes einer halogensubstituierten Säure (z. B. das Natriumsalz der Chloressigsäure) ein Salz der alkylxanthogensubstituierten Säure ($ROCSSCH_2COONa$). Beim Ansäuern scheiden sich gut kristallisierende Säuren aus[3].

b) Thioäther (Sulfide)[4] und Disulfide[5]

Wie in Abschnitt 14a angegeben, können Thioäther zu gut kristallisierenden Sulfonen umgesetzt werden. Außerdem geben sie mit p-Bromphenacylbromid Sulfoniumsalze.

Herstellung[6] der Sulfoniumperchlorate[7]:

Man löst 0,01 Mol Sulfid und 0,01 Mol p-Bromphenacylbromid in 10 ml Aceton, das 5% Wasser enthält. Die Mischung wird 24 Std bei Raumtemperatur stehengelassen. Die gebildeten Kristalle (Sulfoniumbromid) werden filtriert, mit Äther gewaschen und an der Luft getrocknet. Dann werden sie in wenig Wasser gelöst und mit einer 10%igen Natriumperchloratlösung versetzt. Die Kristallisation des Sulfoniumperchlorats kann in üblicher Weise ausgelöst werden. Nach einer halben Stunde wird filtriert und aus Äthanol umkristallisiert.

---

[1] WERTHEIM, E.: J. Am. Chem. Soc. **51**, 3661 (1929).

[2] VEIBEL, S., H. LILLELUND, u. J. WANGEL: Dansk Tidsskr. Farm. **17**, 187 (1943).

[3] Schmelzpunkte derartiger alkylxanthogensubstituierter Säuren findet man in BEILSTEINs Handbuch der organ. Chemie, Bd. III, S. 251 und E III, Teil 1, S. 422.

[4] SEASE, J. W., T. LEE, G. HOLZMAN, E. H. SWIFT, and C. NIEMAN: Anal. Chem. **20**, 431 (1948).

[5] HUBBARD, R. L., W. E. HAINES, and J. S. BALL: Anal. Chem. **30**, 91 (1958).

[6] VEIBEL, S. 275.

[7] GASPARIČ, J., M. VEČEŘA u. M. JUREČEK: Collection Czech. Chem. Commun. **23**, 97 (1958).

Disulfide können in Gegenwart von Na_2SO_3 mit CH_3HgJ oder $AgNO_3$ amperometrisch titriert[1] oder mit Zinkamalgam, Natriumsulfit[2] oder Natriumborhydrid[3] zu Mercaptanen reduziert werden. Aliphatische Sulfide geben mit Jod Komplexe, die bei 308 mμ eine Absorptionsbande haben[4]. Schwefelkohlenstoff gibt mit Diäthylamin und Kupferacetat das gelbe Kupferdiäthyldithiocarbamat[5]. Thiophen zeigt mit Isatin und konzentrierter Schwefelsäure in Anwesenheit von Salpetersäure[6] (oder Ferrisulfat) eine blaue Färbung.

c) Isothiocyansäureester (RNCS, Senföle) und Thiocyansäureester (RSCN). Thiamide (R · CS · NH₂) und Thioharnstoffe

Isothiocyansäureester (Senföle) besitzen oft einen unangenehm scharfen Geruch. Mit konzentrierter Salzsäure oder 80%iger Schwefelsäure werden sie zu primären Aminen, Kohlendioxid und Schwefelwasserstoff hydrolysiert. Senföle setzen sich mit primären Aminen, empfohlen wird Benzylamin, zu substituierten Thioharnstoffen um, die sich zur Identifizierung eignen[7]. Isothiocyansäureester reagieren mit p-Carboxyphenylhydrazin zu Thiosemicarbaziden[8]:

Zu 1 g p-Carboxyphenylhydraziniumchlorid in 25 ml Wasser gibt man 0,5—1 g des in 10—15 ml Äthanol gelösten Senföls zu. Die Mischung wird 1—2 Std lang unter Rückfluß erhitzt. Die substituierten Thiosemicarbazide kristallisieren beim Abkühlen aus und werden aus Äthanol oder verdünntem Äthanol umkristallisiert.

Thiocyansäureester (RSCN)[9] geben mit Oxydationsmitteln (z. B. Salpetersäure) Sulfonsäuren neben Blausäure und mit nascieren-

[1] LEACH, S. J.: The estimation of thiol and disulfide groups, in: A laboratory manual of analytical methods of protein chemistry, ed by P. ALEXANDER, and H. P. LUNDGREN, Vol. 4, p. 41 and 54. Oxford: Pergamon Press 1966.

[2] CARTER, J. R.: J. Biol. Chem. **234**, 1705 (1959).

[3] STAHL, C. R., and S. SIGGIA: Anal. Chem. **29**, 154 (1957).

[4] HASTINGS, S. H., and B. H. JOHNSON: Anal. Chem. **27**, 564 (1955).

[5] DICK, T. A.: J. Soc. Chem. Ind. **66**, 253 (1947).

[6] McKEE, H., L. K. HERNDON, and J. R. WITHROW: Anal. Chem. **20**, 301 (1948).

[7] WELLER, L. E., C. D. BALL, and H. M. SELL: J. Am. Chem. Soc. **74**, 1104 (1952); Schmelzpunkte substituierter Thioharnstoffe findet man in BEILSTEINs Handbuch der organ. Chemie, Bd. IV und XII.

[8] VEIBEL, S. 276.

[9] KAUFMANN, H. P.: Angew. Chem. **54**, 168 (1941).

dem Wasserstoff Mercaptane neben Methylamin. Thiocyansäure-
und Isothiocyansäureester unterscheiden sich auch bei der alkalischen Verseifung (z. B. mit KOH) und können so nebeneinander
bestimmt werden[1]. Thiocyansäureester geben hierbei Disulfide und
außerdem Kaliumcyanat, Kaliumcyanid und Wasser, während die
Senföle zu primären Aminen neben Kaliumhydrogensulfid und
Kaliumcarbonat hydrolysieren. Thiocyanate zeigen im IR-Bereich
eine charakteristische Bande[2].

Sowohl Thiamide ($R \cdot CS \cdot NH_2$) als auch Thioharnstoffe sind
Amide. Man kann deshalb wie mit gewöhnlichen Säureamiden mit
Xanthydrol Xanthydrylderivate herstellen[3]. Thioharnstoffe, die
am Stickstoff mindestens ein Wasserstoffatom besitzen, lassen sich
mit Acetanhydrid acetylieren. Die Acetylderivate werden durch
Umkristallisieren aus Äthanol gereinigt[4].

d) Sulfin- und Sulfonsäuren

Aliphatische Sulfinsäuren sind weniger beständig als aromatische;
deshalb liegen sie gewöhnlich als beständige Natrium-, Kalium-
oder Magnesiumsalze vor. Methyljodid (oder andere Alkyljodide)
geben mit Salzen der Sulfinsäuren Methylsulfone (oder Alkylsul-
fone). Mit Äthylenbromid und den Salzen aliphatischer Sulfinsäuren
entstehen die zur Identifizierung geeigneten 1.2-Dialkylsulfon-
äthane[5]. Sulfinsäuren werden z. B. mit $KMnO_4$ zu Sulfonsäuren
oxydiert[6].

Sulfonsäuren sind gewöhnlich wasserlöslich, während die Natriumsalze aromatischer Sulfonsäuren oft in einer gesättigten
Natriumchloridlösung schwer löslich sind (Abtrennung).

Sulfonsäuren lassen sich mit 0,1 n Natronlauge, z. B. mit Phenolphthalein als Indicator, titrieren. Bei aliphatischen Aminosulfon-

---

[1] KEMP, W. E.: Analyst **64**, 648 (1939); BRUCE, R. B., J. W. HOWARD,
and R. F. HANZAL: Anal. Chem. **27**, 1346 (1955).

[2] WHIFFEN, D. H., P. TORKINGTON, and H. W. THOMPSON: Trans.
Faraday Soc. **41**, 200 (1945).

[3] PHILLIPS, R. F., and B. M. PITT: J. Am. Chem. Soc. **65**, 1355 (1943);
PHILLIPPS, R. F., and V. S. FRANK: J. Org. Chem. **9**, 9 (1944).

[4] Schmelzpunkte dieser Acetylderivate: BEILSTEINS Handbuch der organ.
Chemie, Bd. III (unter Thioharnstoff) bzw. Bd. IV oder XII (in Verbindung
mit Aminen, die den Thioharnstoffen entsprechen).

[5] ALLEN JR., P.: J. Org. Chem. **7**, 23 (1942).

[6] HILDICH, T. P.: J. Chem. Soc. **93**, 1524 (1908).

säuren muß zuvor die Aminogruppe acetyliert werden. Die Alkalischmelze aromatischer Sulfonsäuren gibt Phenole; sie sind so von aliphatischen Sulfonsäuren zu unterscheiden. Sulfonsäuren können auch als Salze identifiziert werden, z. B. als S-Benzylthiuroniumsulfonate.

Herstellung der S-Benzylthiuroniumsulfonate[1]:

a) *Darstellung von S-Benzylthiuroniumchlorid.* 2 g Benzylchlorid, 1,2 g Thioharnstoff und 3 ml Methanol werden 20—30 min lang unter Rückfluß erhitzt. Die schwach gelbe Lösung wird in einem Eis/Wasser-Bad abgekühlt und die Kristallmasse auf einer Nutsche abgesaugt. Man wäscht zweimal mit je 1 ml Äthylacetat. Das Produkt wird rasch durch Pressen zwischen Filtrierpapier getrocknet und in einem verschlossenen Gefäß aufbewahrt; Ausbeute: 2,5—3,0 g.

b) *S-Benzylthiuroniumsulfonat.* Etwa 1 g Natrium- oder Kaliumsalz der zu identifizierenden Sulfonsäure wird in der gerade notwendigen Menge Wasser gelöst. Liegt die freie Säure vor, so wird sie in 2n Natronlauge gelöst und überschüssige Base mit Salzsäure titriert (Phenolphthalein). 1 g Benzylthiuroniumchlorid wird ebenfalls in so wenig Wasser wie möglich gelöst. Beide im Eis/Wasser-Bad abgekühlte Lösungen werden gemischt. Gelegentlich ist es notwendig, durch Reiben an der Gefäßwand und Kühlen in einem Eisbad die Kristallisation auszulösen. Die Kristalle werden nach dem Filtrieren mit wenig kaltem Wasser gewaschen und aus heißem 50%igem Äthanol umkristallisiert.

Auch die Salze mit p-Toluidin[2], Phenylhydrazin[3] oder die p-Nitrobenzylpyridiniumsalze[4] sind zur Identifizierung geeignet. Weiter geben Sulfonsäuren mit Phosphortrichlorid oder Thionylchlorid Säurechloride; es ist darauf zu achten, daß Sulfonsäuren oft Kristallwasser enthalten. Auch können andere mit den Säurechloriden reagierende Gruppen stören. Die Sulfochloride geben in Chloroform beim Schütteln mit konzentriertem Ammoniakwasser Sulfonamide. Mit α-Naphthylamin erhält man die Sulfonsäure-α-naphthylamide. Von Alkylsulfonsäuren mit langen Alkylketten sind IR-Spektren bekannt[5].

---

[1] CHAMBERS, E., and G. W. WATT: J. Org. Chem. **6**, 376 (1941); SHRINER-FUSON-CURTIN, S. 303.

[2] DERMER, O. C., and V. H. DERMER: J. Org. Chem. **7**, 581 (1942); BARTON, A. D., and L. YOUNG: J. Am. Chem. Soc. **65**, 294 (1943).

[3] LATIMER, P. H., and R. W. BOST: J. Am. Chem. Soc. **59**, 2500 (1937); STEMPEL, G. H., and G. S. SCHAFFEL: J. Am. Chem. Soc. **64**, 470 (1942).

[4] HUNTRESS, E. H., and G. L. FOOTE: J. Am. Chem. Soc. **64**, 1017 (1942).

[5] SMOOK, M. A., E. T. PIESKI, and C. F. HAMMER: Ind. Eng. Chem. **45**, 2731 (1953).

e) Sulfonsäurechloride und Sulfonsäureamide

Sulfochloride werden am einfachsten als Amide oder Anilide identifiziert.

Sulfonsäureamide können identifiziert werden, indem man sie mit 25%iger Salzsäure, 80%iger Schwefelsäure oder einer Mischung aus 85%iger Phosphorsäure und 80%iger Schwefelsäure hydrolysiert und Sulfonsäure wie abgetrenntes Amin für sich identifiziert; dabei wird die Hydrolyselösung alkalisch gemacht und ein flüchtiges Amin abdestilliert; ein nicht flüchtiges Amin wird extrahiert. Sulfonsäureamide (RSO_2NH_2) können mit Phthalylchlorid zu N-Sulfonylphthalimiden umgesetzt werden. Weiter geben Sulfonsäureamide (RSO_2NH_2) mit Xanthydrol N-Xanthylsulfonamide[1].

Herstellung eines N-Xanthylsulfonamids[2]:

0,5 g Xanthydrol werden in 20 ml Eisessig gelöst; dann werden 0,5 g primäres Sulfonsäureamid zugegeben und unter Rückfluß erwärmt, bis vollständige Lösung erzielt ist. Man läßt die Mischung 1,5—2 Std bei Raumtemperatur stehen, wobei das Produkt langsam auskristallisiert. Die Kristalle werden nach dem Filtrieren mit Äthanol gewaschen, aus wäßrigem Äthanol oder Dioxan umkristallisiert, wiederum mit Äthanol und Äther gewaschen und an der Luft getrocknet.

f) Sulfoxide und Sulfone

Sulfoxide können zu den Sulfiden reduziert werden, z. B. mit Zinkamalgam, Titantrichlorid oder Stannochlorid. Andererseits lassen sich Sulfoxide zu Sulfonen oxydieren[3]. Sulfoxide können mit Perchlorsäure titriert werden[4] (Sulfoxoniumperchlorate). Jedoch sind keine Derivate bekannt, die für Sulfoxide allgemein zur Identifizierung dienen können; Absorptionsspektren einiger Sulfoxide[5].

Bei den Sulfonen sind ebenfalls keine Derivate bekanntgeworden, die in allgemein anwendbarer Weise hergestellt und zur Identifizierung dienen können. Die Oxydation des Schwefels zu Sulfat und dessen quantitative Bestimmung reicht allein nicht für eine Identifizierung aus. Reduktionen[6] scheinen weder eindeutig noch vollständig zu verlaufen.

[1] PHILLIPS, R. F., and V. S. FRANK: J. Org. Chem. **9**, 9 (1944).

[2] VEIBEL, S. 279.

[3] Zum Beispiel mit Phthalmonopersäure: BÖHME, H.: Ber. Deut. Chem. Ges. **70**, 379 (1937).

[4] WIMER, D. C.: Anal. Chem. **30**, 2060 (1958).

[5] LEANDRI, G., A. MANGINI, and R. PASSERINI: J. Chem. Soc. **1957**, 1386.

[6] BORDWELL, F.G., and W.H.McKELLIN: J.Am.Chem.Soc. **73**, 2251 (1951).

---

[1] Die im Sachverzeichnis nicht aufgeführten Stoffe suche man unter den ihnen entsprechenden Sammelnamen, z. B. Toluol unter „Kohlenwasserstoffe, aromat. L.F."; Brombenzol unter „Halogenkohlenwasserstoffe"; Phenetol unter „Äther, aromat." usw.

[2] Bei Reagenzien ist in Klammern ein R beigefügt: (R).